都市と農村

交流から協働へ

編 橋本卓爾・山田良治
　藤田武弘・大西敏夫

日本経済評論社

はしがき

　最近，農業・農村側から「市民を農業・農村に迎え入れる動き」が広がりつつある．他方，産直や市民農園等にみられるように「市民が農業・農村に向かう動き」も拡大し，深化している．この動きは，1980年代，90年代には点的存在にとどまっていたが，現在では線的さらには面的な動きへと拡大している．いまや，これまで見られた一過性の農業体験や援農ではなく安全・安心な食べ物づくり，棚田の保全・耕作放棄地の解消，農業体験農園，ワーキングホリデー，グリーン・ツーリズム等に見られるように農家と市民が相互に対等な立場で協力・共同してそれぞれの願いや思いの実現に向けた取り組みが増加しつつある．

　こうした動きは様々な形態と内容を持ちながらも確実に農家と市民との接近と交流を推し進め，その積み重ねの結果として連携を，さらには両者の協働と共感を醸成している．「市民を農業・農村に迎え入れる動き」と「市民が農業・農村に向かう動き」という２つの潮流が高揚し，合流するなかで農家と市民との交流・連携・協働への新しい波が起こりつつある．しかも，これはけっして自然発生的なものではないし，偶発でもない．それは，農家と市民を結び付け，さらには連携・協働へと向かわせる客観的及び主体的条件の成熟のもとで生成し，発展している．また，この２つの潮流は孤立・分散ではなく，相互に共鳴しあいながら合流へと向かっている．

　この都市の主体である市民（都市住民）と農村の主体である農家（農村住民）の間で最近広がりつつある様々な交流・連携・協働の動きは，都市と農村の関係性やあり方に重要な影響を与えている．多くの社会科学書が指摘するように，都市と農村は，原始共同体から階級社会への移行過程において分離・対立が始まり，その後両者の分離と対立はこれまでの全歴史を貫く現象となっている．とりわけ，両者の分離・対立・格差とそのもとで生起する都市問題と農村問題は，資本主義の生成・発展過程のなかで顕在化していった．しかし世界

史的に見ると，現在，都市と農村との間に空間的関係では分離から融合への，社会経済的関係においては対立から交流・連携さらには協働への動きが高まっている．これまで，分離・対立という関係性で捉えられていた都市と農村との間に交流，連携，協働，融合の輪が広がりつつある．

それは，次のような社会経済的背景・要因のもとで必然となっている．その第1は，都市と農村の分離・対立が著しく進み，その結果都市と農村の両空間において様々な問題が噴出するだけでなく，都市と農村を包含する国および地球規模においても深刻な問題が山積し，それら問題の打開のためにはもはや分離・対立ではなく融合や協働が不可避になって来ているからである．

少し現状を指摘しておこう．現在，地球的規模で人口・食料・農業・資源・エネルギー・環境問題等がこれまでの都市と農村の分離・対立の「負の遺産」として堆積し，一層深刻化の度合いを強めている．にもかかわらず，都市化の進展の反面で農村の衰退や都市と農村の格差が広がっている．ひるがえって，現在のわが国の都市と農村の現状を見ると，わずか半世紀ほどの間に急激かつ大規模な都市化が進行し，一方で「東京プロブレム」と形容されるほどの極端な東京への一極集中，他方で農村においては「究極の過疎」と呼ばれるほどの過疎化の深刻化，人の住まない地域が拡大している．農業と工業の均衡ある発展ではなく，農工間の著しい不均等発展・格差と農林漁業の縮小・後退が顕在化している．国あるいは地域における農業と工業とのバランスのとれた社会的分業は大きく崩れ，農業にあっては再生産さえ困難な状況が広がるとともに，工業においては生産拠点の海外移転等によって両者の隔絶が進んでいる．

背景の第2は，商品経済化の極限までの進展と交通・通信システム・技術の飛躍的発展である．市場経済のネットが農村の隅々まで張り巡らされ，高速鉄道・道路や高度通信・情報システムによって都市と農村の交流は極めて容易になっている．都市と農村間において人・もの・カネ・情報の交流・対流が拡大するとともに，都市と農村との空間的・時間的近接が進み，両者の融合・協働の物質的基礎が形成・拡充されている．

しかし，都市と農村の融合・協働の動きの背景は上記2点にとどまらない．より注目すべきは第3の背景，すなわち都市と農村のそれぞれの主体である市民と農家による交流・連携・協働をめざす様々な取り組みである．この具体的

内容については本書の各章で述べられているが，いずれにせよ都市と農村の分離・対立・格差の拡大のもとで生起する諸問題を打開しようとする市民や農家による活動，さらには人間が住むに相応しい地域・環境をつくるための地域住民の活動の蓄積と前進こそが重要な背景である．

　こうした情況のもとで現在，都市と農村の関係性やあり方が厳しく問われている．21世紀を単なる「都市の世紀」とするか，それとも広がりつつある市民と農家の交流・連携・協働の動きをより拡充・強化することによって「都市と農村の融合・協働の世紀」にするか，その行く先に注目が集まっている．

　本書は，最近顕在化している市民と農家の交流，さらには連携・協働の動きを「導きの糸」に上記のような現状認識と問題意識にもとづき，主として農業経済や地域経済の側面から現代における都市と農村の関係性をめぐる新しい潮流とその背景や要因を考察するとともに，その具体的動きを日本のみならずアジア地域から検証し，今後の都市と農村のあり方を明らかにするために編まれたものである．本書のタイトルを「都市と農村―交流から協働へ―」と定めたのも編者ならびに執筆者の強い想いの反映である．

　本書は第1部（理論と現実）と第2部（交流・連携の実践）に，第3部（東アジアのグリーン・ツーリズム）を加えた構成となっている．

　第1部は，もっぱら都市と農村の関係性をめぐる思想・理論，新しい動きの背景や要因，都市・農村政策の方向性等の考察に当てている．まず，第1章「都市と農村の交流・連携の思想」（橋本卓爾）においては，都市と農村の交流・連携・協働・融合に関する先駆的な思想・理論としてモア，オーエン，マルクス，エンゲルス，ハワード，カウツキー，レーニン，新渡戸稲造，シューマッハーの思想のエッセンスを紹介し，そこを貫いている基本線とそこから学びとるべき原理について論究している．

　第2章「変わる都市・農村関係」（山田良治）では，世界史的に見て都市と農村の関係性が空間的な関係としては「分離」から「融合」へ，社会経済的な関係としては「対立」から「協働」へと転換しつつあることをイギリスを事例にして論及するとともに，「対立」のモデルケースとしての日本においても対立の緩和を促進する新たな動きが生起していることに言及している．

　第3章「日本型グリーン・ツーリズムと都市・農村連携」（藤田武弘）にお

いては，農業・農村が直面する問題解決に向けた都市住民との連携，都市住民が抱える食に関する問題解決に向けた農業・農村との連携という2つの側面から現在のわが国における都市・農村連携の新しい局面を検証するとともに，連携の核心部分となる日本型グリーン・ツーリズムの現代的意義について論及している．

最後に，第4章「都市・農村交流政策の展開と課題」（大西敏夫）では，都市・農村政策施行の背景を明らかにするとともに，近年の国の都市・農村交流政策の展開過程を批判的に検討しながら今後の政策の意義・役割と課題について言及している．

第2部では，日本における多様な都市と農村の交流・連携・協働の具体的動きや取り組みを検出し，その現状や意義，今後の展開方向等について考察している．ここでは，多様・多彩な形態と内容を持つ取り組みの中でとくに注目すべき9つの事例を取り上げている．

第5章「産直取引と都市・農村交流」（安部新一）は，生協産直において先駆的役割を果たしているみやぎ市民生活協同組合を事例にして生協が主体となった産直活動の経緯と最近の動向を考察するとともに，その意義・役割や今後の課題について言及している．また，新しい動きとしてスーパーマーケットによる取り組みも紹介している．

第6章「紀ノ川農協の産直からみた都市・農村」（宇田篤弘）は，前身の農民組合の時代から一貫して産直活動を基軸に置いた農協である紀ノ川農業協同組合の取り組みを事例にして農家・生産者を主体にした産直の展開過程とそこで生起した問題点や課題を分析するとともに，地域農業の持続的発展のための産直活動のあり方について提起している．

第7章「市民農園の展開と都市・農村交流」（内藤重之）は，市民農園をめぐる最近の状況と問題点を分析している．とくに，農業者と都市住民との活発な交流・連携が期待される農業体験農園と滞在型市民農園の実態を明らかにし，市民農園の今日的意義・役割について論及している．

第8章「都市・農村交流と農産物直売所」（辻和良・岸上光克・熊本昌平）は，和歌山県内の「めっけもん広場」と「きてら」を事例にしながら近年都市・農村交流の場として重要な位置を占めるようになった農産物直売所を核にした交

流活動の現状・問題点を考察するとともに，今後の課題についても検討している．

第9章「学校給食にみる都市農村交流」（片岡美喜）は，学校給食が地産地消や農業体験の場として注目されるようになった背景や経緯を整理するとともに，学校給食における都市・農村交流の手法を類型化して有効な実践方策のあり方を考察している．

第10章「農家レストランにおける都市・農村交流」（岸上光克）は，最近注目を集めている農家レストランの動向を概観するとともに，大阪府枚方市の「杉五兵衛」と和歌山県田辺市の「みかん畑」をモデルケースにして農家レストランが都市・農村交流に果たす意義・役割について言及している．

第11章「体験教育旅行を通じた都市・農村交流」（藤田武弘）は，「子ども農山漁村交流プロジェクト」などの農山漁村を舞台とする体験教育旅行の動向を概観するとともに，和歌山県での取り組み事例を踏まえ今後の課題について考察している．

第12章「「参加・協働」の森づくり」（大浦由美）は，森づくりをめぐる「参加・協働」の展開を「国民参加の森づくり」を中心とする政策的取り組みと，森林ボランティア活動を基軸にした市民運動の2つの側面から考察し，それぞれの到達点を明らかにするとともに，国内農林業や農山村地域の再生と連動した豊かな森づくりのための課題を提起している．

第13章「移住者と地域住民の連携による農村再構築」（湯崎真梨子）は，和歌山県日高川町の取り組み事例を中心にして農村移住の意義や現状を分析するとともに，地元住民と移住者の協働による地域づくりの必要性と可能性について言及している．

この9つの各章（事例）の総括として第14章「農家と市民との「協働型農業」の創造と拡充」（橋本卓爾）を配している．この章では，市民と農家の協働の具現化として生成・発展しつつある「協働型農業」の基本的性格・意義について論及するとともに，「協働型農業」の創造・拡充の課題，とりわけ農地の市民的利用について考察している．

また，第3部では都市・農村交流・連携，さらには協働の動きがわが国のみならず，これまで未成熟・未発達とみなされがちであったアジアにおいても生

成・発展していることを検証するために以下の章を配置した．

　第15章「中国の「新農村建設」とグリーン・ツーリズム」（藤田武弘・楊丹妮）は，現代中国の「新農村建設」の柱の1つになっているグリーン・ツーリズムを類型区分し，それぞれの事例を紹介するとともに，今後の推進課題についても検討を加えている．

　第16章「韓国における農村ツーリズム」（櫻井清一）は，韓国における農村ツーリズムを通じた都市・農村交流の実践活動と政策支援および一村一社運動について概説するとともに，今後の課題について言及している．

　第17章「タイのアグロツーリズム」（細野賢治）は，タイにおけるアグロツーリズム政策の目的と内容，アグロツーリズムの運営主体別実施状況を紹介するとともに，今後の課題についても指摘している．

　なお，都市と農村の交流・連携・協働の主体の表記について都市側においては市民，都市住民，農村側においては農家，農民，農業者，農村住民といったようにばらつきが見られる．1冊の書籍なので表記の統一も考慮したが，各章の多様性や各主体名のもつ独自の意味合い等を生かすためにあえて統一しなかった．

　以上が本書の構成と概要であるが，本書は編者ならびに各執筆者がこれまで理論面において研究・考察してきた成果，わが国の都市と農村の両地域や海外における実証的な調査研究と実践活動から得られた知見と共通認識等を持ちより，「農業理論研究会」を中心にした研究会での討論を踏まえて，試行錯誤の上に取りまとめたものである．粗削りや不十分な箇所は多々あるが，都市と農村の関係性究明に求められる基本的条件である理論研究，現状分析，比較研究，政策提起の統一に努めたつもりである．都市と農村の交流・連携・協働という極めて魅力的ではあるが，対象が余りにも大きくかつ奥行きの深いテーマに挑戦し，曲がりなりにも本書を上梓することができたのは都市と農村の交流・連携・協働こそが危機的状況にある農業・農村や命や暮らしさえ危うくなっている市民生活を改善・改革・打開するうえで避けて通れない基本課題になっているという編著者の想いである．本書が，都市と農村の交流・連携・協働を促進し，食料・農業・農村・環境や市民生活をめぐる諸問題の解決に少しでも役立つことを願って止まない．

最後に，本書を刊行するに当たり現地調査や資料収集等において数多くの農業関係者や行政関係者のご支援・ご協力を賜った．紙幅の関係で名前を掲載することは省略させていただいたが，ご厚情に深く感謝する次第である．また，ことのほか厳しい出版事情のなかで，出稿が大幅に遅れたにもかかわらず終始暖かいご理解と支援をいただいた日本経済評論社編集部の清達二氏に厚くお礼申し上げる．

　　　　　　　　　　　　　　　　　　編者を代表して　橋本卓爾

目次

はしがき

第1部　理論と現実

第1章　都市と農村の交流・連携の思想　………　橋本卓爾　3

1. はじめに　3
2. 都市農村交流・連携論の先駆　4
3. 先駆的都市農村交流・連携論の意義と核心　19

第2章　変わる都市・農村関係　………　山田良治　25

1. 「分離・対立」の意味　25
2. 農業保護政策への転換と「分離」による「対立」の緩和　29
3. 「対立」のモデルケースとしての日本　31
4. 「対立」緩和の進展とその背景　32
5. おわりに　36

第3章　日本型グリーン・ツーリズムと都市・農村連携　藤田武弘　40

1. はじめに　40
2. 農業・農村問題の諸相と都市住民との連携　41
3. 「食」問題の諸相と農業・農村との連携　46
4. 都市・農村連携の推進とグリーン・ツーリズム　52
5. 都市・農村連携の新たな展開と農山村再生　55

第4章　都市・農村交流政策の展開と課題　………　大西敏夫　58

1. はじめに　58

2. 都市・農村交流政策の背景と性格　59
3. 都市・農村交流政策の系譜・展開と政策体系　64
4. 都市・農村交流政策をめぐる課題　71

第2部　交流・連携の実践

第5章　産直取引と都市・農村交流　………………………　安部新一　77

1. はじめに　77
2. 生協産直取引の発展経緯と近年の取り組み　78
3. みやぎ生協の産直取引の動向　79
4. スーパーが取り組む都市・農村交流　87
5. まとめ——生協とスーパー等における交流活動の課題　91

第6章　紀ノ川農協の産直からみた都市・農村　……………　宇田篤弘　94

1. はじめに　94
2. 農民組合での産直のはじまり〈1976-82年〉　95
3. 紀ノ川農協の設立と生協産直の飛躍的前進〈1983-93年〉　96
4. 「一株トマト」25年間の提携　101
5. 農産物流通における「技術発展」と産直　102
6. 食の安全・安心を揺るがす事故・事件と産直　105
7. 「地域調査」と「有機農業の町づくり」〈1984-2007年〉　107
8. 新たな産直運動・事業の展望　110

第7章　市民農園の展開と都市・農村交流　………………　内藤重之　113

1. はじめに　113
2. 市民農園の現状と動向　114
3. 農業体験農園における都市農村交流　117
4. 滞在型市民農園における都市農村交流　124
5. まとめ　129

第8章 都市・農村交流と農産物直売所　　辻和良・岸上光克・熊本昌平 132

1. はじめに　132
2. 農産物直売所の成立と動向　132
3. 農産物直売所における都市・農村交流の取り組み　135
4. 農産物直売所を核とした交流活動の課題　149

第9章 学校給食にみる都市農村交流　　片岡美喜 153

1. はじめに　153
2. 学校給食制度における食と農の接点　153
3. 都市農村交流の取り組み類型とその効果　159
4. むすびにかえて　164

第10章 農家レストランにおける都市・農村交流　　岸上光克 169

1. はじめに　169
2. 農家レストランの現状　170
3. 都市農村交流拠点としての農家レストラン　172
4. 農家レストランの意義　177

第11章 体験教育旅行を通じた都市・農村交流　　藤田武弘 180

1. はじめに　180
2. 農山村を舞台とする体験教育旅行　181
3. 農山漁村における「子ども農山漁村交流プロジェクト」　184
4. 和歌山県における体験教育旅行の取り組みと課題　188
5. まとめ　195

第12章 「参加・協働」の森づくり　　大浦由美 199

1. はじめに　199
2. 森づくりをめぐる「参加・協働」の展開過程　201
3. 森づくりの現段階　207

4. まとめ　　　　　　　　　　　　　　　　　　　　　　　212

第13章　移住者と地域住民の連携による農村再構築 ……　湯崎真梨子　215

　　　1. はじめに　　　　　　　　　　　　　　　　　　　　　215
　　　2. 交流の深化と移住・二地域居住　　　　　　　　　　　216
　　　3. 体験から交流へ，交流から定住へ　　　　　　　　　　218
　　　4. 交流と連携による農村再構築　　　　　　　　　　　　231

第14章　農家と市民との「協働型農業」の創造と拡充 …　橋本卓爾　236

　　　1. はじめに　　　　　　　　　　　　　　　　　　　　　236
　　　2. 交流・連携・協働の広がりと「協働型農業」　　　　　236
　　　3. 「協働型農業」の基本的性格と意義　　　　　　　　　240
　　　4. 「協働型農業」の創造と拡充をめざして　　　　　　　243

　　　　　　第3部　東アジアのグリーン・ツーリズム

第15章　中国の「新農村建設」とグリーン・ツーリズム
　　　　……………………………………… 藤田武弘・楊丹妮　253

　　　1. はじめに　　　　　　　　　　　　　　　　　　　　　253
　　　2. 農業構造改革とグリーン・ツーリズム　　　　　　　　253
　　　3. 「都市農業観光型」タイプの事例分析　　　　　　　　257
　　　4. 「滞在休養型」タイプの事例分析　　　　　　　　　　260
　　　5. おわりに　　　　　　　　　　　　　　　　　　　　　263

第16章　韓国における農村ツーリズム ……………………　櫻井清一　267

　　　1. はじめに　　　　　　　　　　　　　　　　　　　　　267
　　　2. 都市・農村交流が注目される背景　　　　　　　　　　268
　　　3. 農村ツーリズムの展開と支援政策　　　　　　　　　　269
　　　4. 伝統テーマ・マウルの事例　　　　　　　　　　　　　272
　　　5. 一社一村運動　　　　　　　　　　　　　　　　　　　275

  6. おわりに　276

第17章　タイのアグロツーリズム　……………………………　細野賢治　278

  1. はじめに　278
  2. アグロツーリズム政策の現状　279
  3. アグロツーリズムの実施状況　284
  4. アグロツーリズムの成果と課題　289

第1部　理論と現実

第1章　都市と農村の交流・連携の思想

橋本　卓爾

1. はじめに

　現在，交流・連携の必要性が強調され，その実現が焦眉の課題となっている都市と農村は，原始共同体から階級社会への移行過程において分離・対立が始まり，その後両者の分離・対立はこれまでの全歴史を貫く現象となっている．とりわけ，両者の分離・対立・格差，さらには都市問題と農村問題の同時進行は，資本主義の生成・発展過程のもとで顕在化し，拡大していった．

　だが同時に，この過程で，都市と農村の分離・対立・格差はどうにもならないもの，永久不変なものではないという思想も芽生えてきた．また，両者の分離・対立の激化とそのもとでの都市・農村問題の深刻化のなかで都市と農村の対立を抑制し，両者の交流・連携を推し進める基盤や条件が生成・発展するという思想も誕生してきた．都市と農村の分離・対立・格差の進行のもとで顕在化する資本・労働力・生産の都市集中と都市住民の生活環境の悪化，農村からの人口流出と農業・農村の衰退等を目の当たりにして，「そうではない」，「そのまま放置できない」と考え，両者の交流・連携を図りつつ，両者の対立や格差の是正・解消を目指して格闘し続けた先駆的な人々が登場した．

　それだけに，都市と農村の交流・連携をめざす思想や理論（以下「都市農村交流・連携論」と略す）は，一朝一夕に出来上がったものではい．それは，都市と農村という人類の2つの定住空間において様々な問題や矛盾が生起し，拡大・深刻化するもとで，それら問題や矛盾を打開・解消しようとする人々の長期間における苦痛に満ちた思索と実践の中から生まれ，次第に体系化されてい

ったものである．

したがって，都市農村交流・連携論には，その生成・発展の歴史から見ても都市と農村間で「人・物・金」の交流や対流を推進するといった次元にとどまらず，都市と農村の対立と格差をなくし，両地域を人間が住むに相応しい空間にしなければならないという思想・理論が色濃く存在している．それは，資本主義的生産様式，社会的分業・農工間の発展様式，大都市の形成と都市的生活様式，都市と農村との適合的相互依存・補完関係，均衡ある国土形成等という根源的なテーマに踏み込み，そのあり方を論究している．それ故，それら先駆的な思想・理論はその時代や特定の国にしか通用しないもの，閉じ込められるものではなく，時代や国の壁を越えて現代の諸問題を考察するうえでも多くの示唆を与え続けている．

そこで，本章ではまず現代の都市と農村の交流・連携を考察するうえで様々な示唆を与える幾つかの先駆的思想・理論を概観する．ついで，それぞれの思想・理論を総括し，そこを貫いている原理について論及し，先駆的な都市農村交流・連携論から学ぶべき基本点を考察する．

2. 都市農村交流・連携論の先駆

(1) トマス・モアの「ユートピア」

初期の都市農村交流・連携論の代表の1つとしてトマス・モア（1478-1535年）の『ユートピア』を挙げることができる．『ユートピア』は，今から500年近くも前に書かれた著書であるが，モアはこの時代に早くも「理想の国」にあっては都市と農村の交流・共生が必要であることを指摘している．

『ユートピア』が書かれた16世紀初めのイギリスは，「本源的（原始的）蓄積期」と呼ばれる資本主義の生成期であった．この時期，同国の工業生産はマニュファクチュア（手工業）から脱し，近代的な工業が成長しつつあった．その中核が毛織物工業であった．毛織物工業の発達は，それが立地する地域での都市形成を促すとともに，原料である羊毛の生産を増やすために農民を追い出して農地を囲い込み（いわゆるエンクロージャー），羊の牧場にした．農地から切り離され追い出された農民の多くは，新しい職を求めて都市へ流出してい

第1章　都市と農村の交流・連携の思想

ったが、そこでは長時間の苛酷な労働と酷い住宅事情が待っていた。また、まともな仕事にも就けず浮浪者となる者も少なくなかった。農民が流出した農村の荒廃も進んだ。

モアは、この現実を前にして「イギリスの羊です。以前は大変おとなしい、小食の動物だったそうですが、この頃ではなんでも途方もない大喰いで、その上荒々しくなったそうで、そのため人間さえもさかんに喰殺しているとのことです」[1]と当時の社会を巧みな比喩で痛烈に批判した。そして、"羊が人間を食う"非情な時代、苛酷な現状の打開に挑戦する。彼は、『ユートピア』のなかで理想国家を描き、それと対比する形で当時の社会を批判するとともに、目標とすべき国のかたちを提起している。その理想的な国のかたちを創るための重要な柱として都市農村交流・連携論の源流ともいえるいくつかの注目すべき論点を提起している。

その第1は、都市と農村との人的交流である。「州民たちは州内いたる所の田舎に農場住宅を建てている。そこには、……都市から順番にやってくる市民が住んでいる。……各農家の人々のうち、田舎に二年滞在した者は二十人づつ毎年州の都会へゆく。そしてこれと入れかわりに同数の人々が新しく田舎に送られてくる」[2]。このように、すでに500年前に極めて明確に都市と農村の人的交流の必要性を提起している。

第2は、農業教育の推進と市民による援農（農作業支援）である。「農業は男女の別なくユートピア人全般に共通な知識となっている。……すべて子どもの時から教え込まれるが、学校で従来の仕来りや規則を教える一方、また他方では都市の近郊に遊びがてら連れ出され、人々のやっているのを見るばかりでなく、実際に自分たちの体を動かしてやってみることによっても習得する」[3]。「農耕の責任者であり支配人である家族長は都市の役人に向かって、刈入れの手伝いとしてこれこれの人数を都市から送って貰いたいと頼むことになっている。刈入れの一隊は定められた日に待機していて、天気さえよければまる一日で収穫の仕事をすませてしまう」[4]と。モアが描く理想国では、農業教育が充実し、農産物の生産者と消費者・都市住民が分離・分断されることなく、協力・協働している。

第3は、「都市、とくにアモーロート市には……葡萄園を始め、あらゆる種

類の果物や野菜や花が栽培されている」[5]という指摘からも明らかなように都市にあっても都市的空間のみでなく農業的空間が存在しており，農の営みが展開されていることを強調している．そこには，都市的土地利用と農業的土地利用の共存の思想がある．

第4は，「都市と都市の間の距離は，最も近い所で24マイル，最も遠い所でも徒歩で一日以上かかる所はない」[6]という指摘に見られるように，均衡のとれた国土形成を志向していることである．都市間及び都市と農村の適正配置が提起されている．

以上みたように，トマス・モアの思想には都市（住民）と農村（住民）の交流・連携，都市空間と農村空間，都市的土地利用と農業的土地利用の共存等が明確に提起されている．たしかに，モアの思想は粗削りであり，「空想的」でもある．しかし，毛織物工業の勃興による都市の形成と都市問題の激化，農村から追い出され行き場を失った浮浪者の群れ，農村の荒廃を打開する基本方策として都市と農村の交流・連携，都市空間と農村空間の共存をいち早く提示したモアの「天才的」ともいえる思想はいまなお輝きを失っていない．

(2) ロバート・オーエンの「工場村」

ロバート・オーエン（1771-1858年）の生きた時代は，イギリス資本主義が産業革命を経て機械制大工業を進展させ「世界の工場」として大きく飛躍していく時期であった．この時期はまた，工業都市を中心に都市化が著しく進行した時でもあった．たとえば，工業都市の先駆マンチェスターの人口は17世紀末には僅か6千人程度にすぎなかったが，産業革命の始まる1760年には一躍3万人に膨れ上がり，さらに1851年には30万人（周辺人口を入れると70万人）へと急増している．

こうした激しい都市膨張のもとで工場労働者の困窮と住宅や衛生事情の劣悪さは目を覆う状況であった．たとえば，1845年当時のロンドンの労働者居住区の簡易宿泊所では縦5.8m，横3mの8つの部屋に成人男女27人と子ども31人が住んでいた．また，マンチェスターのある区では便所は21.2人に1つしかなかった．労働者は机の引き出しで用を足し，それを川や道路に捨てたと報告されている[7]．労働者の住宅街は，工場の側に密集して建てられ，風通し

は悪く，騒音に悩まされるだけでなくスモッグで日光は遮られ，大気も汚染された．まさに，L.マンフォードがいうように「ファクトリースラム」の状況を呈していた．

こうした状況を目の当たりにしたオーエンは，当初「生きた機械」たる労働者の保全こそが生産力の増進となり，大きな利潤を生むと主張し，労働者保護対策の必要性を強調した．また，労働者保護対策の一環として労働者の住環境や食生活の改良に努めた．しかし，オーエンは進歩的経営者として発想と行動にとどまることなく，次第にその思想と実践を進化させていった．

オーエンは，「生きた機械たる人間」（労働者）の保全を真に実現していくためには，工場内や労働者の住宅街の改良だけでは限界がある，また工場の都市集中や工業都市の拡大を放置したままでは無理であるという認識に基づき，5つの柱からなる地域社会全体の改革が不可欠であることを提起した．この5つの柱とは，①最大の生産性をもち，最小の労働費用で最大の生産物を生む単位，②現在の都市と農村に付随する数多くの不都合や害悪を排除し，かつ双方の利点をそなえているような地域社会，③共同の労働・消費・財産について平等な権利を享受する社会，④精神労働と肉体労働との差別を廃止した社会，⑤私益と公益との差別を廃止した社会[8]であるが，ここではとくに②の都市と農村の利点を備えているような地域社会の創造，つまり都市と農村の融合を重視していることに注目する必要がある．

そして，オーエンはめざすべき地域社会の具体化として「工場村」を提起する．この理想村は，①農業と工業，農地と工場の共存（農工両全），②1人当たり0.5～1.5エーカーの農地保有，③工場労働者が同時に農地の耕作者（労働者＝農民，食料生産と消費の一体化），④職住接近で住居は地域の中心に配置，⑤居住地の中心に共同炊事場，食堂，学校等を配置，⑥工場と住宅地の間に森林や農地で緩衝帯を整備等々[9]といった内容になっている．

こうしたオーエンの思想と実践は，現代的視線で見れば「空想的」な側面もあるが，しかし「空想的」という理由でオーエンの思想を歴史の屑籠に投げ捨ててはならない．自ら工場経営者として労働者と向き合い，労働者の悲惨な現状の打開に心血を注いだオーエンの思索と実践の軌跡は，貴重なものである．とりわけ，都市と農村の不都合や害悪を排除し，双方の利点をそなえた地域社

会の創造の必要性を説き,その実現のために都市と農村・農業と工業との両全,工場労働者も農業労働に携わる「労働者農民一体論」の提起と実践は,現代の都市(住民)と農村(住民)との協働による交流・連携にも示唆を与える先駆的思想として注目に値する.

(3) マルクス,エンゲルスの「社会主義による都市と農村の対立廃止」

マルクス(1818-83年)とエンゲルス(1820-95年)の生きた時代は,資本主義がイギリスにおいて一段と進展するとともにフランス,ドイツ,アメリカ等においても勃興し始めた時代であった.つまり,資本主義が世界的規模で展開し始めた時期であった.それだけに,資本主義的生産様式をめぐる諸問題,とりわけ都市と農村との分離と対立にかかわる問題がより深刻化し,広範なものとなった.この時期に都市と農村との分離・対立の問題点を指摘し,両者の対立の解消を展望するマルクス・エンゲルスの理論には,都市農村交流・連携論の豊かな源流がある.

その1つは,一方で都市の拡大のもとで悲惨な状況に追いやられる労働者,他方で農村からの人口流失と農業・農村の衰退を生み出している社会を厳しく批判するとともに,そうした現状を打開するための基本方策の提示である.

マルクスはいう.「生産手段の集中が大量であればあるほど,それに応じて同じ空間での労働者の密集もますますはなはだしく,したがって資本主義的蓄積が急速であればあるほど労働者の住居の状態はますますみじめになる」[10].また,エンゲルスは『イギリスにおける労働者階級の状態』(1845年)において19世紀に入りますます労働者の都市集中が進むとともに,都市に貧民街が形成され,衣服・食料・住宅という基礎的生活の面でもギリギリの生活しかできないほどの貧困状況にあること,長時間の重労働,失業と労働者相互の競争により不安定な地位に置かれていること,そうしたもとで健康状態や精神衛生の悪化,将来への絶望感,高い死亡率など「緩慢な社会的殺人の進行」とさえいえるほどの惨状にあると述べている.

農村の衰退と農業労働者,農民の窮状についても『資本論』の中で生々しく紹介されている.「都市への不断の移住,農業借地の集中や耕地の牧場化や機械の採用などによる農村での不断の「人口過剰化」,小屋の破壊による農村人

口の不断の追い立て，これらのことが手に手を携えて進んでいく」[11]．「イングランドの監獄での常食は，普通の農村労働者の常食よりずっとよい」．「農村労働者家庭の一大部分の常食が「飢餓病を防ぐための」最低限以下だということを思い出すだろう」[12]．「わが国の農村労働者の住居の不十分な量と質とについての証拠が見られる．そして，農村労働者の状態はこの点では何年も前からますます悪くなってきている．今では彼が住居を見つけだすことは過去何百年以来そうだったよりもずっと困難であり，また見つかったとしても，それは以前に比べて彼の要求にはずっとわずかしか合わないものである」[13]．

こうした現状に直面してマルクス・エンゲルスは，都市と農村で生じている労働者や農民の窮状を打開するためには都市と農村の対立の廃止，言い換えれば都市と農村の連携・融合が不可欠であることを力説する．

交流・連携論の源流として注目すべき第2の点は都市と農村の対立・不均等発展，したがってまたその経済的基盤としての工業の拡大と農業の衰退を固定・不変なものとして捉えるのではなく，社会発展に伴って両者の対立の止揚と結合が可能となることを展望していることである．

このことは，資本主義的生産様式は，「一つの新しい，より高い結合のための，すなわち，農業と工業との対立的につくりあげられた姿を基礎にして両者を結合するための，物質的諸前提をつくりだす．資本主義生産は，それによって大中心地に集積される都市人口がますます優勢になるにつれて，一方では社会の歴史的動力を形成する」[14]というマルクスの指摘が雄弁に物語っている．また，エンゲルスは「人口が全国にできるだけ平均に分布するようになったときにはじめて，工業生産と農業生産が緊密に結びつけられ，くわえるにそれによって必要となった交通手段の拡張が実現されたときにはじめて——その場合，資本主義的生産様式はすでに廃止されているものと前提して——，農村住民が数千年の昔からほとんど常住不変の生活をおくってきた孤立と愚昧化の環境から，彼らを引きだすことができる．人間の歴史的過去によって鍛えられた鎖からの人間の解放は，都市と農村の対立が廃止されてはじめて完全となる」と主張している[15]．

第3は，都市と農村の分離・対立が廃棄物の適正処理を妨げることを批判するとともに，両者の結合のみが廃棄物の適正処理，資源としての循環利用を可

能にすることを先駆的に指摘していることである．

例えばマルクスは，「廃棄物は農業にとって最も重要である．その使用に関しては，資本主義経済では莫大な浪費が行われる．たとえばロンドンでは450万人の糞尿を処理するのに，資本主義経済は巨額の費用をかけてテムズ河をよごすためにそれを使うよりもましなことはできないのである」と指摘している[16]．また，リービヒの理論を評価しつつ，人間が畑から受け取ったものは畑に返すことを都市，ことに大都市が妨げていると批判したエンゲルスは，「都市と農村との対立を廃止することは，たんに可能なだけではない．それは工業生産そのものの直接の必要事となっており，同様にまた，農業生産の面からみても，さらに公共衛生の面からみても，必要なことになっている．都市と農村とを融合させることによってのみ，今日の空気や水や土壌の汚染をとりのぞくことができるし，そうすることによってのみ，今日都市で痩せおとろえている大衆の状態を変え，彼らの糞尿が，病気を生みだすかわりに植物を生みだすために使われるようにすることができる」[17]と述べている．

このようにマルクス・エンゲルスは都市と農村の対立廃止，両者の融合の展望と未来像を示し，その実現は目先の諸問題の改革・改良では不可能であり，一切の階級搾取と一切の階級支配とに終止符を打つ社会的大変革，すなわち社会主義社会の建設のみによってはじめて達成しうるものであると力説する．この思想は，マルクス・エンゲルスの核心をなすものであり，たとえば住宅問題の解決についても「住宅問題の解決を望みながら，現代の大都市をそのまま維持しようとすることは一つの背理である．だが，現代の大都市をとりのぞくためには資本主義的生産様式を廃止しなければならない」[18]と明快に述べている．こうしたマルクス・エンゲルスの思想は，社会的矛盾・問題を考察し，打開の道を探求する際の基礎理論としての役割をいまなお失ってはいない．

(4) ハワードの「田園都市論」

エベネザー・ハワード（1850-1928年）は，『明日の田園都市』（1902年）の序論において19世紀末のイギリスの都市と農村の厳しい現状を多くの人に語らせている．興味を引く幾つかの事例を紹介しておこう．「都市は法外に増大しつつある．そして，大きな都市がますますわが民族の体格の墓地になる傾向

がある……ひどく不潔な・汚い・水はけの悪い・怠慢と泥で害された多くの家を見るとき，この真実を不思議とすることができようか」[19]．「ロンドンというものを考えるとき，わたしの心に連想されるものは誇りの気持ちではない．私はいつもロンドンの恐ろしさに悩まされている」[20]．「ランカシャーその他の製造工業地域では，60歳以上のものは人口の35パーセントであったが，農業地域ではそれは60パーセント以上であった．（農業地域の＝引用者）小屋の多くはあまりにもひどいもので，それを住宅と呼ぶことはできなかった」[21]．

　こうした引用文からもわかるように，資本主義が世界的規模で本格的に展開し，独占資本（金融資本）の形成と支配力の強化が顕在化し始めた19世紀末から20世紀初頭は，大都市の形成・膨張，農村の衰退があらわになる時期であった．イギリスにおいても一方においてロンドン等を中心に都市が著しく膨張して無秩序に郊外を蚕食するとともに，劣悪な居住環境のスラム街が拡大した．他方，農村では都市への人口流出による人口減や高齢化が進行するとともに，遊休地の増加，農地の荒廃が進み，農村の衰退が顕在化した．

　この現状をいかにして打開するか，『田園都市論』もまたこの切実な課題への挑戦であった．ハワードの示した打開策は明快であった．それは，「都市と農村は結婚しなければならない」という有名な命題に集約される都市と農村の融合である．ハワードはいう．「過密で不健康な都市が経済科学の最後のことばであるかのように，あるいはまた鋭い線によって工業と農業を分割する現在の産業形式が必然的に永続するかのように考えられていることが問題である．これこそ，まさに心に浮かぶもの以外の代案を，考え出す可能性を無視するという一般的な誤りである．都市生活と農村生活の二者択一があるのではなく，じっさいは第3の選択――すなわちきわめて活動的な都市生活のあらゆる利点と，農村のすべての美しさと楽しさが完全に融合した――が存在するのである」と[22]．そして，都市，農村，都市・農村という「三つの磁石」の図を例示し，「都市と農村は，住民を自分のほうへ引き付けようとする二つの磁石のようなものであり，その対抗関係が両者の性質を分かち持つ新しい生活形式を生じさせるのである」と主張した．

　このハワードの田園都市論は，L. マンフォードをして「20世紀の初めに，二つの偉大な発明がわれわれの目の前に現れた．飛行機と〈田園都市〉である．

……前者は人間に翼を与えた．後者は人間が地上に降りてきたとき，人間によりよい住居の場所を約束した」[23]と言わしめたほど注目に値するものであった．しかも，ハワードは，田園都市論を提唱しただけでなく，田園都市を実現するため「田園都市協会」を設立し，実際にレッチワースやウェルウィンで都市空間と農村空間が共存した田園都市を創造した．

以上，ハワードの田園都市論の核心部分を整理した．たしかに，ハワードの田園都市論は「折衷的であり思想的一貫性がない」，「一定の土地を買収して新しい都市を建設することなど現在では空想にすぎない」等といった批判や疑問が数多く投げかけられている．しかし，ハワードの田園都市論はその後のイギリスにおける都市と農村の共生のための法制度の整備（都市農村計画法（1932年），バーロー報告（1940年），スコット報告（1942年）等）に大きな影響を与えているとともに，ニュータウン建設の理論的支柱にもなっていることからも明らかなようにその思想的・理論的価値は高く評価されている．なかでも，100年前に都市と農村との融合の必要性を強調し，都市空間と農村空間の共存，永久空地の設置による都市拡大の制限，食料生産と消費の近接（地産地消），ゴミ等の資源化等を追求したハワードの思想は，都市的生活様式に代表される大量生産・大量消費・大量廃棄という現代の生産・生活様式の矛盾・問題点が深刻化し，その打開のために都市と農村との交流・連携や循環型社会の形成が焦眉の課題になっている現在においてむしろ改めて輝きを増している．

なお，付言しておくとハワードの『明日の田園都市』が刊行（1902年）され，そのモデル第1号のレッチワース市の建設が始まってから（1903年）わずか4～5年後の1907年（明治40年）内務省地方局有志編による『田園都市と日本人』が発刊された．井上友一や生江孝之ら内務省地方局有志は，本書刊行の目的を「都市膨張の問題，ならびに農村改良の議論は，ちかくわが邦にありても，またようやくさかんならんとす．されば今日においてもまずこれらの諸問題に注意し，一国進暢（しんちょう）の原動力たる都市農村の両者につきて，泰西（たいせい）諸国の趨向如何（すうこういかん）を知悉（ちしつ）するは，おそらく刻下（こくか）の一要務足るべし」[24]と述べている．この内務省有志の問題意識からも分かるように，当時の日本（の官僚）が今後の国づくりの基本方向について真剣に模索しており，その選択肢の1つとして西欧先進国における田園都市建設運動に強い関心を持っていたことを示している．

そして，井上らはヨーロッパで現地調査を行い，田園都市建設運動の到達点と意義を次のように紹介している．「都市を重んぜんか，また農村を主とせんか．二者ともに一得一失あるをまぬかれずして，そのひとつに褊重するは，すなわちそのひとつを曠廃せしむるにほかならず，泰西の諸国は爾来幾多の実験を経て，これらの問題を講究することすでに多年，最近におよびては，ついに両者のひとしくゆるがせにすべからざるを認め，都市農村の両者かならず相須つべきことを唱えて，ここに二者の複本位論を生じ，中央と地方とを通じて，いっせいに全局の進暢と，相互の調和とを完うするをば，一国興新の第一要義となすにいたりぬ」25)と．さらに，井上らは「ことに都市農村両者の特徴を存して，各々本然の美を発揮し，長短相補うてたがいに醇美の自治をとげしめ，両者あいまってともに国運の発暢に資せしめんと期するは，これすなわち本書の主旨とするところなり」26)と強調し，単にヨーロッパの田園都市を紹介するだけでなく，それを参考にしつつわが国の実態に即した都市農村のあり方について考究することが重要だとしている．

このように，早くも明治の末に日本においてヨーロッパの田園都市建設運動を論じた書物が刊行されたこと，その書物のなかで田園都市がヨーロッパの諸国では「一国興新の第一要義」になっていると紹介されていること，そしてヨーロッパの事例紹介にとどまらず日本においても都市と農村のあるべき方向を模索する必要があることを指摘していることは注目に値する．

(5) カウッキー，レーニンの「都市による農村の搾取」解消論

カール・カウッキー（1854-1938年），レーニン（1870-1924年）が生きた19世紀末から20世紀初期は，先のハワードの項で述べたように資本主義がイギリスのみならずヨーロッパ大陸やアメリカにおいて本格的に進展し，独占資本（金融資本）の形成と支配が顕在化した時代であった．また，ロシアや日本などの後進資本主義国においても商品生産・資本主義的生産様式の進展が見られた．それだけに，この時代においては，資本主義的生産様式の矛盾・問題点，とりわけ工業と農業，都市と農村の不均等発展・格差がこれまで以上に深刻化した．

この時期，カウッキーは『農業問題』（1898年）を著し，農業分野において

も商品生産・資本主義的生産様式が確実に進展していること，しかしその過程で様々な農業問題が生じていることを解明した．こうした農業問題の中でとくに注目すべきは，「商品生産的農業の困難の増大」[27]であり，この主要要因として地代などとともに「都市による農村の搾取」（経済的搾取と素材的搾取）や「農村地方の人口減少」（農業労働力，とくに知識のある労働力の減少等)[28]を指摘した．

このカウツキーの「都市による農村の搾取」についてレーニンは高く評価し，次のように述べている．「まず，カウツキーは，「農村から都市への，反対給付を伴わない商品価値の流失」（都市で消費される地代，税金，都市の銀行での借入金の利子）を考察し，まったく正当にもこれを都市による農村の経済的搾取と考えている．つぎに，カウツキーは，対価を伴う価値流失の問題，すなわち，農業生産物と工業生産物との交換の問題を提起している．カウツキーはこういっている．「この流失は，価値法則の観点からすれば，農業の搾取を意味しないが，しかし実際には，右にのべた要因のように，農業の素材的搾取，すなわち土地の栄養分の減退に導く」[29]と．また，「工業が，強健で精力的な，しかも教養のある労働者を農業から奪いさる」[30]とも述べ，カウツキーの「農村地方の人口の減少」が農業の発展を阻害するという指摘を支持している．そして，都市と農村の対立の帰結としての「都市による農村の搾取」と「農村地方の人口減少」が，「農業と工業とのあいだの不可欠な適合関係と相互依存性を破壊する」と強調し，この両方を消滅させることが農業・農村の発展にとって不可欠であると指摘している．

さらに，レーニンは資本主義的生産様式の発展は都市と農村の分離・対立を深化させるとともに，「農業人口と非農業人口の混合と融合」，「農業人口と非農業人口との生活条件の接近」[31]などを推し進め，都市と農村との対立解消の物質的基礎・条件をつくりだすことも指摘している．

以上要約したように，カウツキーやレーニンはマルクス，エンゲルスの都市と農村の対立解消論を踏襲しながら「都市による農村の搾取」や「農村人口の減少」が農業・農村の発展を阻害する重要な要因として捉え，その打開の必要性と社会主義建設による打開の道筋について新たな問題提起をおこなっている．この「都市による農村の搾取」や「農村人口の減少」という指摘は重化学工業

を軸にした工業の発展による農工間の不均等発展や大都市の形成と拡大のもとでの農村の衰退という独占資本主義段階において顕在化した問題に対する注目すべき論点であり，現代の都市と農村問題を考察するうえでも看過できないものである．

(6) 新渡戸稲造の「貴農論」

新渡戸稲造（1862-1933年）が『農業本論』（初版）を著した1898年（明治31年）から増訂版が出た1908年（同41年）頃は，日本が日清・日露戦争を経て経済的・社会的に大きく変化した時期であった．近代的工業の前進に伴って農業国の域を脱するとともに，当時の先端産業であった繊維工業で機械制生産が確立し，生糸・絹織物・綿織物などの繊維製品の輸出も増加していった．さらに，官営八幡製鉄所の建設に代表される重工業の育成が開始され，国をあげて重化学工業化が推し進められた．鉄道を中心に国内の交通網が整備され，商工業の発展とあいまって都市化が進み，農村から都市への人口移動も顕在化していった．

他方，都市化の進行に伴って農民の離村問題が起きるとともに，農業においても商品生産が次第に浸透し，自給的生産の後退と商業的農業の進展が見られた．こうしたもとで，農村の自然経済や農村的生活様式が破壊され，農村・農民の生活のみならず気風・思考などにも大きな変化が現れてきた．

このようなわが国の変革期を背景に著された『農業本論』において展開された新渡戸の思想や理論は100年以上を経た現在においても輝きを保持しており，学ぶものが多い．

その1つは，商工業偏重の思想と政策を批判しつつ，国の真の経済発展，持続的発展のためには農業・工業・商業の共存と均衡ある発展が不可欠であることを強調していることである．この思想は，「農業の貴重なる所以」を中心に展開されているが，いくつかポイントになる箇所を紹介しておこう．

「農若し有らずんば，夫の製造業を如何せん．農若し有らずんば，夫の商業を如何せん．農あるが故に，商も亦其の財利を通ずるを得，天下の貨を聚め，農あるが故に，工も亦其巧利を作すを得て，天下の民を致す．譬へば鼎の三足の如し．若し其一足を折らば，鼎は公餗を顚すべし．譬へば三矢柱の如し．相

頼って以て棟梁を支ふ」[32].

「内に農の力を籍らずして，外に商工によってのみよって勇飛せんとするは，恰も鳥が樹木，岩石等の間に一定の巣を構ふることなくして，渺茫たる海洋をば唯其両翼により飛翔するが如きのみ．時に其勢力を扶殖すること或はこれ有らん．然れども国として永続したることは，古来未だ其例を見ず」．

「農は万年を寿く亀の如く，商工は千歳を祝ふ鶴に類す．即ち一は一定地にありて，堅く且つ永く守り，一は広く且つ高く翔って，其勢力を示すものなり．故に此両者は相俟って，初めて完全なる経済の発達を見るべく，而して後，理想的国家の隆盛を来すべきなり」[33].

こうした農業と商工業との共存と均衡のとれた発展，相互依存・補完関係を重視する思想は，農工間の不均等発展が極度に進行し，国内農業の存続さえ危ぶまれている現代のわが国の経済・産業構造を抜本的に転換していくうえで，また都市と農村との交流・連携の前提となる両者の共生を実現していくうえでも傾聴に値するものである．

第2の注目すべき点は，第1の思想と不可分であるが，農業の価値を高く評価し，農業を貴ぶ必要があることを主張していることである．

新渡戸は，『農業本論』のなかで様々な視点から農業の必要性・重要性を論じている．中でも，歴史家アリソンの言葉を引用し「如何なる国と雖，其食物を他国に仰ぐ間は，其価格に如何なる変動を起すやも計り難きを以て，全く独立と称することを得ず」といった指摘や「二百年を出でずして六十億萬となるべし」と世界人口の増加を予想して食料確保のために国内農業の振興を強調していることなどは，国・民族の独立・自立の根源としての食料，人類の命の源泉としての食料とその供給基盤である農業の価値を見事に言い表している．また，第5章「農業と国民の衛生」，第7章「農業と風俗人情」等で論及されていることは，現代と社会・経済状況が異なっているので直ちに肯定できない論点や項目もあるが，多くは現在農業・農村の多面的機能・役割，とりわけ国土・環境保全機能，保健・休養機能，歴史・文化の保全・創造機能等と相通じるものがある．

しかも新渡戸は，「農に厚うして商に薄うするものにあらず，農に重うして，工に軽うするものに有らず」[34]という言葉が端的に語るように偏狭で排他的な

農本主義思想に与していない．農業は，商工業より重要といった一面的主張ではなく，一国の真の経済発展，持続的発展のために農業の価値を正当に評価し，貴ぶべきだと主張しているのである．そこに新渡戸の「貴農論」の真髄がある．こうした農業の価値，言い換えれば農業の持つ多面的な機能・役割を評価し，農業を尊重するという思想は，都市と農村の交流・連携を指向していくうえでの基本となるべきものである．

さらに，第3に「地方学」の提唱にも留意する必要がある．

「地方学」については，『農業本論』ではなく「地方の研究」[35]において展開されているが，要は一郷一村に着目し，その地域の地名，村の歴史，村の地理，村落の恰好，家屋の建設法，土地の分割法，方言等々を文献だけでなく直接その地域に出向いて研究するものである．今風に言えばフィールドワークの提唱であり，最近注目されている「地元学」等の先駆でもある．この個々の農村に目を向け，農村に足を運んで地域の歴史や現状，そこに暮らす人々の実態を学び取っていくことの必要性をいち早く提唱した新渡戸の思想と研究方法は注目に値する．

(7) シューマッハーの「スモール・イズ・ビューティフル」

エルンスト・F.シューマッハー（1911-77年）が『スモール・イズ・ビューティフル』を著した1973年は第1次石油危機の勃発した年であった．第2次世界大戦後，戦争によるダメージを克服し，急激に拡大・成長をとげていた世界経済は，この石油危機を契機にして大きな転機を迎えた．化石燃料を原動力にして拡大と成長をとげていた経済に歯止めがかかるだけでなく，豊かさの象徴としての大量生産・大量消費・大量廃棄の生産・生活様式とそれを支える巨大技術やマスコミュニケーション，マスセーリング等が大きく揺らぎ始めた．「成長神話」や「大規模信仰」終焉の鐘がなり始めた時であった．

『スモール・イズ・ビューティフル』は，まさにこうした時期に現代社会，とりわけ現代工業文明のあり方に警鐘を鳴らすとともに，これまでの考え方や方法に変わる新しい方向性を提起したものであった．シューマッハーは強調する．近代の思想・科学・技術によって形成された世界は，3つの危機に同時に巻き込まれている，と．第1に，人間の本性は，非人間的な技術と組織の中で

窒息し，衰退しつつある．第2に，人間の生命を支える生活環境はいためつけられ，なかば崩壊の徴候を示している．第3に，人間の経済に不可欠な，再生不能な資源，とくに化石燃料の枯渇が眼前に迫っている．この根源となったものは，物質至上主義と巨大技術信仰，そして貪欲と嫉妬心にほかならない豊かさの追求である[36]．

彼は，こうした危機に直面している現代工業文明とその根源を転換・打開するために「健康と美と永続性」[37]を追求し，大切にする社会・産業・技術を提起する．その中でもとくに注目すべきは農業と「中間技術」を重視していることである．

彼はいう．「農業の目的は少なくとも次の3つである．

①人間と生きた自然界との結び付きを保つこと．人間は自然界のごく脆い一部である．

②人間をとりまく生存環境に人間味を与え，これを気高いものにすること．

③まっとうな生活を営むのに必要な食糧や原料を造りだすこと．

③の目的しか認めず，しかもこれをまったくなさけ容赦なく暴力的に追求するような文明，その結果，①，②の目的を無視した上，組織的にそれに反対の動きする文明は，長期的に見てとうてい存続できない」[38]と．

このように，シューマッハーは農業の存在目的（価値）を明確に提示し，「健康，美，永続性」実現のためには農業の存在が不可欠なことを指摘している．そして，「人間は工業なしで生きていけるが，農業がなければ生きられない」と明言し[39]，農業の基本原理を「生命，つまり生命のある物質を扱うということである．生産物は生命過程，すなわち成長の結果であり，生産のための手段は，これまた生きた土壌である」[40]と捉え，この原理をけっして工業の原理に従属させてはならない，もし農業を工業の一種と見なすようになったら大変だと強調する．

もう1つの注目すべき提案である「中間技術」であるが，その特徴は，人間を機械の奴隷にするのではなく人間に奉仕する，経験や知識を活用する，地域資源を活かし，生態系の法則に適合し，分権化を推し進める技術であり，大企業や大工場での大量生産体制ではなく大衆による生産体制を支える技術である．彼は，こうした「中間技術」の展開の重要な場の1つとして農業を位置付けて

いる．

　以上，シューマッハーの『スモール・イズ・ビューティフル』の思想・理論を概観したが，ここで提起された農業の存在目的と「中間技術」の考え方は現代の都市農村交流・連携を進めていくうえで不可欠となる都市住民と農家・農村住民の価値感の共感・共有や農作業の協働を図っていくうえで極めて示唆に富むものである．

3. 先駆的都市農村交流・連携論の意義と核心

　前節では，モア，オーエン，マルクス，エンゲルス，ハワード，カウツキー，レーニン，新渡戸稲造，シューマッハーの9人の論者の都市農村交流・連携に関する思想・理論の概要を見てきた[41]．ここで紹介した論者およびその著作は，現在では「古典」に属するものばかりである．しかも，これら論者が生きた時代は，16世紀から20世紀にわたっておりそれぞれの時代背景や社会経済状況は大きく異なっている．したがって社会経済問題に対する問題意識，分析視角，解決方法等も一様でない．また，それぞれの論者が生きた時代の社会経済と現在の社会経済，とりわけわが国のそれとは様々な面で大きな差異がある．しかし，それらは用済みとなって歴史の屑籠に捨てられたり，忘却の彼方へ追いやられてはいない．それらは，汲めども尽きない泉のように今なお多くの示唆に富む思想・理論を提供し続けている．それは，これら論者が現代の社会経済を考察するうえでも学ぶに値する本質的で根源的な理論を展開しているからである．

　その理由として，それぞれの思想・理論が資本主義の発展段階の転換期に登場していることに留意する必要がある．例えば，トマス・モアのそれは本源的蓄積期を経て資本主義が生成する時期，オーエンやマルクス，エンゲルスは資本主義が本格的に展開し，工業都市の形成による都市と農村との分離・対立が激化する時期，ハワード，カウツキー，レーニンは資本主義が世界的規模で展開し，独占資本の形成と支配が顕在化するとともに，大都市の形成により都市と農村との対立がよりあらわになる時期，新渡戸稲造は後進国日本が近代的資本主義国へと離陸する時期，シューマッハーは石油危機や地球的規模での環境

問題のもとで大量生産・大量消費・大量廃棄をベースにした生産・生活様式の限界，問題点が顕在化した時期に登場している．

この転換期においては，社会経済全体が激動し，大きく変容するだけでなく，人類の2つの居住空間である都市と農村の双方において，あるいは工業と農業において諸問題が顕在化し，両者の適合的な相互依存的関係が破壊されたり，歪められたりする．こうした時期にあってこれらの思想・理論は，その時期の社会経済問題，とりわけ都市と農村において生じている諸問題に警鐘を鳴らし，批判するだけでなく，それらの諸問題を打開・解消するためのあるべき方向や方策を提起している．その意味では，これら思想・理論は時期や内容に違いがあるとはいえ転換期における社会経済の方向性を示す羅針盤にほかならない．現代もまた，社会・経済・環境の面から見ても，とくに都市と農村，工業と農業の関係性ならびに地球環境において転換期にある．それだけにまた，それぞれの転換期に提起された思想・理論は現代の転換期のあるべき方向を模索するうえで多くの示唆を与える．

上記のことを確認したうえで，つぎにそれぞれの論者に共通して流れている思想，したがってまた注目すべき理論について整理しておこう．

まず第1は，悲惨な経済状況や生活環境を打開して人間としての尊厳を取り戻し，全人格的発展を図っていくためには都市と農村を人間が住むにふさわしい地域にしていくことの重要性を強調していることである．人類の2つの定住空間である都市と農村を良好な空間に変えていこうという思想である．すでに指摘したようにこれらの論者には，労働者，農民，子ども達の悲惨な経済状況や生活環境を打開しなければならない，そのためにはそれらの人々の居住空間を良好なものにしていく必要があるという強い信念が基底にある．都市と農村において厳しい生活に追い込まれている労働者や農民を救済し，人間らしい生活を実現していくためには何が必要なのか，何をなすべきかについて真摯に格闘している．その意味では，都市や農村で暮らす人々（その大多数は労働者や農民）の側に立って考えている．現代の言葉でいうと「住民本位」の思想がある．こうした姿勢や視点は現代の諸問題に対処していく場合にも十分通用するものである．

第2は，都市と農村を人間が住むにふさわしい良好な地域にし，そこに住む

人々の尊厳を実現するための基本方向を「都市は都市，農村は農村」といった閉鎖的・分散的対応ではなく，都市と農村との交流・連携・融合に求めていることである．それだけに，都市と農村の交流・連携・融合に逆行する都市と農村の対立，都市による農村の搾取・支配を厳しく批判する．そして，その批判の目は都市と農村の分離・対立の社会経済的基盤となっている農業と工業との社会的分業にも向けられる．とりわけ，資本主義の生成・発展のもとで顕在化した工業と農業の不均等発展，工業・都市による農業・農村支配を批判し，その是正・打開を強調している．

注目すべきことの第3は，都市と農村との人的交流の促進・労働者と農民の一体化・農業人口と非農業人口の混合・融合の推進等の提起に見られるように都市住民と農村住民の交流や結合の必要性を指摘していることである．言い換えれば，私的所有制と社会的分業の進行と固定化のもとで分散化し，出会いや交流が遮断された工業労働者・都市住民と農業労働者・農村住民との両者の交流や連携が不可欠であることを強調している．現代のようにモータリゼーションや高度交通・通信技術が発達していない時代にもかかわらず，都市と農村の対立に歯止めをかけ，交流・連携を促進していくためにはまずもって人的交流・連携が必要不可欠なことを見抜いたことは注目に値する．

しかし，単に都市住民と農村住民との人的交流・連携の必要性の指摘にとどまってはいない．第4は，都市と農村との関係性，あり方，つまり両者の均衡・適合的な相互依存・補完関係を問うている．さらに，そのことと不可分の関係にある農業と工業，都市空間・都市的土地利用と農村空間・農業的土地利用のあり方，すなわち均衡的発展や共存・共生を追求している．都市農村交流・連携の思想は都市だけの発展・繁栄や都市の優位性を主張する「都市本位論」，逆に農村の良さのみを強調する「農村本位論」のアンチテーゼとなっている．だから，都市農村交流・連携論は，都市と農村の交流を都市住民の農村移住の増加や「人・物・金」の対流が都市と農村間で活発化することいった狭い範囲だけで捉えていない．

第5は，自給や循環や農業を重視する思想である．上記の論者達は，労働者等にとって住み良い空間をつくり上げるためには生活必需品，とりわけ食料の地域内自給，食料生産の場と消費の場の接近を強調している．また，塵芥や糞

尿の土壌還元等廃棄物の循環にも言及している．良好な自然環境を保全するためには農業の存在が不可欠であることを強調している．こうした思考は，時代的制約もあり全面的には展開されていないが，21世紀の重要問題である食料・農業や環境問題を考える上で貴重な示唆を与えている．

第6は，都市への人口集中，大都市の無秩序な形成と拡大に批判的な思想である．先に紹介した論者達は，資本主義の生成・発展のもとで引き起こされる都市への資本・労働力・生産・人口の集積・集中の弊害を指弾するとともに，大都市の形成・拡大にも批判的である．工業・都市が農業・農村に比べて不均等に発展すること，しかもそれが長期かつ大規模に進行することは都市と農村の両空間を著しく破壊すると警鐘を鳴らしている．そして，住み良い空間形成のためには都市の面積や人口規模の抑制，工場の全国への適正配置等を提起している．

第7は，厳しい現状，深刻な問題に警鐘を鳴らしつつも，未来への展望や可能性を提起していることである．批判で終わるのではなく，「ユートピア」，「工場村」，「社会主義」，「田園都市」，「貴農論」，「スモール イズ ビューティフル」などの夢のある代案を提示している．この夢のある代案こそが，先駆的都市農村交流・連携論の魅力でもある．

以上整理したように先駆的都市農村交流・連携論には注目すべき意義と論点がある．しかし，現代の諸問題を解明する際に先駆的思想・理論を"直輸入"したり，鵜呑みにしてはならない．時代背景や国の違いを十分踏まえながらその意義と限界を見極め，思想や理論を継承・発展させていくことが求められている．また，先駆的思想・理論を空想的とか時代遅れと断定したり，「社会主義国」と称した国々の崩壊を口実に「社会主義理論」が有している先見性・革新性を全面否定したり，無視したりすることも間違いである．要は，先駆的思想・理論に学びながら現代の都市と農村交流・連携の意味を問い直し，その方向性を明確にしていくことが重要である．

注
1) トマス・モア『ユートピア』平井正穂訳，岩波書店，26頁．
2) 同上，72-73頁．

3) 同上, 81頁.
 4) 同上, 74頁.
 5) 同上, 77頁.
 6) 同上, 72頁.
 7) ロンドン・カウンティ・カウンシルの報告書による. 宮本憲一『都市政策の思想と現実』有斐閣, 1999年, 79頁参照.
 8) このオーエンの地域社会改革の5つの柱については, 宮本, 同上, 87頁の記述を参考にした.
 9) ロバート・オーエン「ラナーク州への報告」永井義雄・鈴木幹久共訳『世界大思想全集』第10巻, 河出書房新社, 84-96頁所収.
10) マルクス『資本論』第1巻2, 大月書店, 1968年, 857頁.
11) 同上, 904頁.
12) 同上, 886-887頁.
13) 同上, 890頁.
14) 同上, 第1巻, 656頁.
15) エンゲルス『住宅問題』〈マルクス・エンゲルス全集〉第18巻所収, 大月書店, 278頁.
16) 前掲『資本論』第3巻1, 127頁.
17) エンゲルス『反デューリング論』〈マルクス・エンゲルス全集〉第20巻所収, 304頁.
18) 前掲『住宅問題』237頁.
19) E.ハワード『明日の田園都市』(長素連訳) 鹿島出版, 1968年, 72-73頁.
20) 同上, 71頁.
21) 同上, 73頁.
22) 同上, 79頁.
23) 同上, 45頁.
24) 内務省地方局有志編『田園都市と日本人』講談社学術文庫, 21頁.
25) 同上, 20頁.
26) 同上, 25頁.
27) K.カウツキー『農業問題』(山崎春成・崎山耕作訳) 国民文庫社, 1955年, 313頁.
28) 同上, 334-370頁.
29) レーニン「農業における資本主義」〈レーニン全集〉第4巻, 160-161頁.
30) レーニン前掲164頁.
31) レーニン「経済的ロマン主義の特徴づけによせて」〈レーニン全集〉第2巻, 221-222頁.
32) 新渡戸稲造『農業本論』〈明治大正農政経済名著集7〉農文協, 490頁.
33) 同上, 492頁.
34) 同上, 490頁.
35) 「地方学」については, 新渡戸稲造「地方の研究」『随想録』, 1907年所収を参照のこと.

36) この3つの危機についての整理は，小島慶三「シューマッハーの人と思想」『スモール・イズ・ビューティフル』，393頁所収，を参考にした．
37) シューマッハー『スモール・イズ・ビューティフル』（小島慶三・酒井懋訳）講談社，1986年，149頁．
38) 同上，147頁．
39) 同上，145頁．
40) 同上，143-144頁．
41) 先駆的な都市農村交流・連携論として9名の先人と著作を挙げたが，これはこの9名が先駆的都市農村交流・連携論の代表ということを意味するものではない．他にも注目・留意すべき思想・理論はあると思われるが，筆者の浅学のためそれらを紹介することができなかった．今後の課題としたい．

第2章　変わる都市・農村関係

山田良治

1.　「分離」・「対立」の意味

「すべてのすでに発達していて商品交換によって媒介されている分業の基礎は，都市と農村との分離である．社会の全経済史はこの対立の運動に要約される」[1]．

　都市と農村の関係を扱う文献では，しばしば，この引用に言われる都市と農村の「対立」という問題が議論されてきた．同時に，この間注目される動きは，両者の間に「対立」から「交流」・「連携」・「協働」へというべき大きな変化が生じつつあることである．もちろん，このことは「対立」がなくなったという意味ではない．「対立」は継続しているし場合によっては一層激しくなっている面もある．しかし同時に，「対立」を超えた相互連携・補完の関係も発展してきているのではないか．この変化を本章では，空間的な関係としてみれば「分離」から「融合」へ，社会経済的な関係としてみれば「対立」から「協働」へ，という変化として把握したい[2]．
　封建時代には，人口の圧倒的多数は農村に住み農業を営んでいた．手工業段階にあり，産業としてまだ十分に自立していない工業ではなく，農業こそが社会の富の最大の源泉であった．農村社会の支配者であった封建領主（土地所有）が，農業が生み出す富の余剰部分を地代として収取する関係が社会の生産関係の基本をなした．資本主義的な生産の未発達は，そこで作り出される余剰部分，すなわち利潤の未発達ということであり，その意味で土地所有者が資本

家を，地代が利潤を支配する関係がこの時代の基本をなした．

　マニュファクチュアや商業の発展に伴って，このような関係は次第に掘り崩されていく．とりわけ産業革命を挺子とする機械制大工業の発達は，伝統的な農村社会を劇的に解体した．農村で生きてゆけなくされた多くの農民がなだれを打って都市に移動し，自らの労働力を売る以外には生きるすべを持たない賃労働者として大工業に吸収された．大工業の発展に牽引されて近代的な都市が形成され，急激に発達した．都市の盟主たる資本家が農村のそれであった土地所有者を，その意味で利潤が地代を支配するという，かつてとは正反対の関係が現れることになったのである．

　このような経緯から明らかなように，都市の農村からの「分離」は，工業の農業からの自立的発展，言い換えれば農業と工業という社会的分業が現れることの空間的表現にほかならない．社会的分業，つまり社会が多様な生産諸部門から成り立つことそれ自体は必要かつ相互補完的な性格のものであり，そこに必ず「対立」が入り込むわけではない．しかし，端的にいって，社会的分業の展開が資本主義的商品化を通して実現すること——ここから工業と農業の対立，都市と農村の対立，実体として見れば工業・都市による農業・農村の支配という問題が本質的な問題として顕在化することになる．その現れ方は，国や地域によって濃淡はあるが，例えば次のような諸相において確認することができる．

　i）資本主義がもっとも早く発達したイギリスでは，それまで農民が保有していた農地が取り上げられ（「囲い込み」），伝統的な農村社会が急激に解体された．このことが，大工業が勃興していた都市における労働力需要を満たした（いわゆる資本の「本源的蓄積」または「原始的蓄積」）．つまり，資本主義（工業）は，既存の農業・農村の一大部分を破壊することによって成立した．

　ii）工業の圧倒的な発展は，国際的な交易関係（工業製品輸出の裏面としての農産物輸入の増大）を介して比較劣位産業の立場に立った農業そのものの衰退と地代の圧縮を招く．その世界史的な典型例は，19世紀半ば以降のイギリスに見ることができる．それまで土地所有者の意向を受けてイギリスの農業を保護していた穀物条例が廃止された．これによりその後，とくに1870年代以降イギリス農業は長期的に衰退傾向をたどった．図2-1は小麦，羊毛と牛肉

(penny)

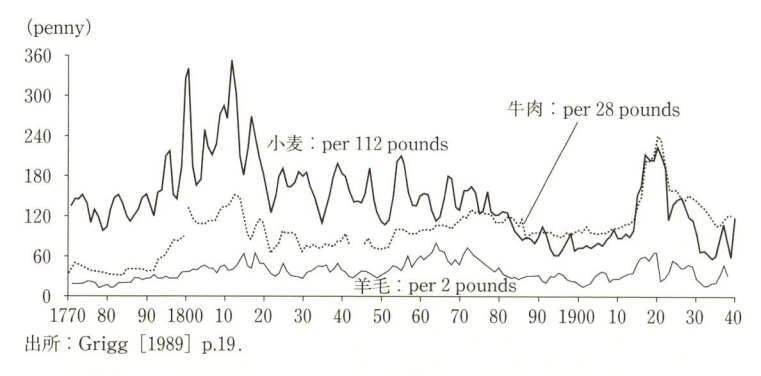

出所：Grigg [1989] p.19.

図 2-1　イギリスにおける農産物価格の推移（1770-1940 年）

の価格の趨勢を示したものである．第1次世界大戦による食糧不足の時期を除いて，19世紀後半以降の価格低落傾向は明らかである．

　農業の衰退があるレベルを超えると，農村社会そのものの存続が困難となる．第2次世界大戦後の日本における農山村の過疎化はこれを象徴する現象である．市場の無政府的な展開は，地域間の不均等発展を不可避とするが，都市と農村の「対立」はこれを代表する形態である．

　iii)　それまで存在した人間と自然との有機的な物質代謝の循環，地力の持続可能性が破壊される．資本主義以前の農業は，自然に働きかけ自然から恵みを受け取り，排出物を自然に帰すという，人間と自然との持続可能な関係の中で営まれていた．資本主義の時代における科学の発展とその農業への応用は，労働生産性と土地生産性を著しく高める成果をもたらした．しかし同時に，農業が市場原理で営まれるようになると，目先の収穫を増加させるために化学肥料や農薬を多投したりして物質代謝を攪乱するようになる．こうしたことが農業・農村の安定的で持続的な発展を脅かすことになる．

　iv)　大工業の発展に牽引された都市の膨張は，交通革命とも絡みつつ，スプロールによる農地の無秩序かつ急激な潰廃という形で農業的土地利用との深刻な対立を引き起こす．市場原理が自由に貫徹するほどこの傾向は顕著となる．イギリスでも，「郊外の成長が従来の悲惨さを緩和するにつれて，地域的不均等発展と都市スプロールという形態で新たな一対の脅威が生じた」[3]．

　v)　この土地利用の競合，農地の市街地への転換という都市化圧力は，日

本の場合がその典型であるように，農業的採算に比べた農地価格の顕著な高騰を生みだし，土地市場の側面からも農業の経営基盤を掘り崩す．

このように，資本主義の発展，社会的分業の市場を介した発展は，農業・農村に対して種々の敵対的な作用を及ぼす．そして，この作用は長期的に見ると，人口の多数を占めるようになった都市労働者や都市住民にとっても対岸の火事では済まない性格のものである．

というのは，第1に，海外に農産物・食料を依存することのリスクが現れる．戦争や異常気象などをきっかけとする食糧危機，国際的な投機市場への包摂による価格の不安定化，輸送・補完にかかわるエネルギーロスと防腐剤など添加物の多用による食の安全への脅威といった諸問題がそれである．

また第2に，自給生活を基本とする時代にあっては，共同体の内部で基本的にすべての生活手段を自ら調達する限りで，労働と人間の生活は閉じられた狭い空間において自己完結的で全面的な性格を持っていた．しかし，資本主義化に伴う社会的分業と作業場内分業の進展は，農工間分業を含めて，労働力の細分化・固定化・一面化，別言すれば労働者の部分労働化を帰結する．資本による労働力支配の下での長時間労働による労働力の荒廃などと相まって，労働疎外と人間に対する抑圧が進むことになる．

このように，資本主義の下での都市と農村の空間的「分離」は，まずは「対立」として現れる経過をたどり，その後も現代に至るまで姿・形を変えて「対立」は続いているし，むしろグローバルな規模で拡大すらしている．

しかし，事柄のいまひとつの側面にも目を向けなければならない．というのは，資本主義は，こうした「分離」・「対立」を継続し，ある場合には拡大させながら，他方では，生産力の発展と労働の社会化を推し進めることを通じて，これらをヨリ高次のレベルで克服する諸条件をも発達させざるを得ないからである．このような文脈の中で，都市空間と農村空間との「融合」とは，また都市と農村の「協働」とは，いったい何を意味するのだろうか．また，「融合」と「協働」は，どのような関係性を持っているのだろうか．そして，これらを実現する諸条件とは何なのだろうか．

2. 農業保護政策への転換と「分離」による「対立」の緩和

これまで述べてきたように，資本主義化に伴う都市の農村からの「分離」が両者の「対立」を導いた．だとすれば，論理的には両者の「融合」が「対立」を緩和・解消していくはずである．

実際，ハワードが提唱した「田園都市」構想もそのような考え方の1つと見ることができる．彼は，職住一致のニュータウンにおいて，その内部（外周部）に農地も配置することによって「都市と農村の結婚」を実現しようとした．19世紀の後半以降しだいに広がりを見せたドイツのクラインガルテン（市民農園）制度もまた，都市生活の中に土地・農業との日常的なふれあいを実現しようとする同種の動きであった．

しかし，こうした試みは，私的で個別的な都市の居住空間の中に農村的要素を取り込もうとしたものであり，もっと広域的な面としての既存の都市空間と農村空間の「融合」という性格を持つものではない．その意味では，そこにこうした構想・運動の限界を指摘することができよう．それにもかかわらず，これらの試みは農村からの「分離」以降の都市に住む人々の生活が，何かしら殺伐としたものであること，これらを埋めるためには農業や自然的空間とのふれあいが，人間性の回復と発揚にとって重要な意味を持っていることを物語っている．当時の状況の中では，スラムに住む労働者にとってはいまだ単なる夢の世界であるとしても，次第に成長してきた中間階級や労働者階級の上層部分にとっては，実現可能と考えられる1つの選択肢が提示されたのである．

しかし，「田園都市」の嚆矢であるレッチワースの建設が開始された20世紀の初頭とその後の大戦間期の時代，面としての都市と農村の「対立」は，とくにスプロールの進展という点で極めて深刻な事態を招きつつあった[4]．同じ頃，これもすでに指摘したように，イギリス国内農業の衰退は一段と進み，食料自給率は極めて低位な状態に陥っていた．

非常に興味深いことは，この矛盾をイギリスは国家の積極的な介入によって，農業保護政策への転換と，都市と農村の徹底的な「分離」という方法で乗り切ろうとしたことである．

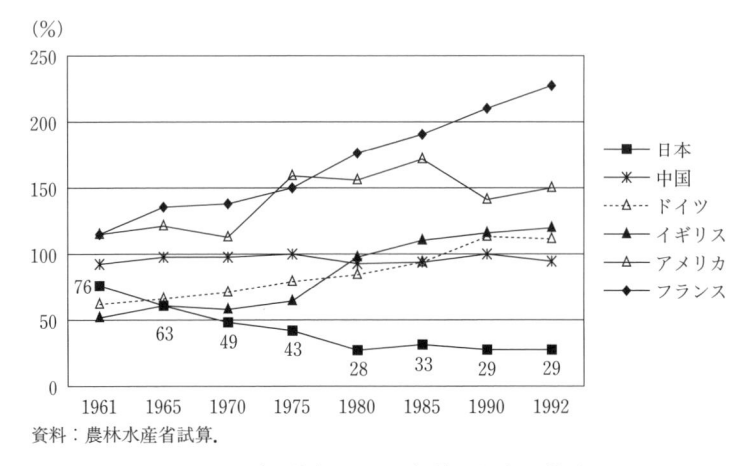

図 2-2　主要国における穀物自給率の推移

資料：農林水産省試算．

　図2-2に見られるように，第2次世界大戦後，先進諸国は日本という例外を除いて，そしてイギリスを含めて概して穀物自給率を高めてきた．このことは，その限りにおいてではあるが，農工間の不均等発展に対して一定の緩和策が一般的傾向となったことを意味する．

　イギリスの場合でいえば，このような状況を生み出した画期は，穀物条例の廃止後1世紀を経た1947年における農業法の制定にある．この時以降，農業・農村保護政策へ180度舵が切られた．

　さらに，農業法の制定と同じ年に制定された都市・農村計画法では，開発権の国有化という形での厳しい開発許可制度とともに，グリーンベルトを設置することによって都市の外延的膨張を阻止する仕組みが確立された．スプロールという都市空間の農村侵攻に対して防波堤を設け，その限りで都市空間と農村空間を明確に「分離」することによって「対立」の回避を図ったのである．「分離」によって都市と農村の共生を図るという論理は，同じく農業・農村空間に対する親和性からの動きであるとしても，都市と農村の「結婚」を志向した田園都市構想と一見際だった対照をなしているといえよう．

　ちなみに，1949年に制定された「国立公園と田園地域へのアクセスに関する法律」などもまた，都市化に伴う環境破壊に対する防御という意味では，同

じ流れに位置する動きであった．ともあれ，都市と農村の徹底的で計画的な空間的「分離」こそが「対立」緩和の条件となる，という逆説的な論点を念頭に置いておきたい．

3. 「対立」のモデルケースとしての日本

(1) 異常な農工間不均等発展

日本の食料自給率は先進諸国の中で異常な低水準にある．それだけ国内農業にとっての市場が小さくなってきたということであり，したがってまた農業・農村が強く抑圧されてきたということである．イギリスにおいて19世紀から20世紀前半に見られた傾向が，日本ではイギリスが農業保護政策によって農産物自給率の回復を目指した時期，20世紀の後半に現れたということになる．

欧米先進諸国，とりわけアメリカにおける戦後の高い経済成長を受け皿として，日本は重化学工業や機械工業を中心に輸出を伸ばし，世界に例を見ないと言われるような高度成長を遂げた．それだけに，比較劣位の位置に置かれた日本の農業・農村は，他の先進諸国を上回るような短期集中型の強いダメージを被ってきた．国際的な学術用語ともなったとされる「kaso」（過疎）問題の激化と農業・農村社会の崩壊のプロセスである．

(2) 「建築自由」と空間破壊

それでも戦後直後は食糧増産が農業政策の基調をなした．農地改革による寄生地主制の解体と自作農体制の確立は，農村・農業の未来に希望を抱かせるものであったし，これを土地政策の面で担保するために1953年には農地法が制定された．農地法は非常に厳しい転用規制を伴うものであったという点では，市街地（都市）と農村を空間的に「分離」する意義を持っていた．その意味では，日本のほとんどの農地が「グリーンベルト」になったということもできる．

しかし，戦後復興期を経ての猛烈な高度経済成長と都市化の開始は，早々と大量の農地転用を不可避とする状況を生み出した．なし崩し的で場当たり的な転用規制の緩和が進んだが，その都市政策・農地政策としての無策ぶりは明らかであり，新たな空間的「分離」を謳った(新)都市計画法の制定に至ったのは，

さしもの高度経済成長も慢性疲労があと数年で顕在化する1968年のことであった．

この(新)都市計画法は制度化の時期が遅れただけではなく，内容もまた大きな問題を持っていた．その基本的なフレームは，「都市計画区域」を設定した上でその内部を「市街化区域」と「市街化調整区域」に線引きし，前者における開発促進，後者におけるその抑制を狙ったものである．イギリスの都市・農村計画法と比べた場合，ここでの基本的な問題点は，第1に規制の対象を「都市計画区域」に限定したことであり，第2に「都市計画区域」では開発を進める際に事実上「建築自由」が原則であり，第3に「市街化調整区域」においてすら大規模開発など，一定の要件を満たせば開発可能という点にあった．つまり，「対立」を緩和するためには「分離」が必要という前述の論点から見ると，制度的には極めて中途半端な「分離」，事実上は農地法の転用規制を全体として緩和するという意味で，むしろ「分離」の解除という事態が政策的に作り出されたのである．

その結果は，壮大なスプロールと農地価格の高騰（市街地価格化）であった．新幹線の車窓から見ていても明らかなように，純粋な都市と純粋な農村空間の間には，都市とも農村ともつかない膨大なまだら模様の空間が横たわっているのが日本の現実である．ここでは，ある意味で都市と農村は「融合」しているのだが，それは決して両空間の計画的な共生ではなく，市場が生み出した無政府的で「対立」的な要素を強く孕んだ壮大なパッチワークの世界である．

4. 「対立」緩和の進展とその背景

このように「対立」のモデルケースであるにもかかわらず，というよりは逆にそうであるが故に，この日本においても「対立」を緩和し，もっと積極的に都市と農村の共生にかかわり，これを促進しようとする様々な動きが生まれてきた[5]．「交流」，「連携」，「協働」といった言葉で呼ばれる事態がそれである．こうした動きは，近年になるほど多様かつ高度な形で発展してきている．以下，「対立」から「協働」へという流れにおいて事態を把握することの意味について，これまで述べてきたことを踏まえてさらに敷衍してみることにしよう．

第2章　変わる都市・農村関係　　　　　　　　　　　　　　　33

(1) イギリスの場合

　まず，自給率問題に現れた農工間の不均等発展，「対立」の(ii)の側面を考えてみよう．

　既述のように，長年にわたって農業・農村を衰退させてきたイギリスが戦後農業保護政策に転換した原因は，第1に，もはやイギリスが「世界の工場」でなくなっていたこと，そしてその結果として対外関係において外貨不足という事情が生じたことである．それとともに第2に，二度の世界大戦における食糧不足の経験があった．後藤光蔵は次のように述べている．

　　「重点やその内容に変化がありながらも，食糧の増産はイギリス農政の柱であった．二度にわたる世界大戦時の経験と，自給率の向上が国際収支の改善に寄与するという考えがその政策選択の基礎にある．73年以降の食糧危機は，この政策選択にもう一つの新たな根拠を与えた」[6]．

　この中では，「73年以降の食糧危機」がさらに指摘されているが，今日では「フード・マイレージ」への注目に象徴されるような，環境問題の視点も加えることができるだろう．多国籍企業やヘッジファンドなどが食糧生産を投機の対象として操る農村抑圧的傾向の一方で，基本的な食糧をできるだけ居住地に近い空間範囲で自給すること，そのために国内農業・地域農業を守り振興することの必要性について，少なくとも国家政策を何らかの程度に軌道修正するだけの社会的合意が形成・継承されてきた．

　こうした合意形成の背後にある今ひとつの重要なファクターは，都市住民の中に育まれてきた自然及び田園世界への憧景である．「農業はイギリス人が大切にしている農村の自然の美しさを保全しているという考えも根強く，この考えがこの政策を支えている」[7]．

　歴史的に見ると，マナーハウス，カントリーハウスを拠点とした田園地帯における封建貴族の生活・文化の影響が大きい．地代収入に依存し，広大な田園に囲まれた豪邸での豊かな暮らしは，産業革命後，しだいに人口の多数を占めるに至る都市住民にとって夢の世界であった．その憧れは，まずは都市上流階級や中間階級の生活行動，とくにレクリエーション活動において現実のものと

されていく．

ただし，19世紀のレクリエーションは，主として海岸リゾートに人気が集まった．というのは，当時の主要な交通手段は鉄道であり，海外沿いのリゾート地での，いわば定点型レクリエーションが交通アクセスの面で比較的に容易であったからである．こうした状況を大きく変える要因となったのは，20世紀，それも第1次世界大戦後の自動車交通の拡大であった．なぜなら，自動車交通はすでに網の目のように張り巡らされていた鉄道網に加えて，身体に張り巡らされた毛細血管のように，田園地帯への全面的で縦横無尽のアクセスを可能としたからである．

> 「第一次大戦後も海岸リゾートは継続的に人気があったが，1930年代半ばまでに，自動車交通が内陸の都市や地方の海岸沿いから離れたところへのツーリストの数を増加させた」[8]．
> 「自動車交通はツーリズムと日帰り旅行を，もともとそういうことの無かった地域へと拡大させた」[9]．

この時期はまた，ホワイトカラーを中心に中間階級の増加が顕著となった時期であり，彼らや労働者階級の上層が新たな郊外型レクリエーションの担い手に加わった．言い換えれば，レクリエーションを中心に，田園を訪問するという行為が大衆化されたのである．その結果，「自動車交通の発展が，プランニングの問題を起こし……人や道路表面だけでなくアメニティも破壊」されたり，「田園地帯や保養地における交通渋滞の主要因」[10]となる状況が現れた．

自動車交通が可能とした田園への一般的なアクセス拡大は，田園への憧憬を現実のものとし，田園との触れ合いを生活の一部分と感じ取る人口，すなわち田園に対する社会的欲望を拡大する．他面において，この同じプロセスが田園そのもののアメニティを破壊するという矛盾の拡大がそこには存在していた．この市民的意識の高揚が，多様な試行錯誤を通じて農業・農村を守る政策の一般的支持となって作用することとなっていくのである．

こうした生活実態及び政策における変化はまた，グリーンツーリズムやその大衆的拠点としてのB&B（イギリス型の民宿）の普及に示されるような都市

住民と農村地域に住む人々との「交流」，住民相互の「協働」的性格を持つ，両空間を結ぶ各種ボランティア活動や貴重な空間資源を保全するためのナショナルトラスト運動の発展などと強く結びついている．また，都市・農村計画法は，都市・農村空間の保全や改良において，様々な住民参加機会の拡大を促進してきたのである．

(2) 日本の特徴

既述のように，今日の段階で先進諸国の中で食料自給率が異常な低水準にあることは，日本の国家政策がいかに農業・農村を軽視してきたかを物語るものである．その背景には，戦後の輸出主導型の工業発展があり，これが日本型企業社会の成立・発展として現れたことが重なって，大企業労働者を中心に都市住民の少なくない部分が工業（大）企業の立場に立ち，農産物の見返り輸入を許容してきたという事情がある．これは，イギリスのように労働者階級（またこれを基盤とした労働党政権）が農業・農村の保護政策を支持するという状況との大きな相違をなしている[11]．

しかし，このような構造は，食品添加物問題や国際的な農産物市場の不安定化などにより食の安全・安定への関心が高まる中で，輸入食料に頼った生活の脆弱性を次第に露呈させ，国民の意識を国内農業の振興を望む方向に徐々にではあるが確実に変えつつある．そしてこのことが，空洞化による製造業の地盤沈下の中での企業社会の崩壊という，これまで都市と農村の対立を許容してきた主要な要因の弱まりという事実と並行して進展している．

変化を求めた2009年の「政権交代」のうねりの中で，新政権は農家の所得保障を重点課題の1つとして掲げた．その内容の是非は別として，農村を危機から脱出させるための農業保護・振興を掲げざるを得ない状況，またこうした方向を支持する国民的合意の一定の成長を背後に感じ取ることも可能である[12]．

一方，高度経済成長期に顕著に進展した都市化とそれに伴う空間的な面での「対立」は，「低成長」への移行という新たな経済環境の下でも大きな変化は見られなかった．逆に1980年代に提唱される「アーバンルネッサンス」とそれに続くバブル経済の下，「対立」はさらに深刻化していく．リゾート法の援護射撃を受けて，国土の津々浦々まで展開したリゾート開発やゴルフ場開発によ

って，日本の農村・田園・森林空間の破壊はその極みに達した．

バブル経済の崩壊と「空白の10年」と揶揄される1990年代に入ると，無謀な国土破壊にブレーキがかかる．少なくないリゾートやレジャー施設が破綻を余儀なくされる状況が現れ，これらを擁する地域社会は大きなダメージを被った．これに代わって開発の主役として現れたのが，「大店法」の骨抜きの下で展開する大型小売店の都市近郊への猛烈な出店競争である．この動きは，都市近郊空間を浸食することはもとより，都市，とくに地方都市の既存商業地・中心市街地を衰退させ，「シャッター街」を各地に出現させる結果を生んだ．地方社会は，都市においても農村においても空間のスクラップ＆ビルドの荒波にみまわれることになった．

このような事実を見る限り，日本の戦後の都市と農村の関係は，極めて「対立」的な性格を持つものであり，そのあり方はイギリスでいえば，19世紀から20世紀前半にかけての状況との類似性が強い．しかし，他面で，後発国に特有の現象であるが，既述のような20世紀のイギリス的状況で現れた「対立」対抗的な諸現象・諸条件の発展もまた，形態の相違は別として同時並行して顕在化してくる事実を見ておく必要がある．90年代以降全国各地で展開・成長する都市農村「交流」の多様な取り組みが，こうしたトレンドを象徴している．それらはまさに，都市と農村との「対立」を緩和し，その共生を通じて地域再生・まちづくりを実現しようとする流れの一翼をなしている．

繰り返し述べているように，注目されることは，今世紀に入ると，こうした国民的要求・運動を背景に，「対立」の緩和を促進する可能性を持った諸政策が，国家のレベルでも登場してきたことである．とくに，2004年の景観法の制定は，都市と農村の両方を包含した景観整備に道を拓くという意味で，また無秩序な開発を強く規制する可能性を持っているという意味でも，今後の地域再生を考える際に，大きな可能性を切り開いたものといえるだろう．

5. おわりに

既述のように，都市と農村の「対立」は，資本主義化に伴う農工間の社会的分業をベースにしている．社会的分業それ自体が問題なのではなく，このこと

が市場を通して進展することがここでの要点であった．実際，今では全世界の人々が社会的分業の網の目に組み込まれており，その限りでは客観的には相互に「交流」，「連携」，「協働」している．しかし，それは目的意識的で直接的な人と人との関係としてではなく，市場を介したモノとモノとの関係として，基本的には市場原理＝交換価値に支配された自然発生的な社会的結合として展開している．お互いの関係は目に見えないから，その存在は具体的に意識されることがない．いかにもうけるかということ，弱肉強食の競争的で敵対的な市場関係を通して社会的関係が地球の隅々まで深化していく点こそが，資本主義社会の本質である．

　このことは逆にいえば，「交流」，「連携」，「協働」は，多かれ少なかれ人と人（あるいは人の集団としての組織）との直接的関係，いわば顔の見える関係を含んだ概念であり，それだけ市場関係から距離を置いたトレンドであることを意味している．それは市場を介した自然発生的な社会化とは異なる，市場に対する目的意識的な管理と，人と人との直接的な社会化を実体とする相互理解の発展である．近年，"コモンズ"論が脚光を浴びているのも，このような事情と無関係ではない[13]．

　イギリスの歴史が示すように，農業・農村の保護政策の発展，またこれと関連した空間の「分離」に基づく空間形成政策の発展は，「対立」関係にあった「労」と「農」の合意形成に基づく，このような目的意識的管理の国民国家レベルでの発揚であった．

　そしてその背後には，長い年月をかけてレクリエーションや観光，ナショナルトラスト運動等の実践の中で培われてきた，田園環境の保全に対する強い社会的意識の存在があった．言い換えれば，レクリエーションなどを介して人口の空間移動が盛んになること，その結果都市から見て農村が，農村から見て都市が，自らの生活空間にとって次第に重要な一部になってくるという事情が「対立」緩和政策発展の背景にある．ことのほか厳しい「対立」にさらされてきたこの日本もその例外ではなく，各種の「交流」・「連携」・「協働」を構成要素とするまちづくり・地域づくりの運動と絡みつつ，国家や自治体政策のレベルでもこうした動きを促進するベクトルが垣間見えてきたのが今日の状況である．

これらの社会的意識の発展は，時間的余裕がヨリ多くの人々において生まれること，同様に所得が増えること，交通手段の発達等によって空間移動が容易になることや情報の発達等による余暇管理能力の飛躍的な発展に支えられている．そしてこれらはすべて，歴史的に見れば資本主義の発展と，その中での進歩を目指す各種闘争・運動によってもたらされた民主主義の発展が準備してきた諸条件なのである．

　前に「分離」が「融合」となる逆説的な関係を指摘しておいた．いま一度この点に立ち戻るならば，その解はこうである．自然発生的な「分離」が目的意識的な「分離」によって取って代わられること，こうして創り出された都市・農村空間が相互に欠かすことのできない1つの生活圏・生活空間として「融合」していくという論理である．この「融合」は，個人のレベルから広域的な社会のレベルまで様々な形態を含むものであり，多様で重層的なものとなろう．現代の日本は，いまようやくその日本的形態を目的意識的に模索する時期にさしかかっているように見える．

　最後に，重ねていえば，都市と農村の「対立」は，工業と農業という社会的分業の「対立」の空間的表現であった．このことは，この「対立」を根本的に廃止するためには，社会的分業そのものの廃止が前提となることを意味している．ただし，このことは，工業と農業の違いをなくすことを意味するわけではない．ここでの問題は，これも指摘したように労働力の固定化にあった．部分労働への固定は，人間の全面発達を妨げる．都市と農村という空間を共有した人々の「交流」，「連携」，「協働」は，このような固定化の壁を打ち破っていくための重要な契機の1つとなるかも知れない．

　[付記] 本章は，拙著『私的空間と公共性――「資本論」から現代をみる』（日本経済評論社，2010年）の第10章を転用したものである．ただし，若干の修正を加えている．

　注
1)　マルクス『資本論』（大月書店・普及版）Ia, 462頁．
2)　「交流」・「連携」・「協働」という用語はいずれもパートナーシップのあり方にかかわるものであるが，目的意識性や主体性という観点からいって「交流」→「連携」→

「協働」という方向で内容が高度化していく関係と見ることができる．こうした理解から，本章でこれらを一括する際には，こうしたトレンドの象徴的な表現として「協働」という言葉を用いることとする．

3) Peter Hall, *Urban and Regional Planning*, Routledge, 1992.
4) *Ibid*.
5) 大浦由美「1990年代以降における都市農山村交流の政策的展開とその方向性」『林業経済研究』Vol. 54, No. 1, 2008年，田代洋一『農業・協同・公共性』筑波書房，2008年などを参照．
6) 後藤光蔵「戦後イギリス農政の展開とその特徴」中野一新他編著『国際農業調整と農業保護』農文協，1990年，120頁．
7) 同上．
8) John Heeley, "Planning for Tourism in Britain: An Historical Perspective", *The Town Planning Review*, Vol. 52, No. 1, 1981.
9) *Ibid*., p. 68.
10) *Ibid*.
11) 田代洋一『日本に農業はいらないか』大月書店，1987年．
12) TPP問題のような逆流を含んだ錯綜したプロセスではあるが．
13) コモンズ論については，さしあたり次の文献を参照．池田恒夫「『コモンズ』論と所有論」及び大泉英次「コモンズと都市の公共性論」鈴木龍也・富野暉一郎編著『コモンズ論再考』晃洋書房，2006年所収，西村幸夫「コモンズとしての都市」岩波講座『都市の再生を考える 7 公共空間としての都市』岩波書店，2005年所収，半田良一「入会集団・自治組織，そしてコモンズ」『中日本入会林野研究会会報』26号，2006年所収．

第3章　日本型グリーン・ツーリズムと都市・農村連携

藤　田　武　弘

1.　はじめに

　いま，日本における都市と農村との連携は新たな局面を迎えている．ひとつには，都市と農村との関係（対立）が，国内のみに留まらず，国境を越えた問題性を孕むようになっていることである．つまり，グローバリゼーションの進展により，国境を越えてその活動領域を地球規模にまで拡大した資本（多国籍企業）の活動が，生活領域としての地域の在り方に大きく影響を及ぼしており，その結果として，産業空洞化による地場産業の衰退，大型店の規制緩和に伴う商店街（中小小売業）の衰退，さらにはWTO体制を与件とする農産物輸入拡大政策のもとで農山村の地域経済・農家経営に疲弊をもたらしている．いまや，都市での人間の生命活動の維持に必要な食料を農村が供給するという基本的な物資代謝関係は国境を越えた拡がりをみせ，その結果として，自給基盤を持たない大規模な輸出型農業への転換が環境・生態系に対する負荷を増幅させるなど，持続性・循環性に乏しい都市と農村との対立関係が地球規模で浮き彫りになっている[1]．

　そのような背景のもとで，いまひとつ注目すべき動きは，食料供給のグローバル化や経済効率至上主義によって切り離されてきた「食」と「農」との関係性を回復すべく，様々な地域密着型の実践が世界各地で拡がりをみせていることである．現代の日本においても，食の安全・安心確保をめぐる困難性（リスクコミュニケーションが確立しにくい）や食の「簡便化・外部化」の進行に伴う食品産業の原料調達構造をめぐる問題（「開発輸入」による輸出国の生態系

への負荷増大や企業のモラルハザード）など，「食」と「農」との時間的・空間的・社会的乖離によって生じた諸問題に対する克服の途として，都市の消費者が地産地消や食育に対する関心を高めており，それが都市・農村連携が新たな局面を切り開く推進力となっていることは注目すべき点である．

そこで本章では，現代日本の都市・農村連携の新たな局面を，①農業・農村が直面する問題の諸相とその解決に向けて都市住民との連携を模索する動き，②都市住民が抱える食に関する問題の諸相とその解決に向けて農業・農村との連携を模索する動きの2つの視角から検証する．さらに，農山村地域再生の切り札として期待が高まる日本型グリーン・ツーリズムの特徴と展開動向を踏まえながら，都市・農村連携の現代的意義について考えてみたい．

2. 農業・農村問題の諸相と都市住民との連携

(1) 農業・農村が直面する問題の諸相
①安定的な食料供給への不安

日本農業の戦後を振り返ってみると，MSA協定に基づく小麦等の大量輸入，大豆・飼料用グレインソルガムの輸入自由化によって，麦・大豆・飼料作物等が大きな打撃を被り，畑作や水田裏作が大きく後退した．そして，1970年代の輸入制限品目の大幅な削減は，国内農業生産の縮小・後退を余儀なくした．さらには，牛肉・オレンジの輸入自由化（1988年），GATTウルグアイ・ラウンド農業合意（1993年），WTO協定（1995年）と続く農産物の輸入自由化路線のもとで，国内の生産農家は「何を作ればよいのか」という悲痛な叫びをあげている．

今後，逼迫基調で推移することが予想される世界の食料需給見通しのなかで，1960年当時は79％であった日本の食料自給率（カロリーベース）は，1985年を境に大きく低下し，2006年現在では39％と半減した．また，穀物自給率（2006年試算）は27％であり，世界175の国・地域中124位，OECD加盟30カ国中25位，人口1億人以上の国の中では最下位の位置にある．現在，日本は世界第1位の農産物純輸入国（輸入額－輸出額）で，しかも輸入の多くはアメリカ，中国，オーストラリア，カナダ，タイなど特定の国に集中しており，

これら上位5カ国で農産物輸入額全体の70%相当を占めている．

一方，世界に目を転じれば，食糧と飼料（経済成長を遂げた途上国の畜産加工品消費を支える飼料穀物），さらにはエネルギー（代替エネルギーとしてのバイオエタノール原料穀物）の三者の確保をめぐるせめぎ合いが始まっており，輸出国の輸出規制を契機として国際相場が高騰するなど，多くの国々で食料の安全保障をめぐる混乱が生じている．これらの状況に鑑みれば，日本の食料供給は，国際的な需給変動や輸出国の政策転換等に大きく左右される極めて不安定な構造を特徴としていることが分かる．

②農産物価格と農業所得の低迷

米をはじめとして，政府が介入する農産物の価格は，いずれの品目とも最近の著しい価格引き下げによっておよそ20～30年前の価格水準に押し下げられており，米価に至っては，時給換算すると178円（2007年）にしかならない．これは，他の物価や労働賃金の推移と比較しても異常な数値であるが，その結果として，多くの農家は再生産のための最低限の保障となる生産費さえ補充できない状況に追い込まれている．

また，政府介入のない農産物の価格も多くの場合低迷傾向にある．とくに，野菜をはじめとする様々な生鮮食品や冷凍加工品などの輸入が急増し，国内生産を圧迫している．なかでもアジア諸国からの食品輸入は，安価で豊富な労働力の存在を前提とした価格競争力を武器に，競合品目を擁する国内産地に閉塞感をもたらしている．例えば，1日1人当たりの農業所得を製造業賃金（常用労働者5人以上平均）と比較してみると，当該年の製造業賃金を100とした場合の農業所得は，1960年当時においても64と低かったが，近年（2006年）では29となるなどその差は歴然となりつつある．

しかも，皮肉なことには，政府が一貫して養成しようとしている大規模経営ほど，農業収入への依存度が高いだけに，所得の目減り感が大きいことは否めない．「効率的かつ安定的な経営体」の中核として市町村から認定を受けた「認定農業者（約18万経営体）」に対するアンケート調査（2001年実施）によれば，「販売価格の低迷（86.5%）」や「農業所得の低下（69.7%）」に悩む姿が浮き彫りになっている．

表 3-1　日本農業の基礎指標

	1960 年	1970 年	1980 年	1990 年	2000 年	2005 年
農地面積(千ha)	6,071 (100)	5,796 (95)	5,461 (90)	5,243 (86)	4,830 (80)	4,714 (78)
作付延べ面積(千ha)	8,129 (100)	6,311 (78)	5,706 (70)	5,349 (66)	4,563 (56)	4,422 (54)
農家戸数(万戸)	606 (100)	534 (88)	466 (77)	384 (63)	312 (51)	284 (47)
農業就業人口(万人)	1,200 (100)	1,035 (86)	697 (58)	565 (47)	389 (32)	334 (28)
新規就農者数(千人)	—	—	—	15.7 (100)	77.1 (491)	80.2 (511)
農産物輸出額(億ドル)	1.7 (100)	3.7 (218)	9.1 (535)	11.0 (647)	15.6 (918)	17.0 (1,000)
農産物輸入額(億ドル)	8.8 (100)	32.5 (369)	149.2 (1,695)	260.1 (2,956)	380.0 (4,318)	370.0 (4,205)

資料：JA全中「ファクトブック」各年.
注：2005年の新規就農者数，農産物輸出額・輸入額の数値は2003年度のものである.

③縮減する農業の基礎資源（労働力・土地）

　このような情勢のもと，農家戸数も激減しており，2005年では約284万戸と1960年当時（606万戸）から半減している（表1参照）．表出してはいないが，なかでも専業農家の減少が著しく，1960年に208万戸あったものが僅か44万戸弱と5分の1程度になっている．また，1960年当時には1200万人を数えていた農業就業人口も，2005年には334万人と4分の1近くまで減少しており，うち65歳以上の占める割合は約58％と高齢化が着実に進行していることを示している．一方で，新規就農者については，農家子弟以外からの新規参入や離職就農者の増加により，1990年以降若干増加傾向（2005年度：約8万人）にあるが，高齢化によって減少し続ける担い手を補うにはほど遠い状況である．

　一方，農業の基本的生産手段である農地についても，1960年当時607万haであった農地面積は，2005年には471万haへと約140万ha減少している．また，実際に利用された農地量を示す作付延べ面積でも813万ha（1960年）から442万ha（2005年）へと大幅に減少しており，したがって耕地利用率も

93.8％と後退している．さらに，農産物価格の低迷や高齢化等による担い手不足を原因とする耕作放棄の進行も深刻である．農林業センサス（2005年）によれば，耕作放棄地面積は前回調査（2000年）より約17.5万ha増加の計38.5万haとなり，耕作放棄地率（耕作放棄地面積を経営耕地と耕作放棄地を加えた面積で除したもの）はこの5年間で5.1％から10.1％に上昇した．とくに，国土の約70％を占める中山間地域に位置する農業は，農業就業人口，農地面積，農業生産額などでいずれも全国の約40％を占めているが，傾斜地が多いなど平地に比べて生産条件が不利な地域が多く，耕作放棄地の割合も高くなっている．さらに，不作付地（過去1年間以上作付けしていないが，今後数年間に再び耕作する意志がある土地）も20万haに及んでいることも見逃せない．このように，農業・農村の持続的発展に不可欠である農家，農業労働力，農地などの基礎資源が著しく縮減しているのである．

④加速する農山村地域の衰退

日本の農山村地域の多くで過疎化が進行し，厳しい局面に追い込まれて久しいが，近年では「疎ら」どころか，「人が住まなくなった集落」や「近い将来人口ゼロになる可能性の高い集落」が増加しつつある．いまや，集落人口のうち半数以上が65歳以上の高齢者が占め，共同体としての集落機能が喪われつつある"限界集落"が珍しくない状況である．

そのようなもとで，農地などの地域資源の適正な維持・管理や農業生産の継続が危ぶまれるのみに留まらず，集落の存続さえ脅かされる事態が進行している．さらに，山林の荒廃や耕作放棄地・放任園が増加するもとで自然災害や鳥獣被害も後を絶たず，農山村地域の衰退を一層加速している．もはや，農山村地域に居住する農家や住民だけでは地域を維持・管理することが困難となりつつあるのである．

(2) 問題解決に向けた都市住民との連携

以上みたような，農業・農村が直面する厳しい現実こそが，農村サイドが「都市住民との連携」を模索する客観的条件といえるが，自然発生的にそのような動きが起こるわけではない．都市住民と共に農地を保全する取り組みや，

安全・健康・生き甲斐等のニーズに積極的に応えていく取り組みを通じてはじめて，農業・農村の持続的発展に対する理解や合意を醸成することが可能となるのである．

例えば，都市地域に近接する農業・農村においては，「宅地並み課税」の撤廃，市街化区域内農地の二区分化反対など都市農業の存続と確立を図る運動を通じて，広範な都市住民の理解と支持が必要であるとの教訓を引き出した経験をもっている．そこでは，地道な署名活動や市民との対話集会の開催はもちろん，市民農園への農地の提供，朝市・直売所等での新鮮かつ安心できる農産物の販売，学校給食への地場産農産物供給や農業祭等のイベントを利用した食育推進への取り組みを通じた都市住民との連携が模索されてきた．

また，中山間地域に位置する農業・農村においては，「待ったなし」の危機感を背景として，朝市・直売所の開催は言うに及ばず，農家・農村レストランの開設，棚田・果樹園等のオーナー制度の実施，体験教育旅行の受け皿としての農家民泊の導入，週末田舎暮らし志向に対応した滞在型市民農園の開設，農山村への移住促進の契機となるワーキングホリデーの導入など，日本固有の様々なグリーン・ツーリズムの取り組みが始まりつつある．重要なことは，これらの交流を積み重ねる中で，農産物直売所が実現した"顔のみえる"都市・農村関係から一歩進んで，農作業に汗を流し農家で寝食を共にすることでしか得られない"暮らしとこころのみえる"関係が生まれつつある点である．

これら農山村地域における都市住民との連携に向けた取り組みは，時期や地域によってその目的や手法に違いはあるものの，地方自治体や農協等の既存組織に依存することなく，個々の農家の主体的・自主的活動を基本としている．そして，多くの場合，それら農山村固有の地域資源の見直しや商品化を図ろうとする推進力は，農村の高齢者や農家の女性たちである．彼らは都市・農村連携の新たな局面に際して，農業に従事し農村で生計を立て暮らすことの"価値"と"誇り"を取り戻しつつあるかのように思える．

3. 「食」問題の諸相と農業・農村との連携

(1) 都市住民が抱える食に関する問題の諸相
①食の安全・安心への不安

　近年，日本では食の安全・安心をめぐる事件・事故が後を絶たない．いまだ記憶に新しい，腸管出血性大腸菌O-157による大阪府堺市での集団食中毒事件（1996年）以降，大手乳業メーカーの低脂肪乳等に混入した黄色ブドウ球菌毒素による食中毒事件，遺伝子組み換え作物の食品への混入事件（2000年），国内でのBSE（牛海綿状脳症）感染牛の症例確認（2001年），中国産輸入冷凍野菜からの残留農薬検出，国内での無登録農薬の販売・使用の発覚（2002年），輸入野菜の産地偽装事件（2004年），偽装表示・賞味期限の改ざんなど食品をめぐる不祥事多発（2007年），中国産冷凍ギョウザに混入した有機リン系殺虫剤メタミドホスの中毒事件（2008年）等々，まさに枚挙にいとまがない状況である．その結果，食の安全・安心に対する国民の関心はかつてなく高まっている．

　これらの状況に鑑み，政府は「食品安全基本法」を施行し，内閣府のもとに食品の安全性を客観的に判断する独立機関として「食品安全委員会」を設置した（2003年）．また，生鮮食品の原産地表示義務化（2000年）を皮切りに，加工食品の原材料名表示および遺伝子組み換え食品の表示義務化，改正JAS法による有機農産物検査認証の義務化（2001年），野菜漬物加工品の原料原産地表示義務化（2002年），特別栽培農産物の表示ガイドライン改正（2004年），外食事業者への原産地表示ガイドライン制定（2005年）など，消費者が自己の判断で適切に商品を選択できるようにとの趣旨から，食品表示制度の充実・厳格化が進んでいる．

　その結果，各種モニター調査の結果が示すように，食品購入時に「裏面の食品表示欄を見てから購入する」という消費者の割合が一段と増加している．制度の普及・定着という点では歓迎すべきことではあろうが，一面では"誰もが安心して食品を購入することが困難である"という飽食社会のもとでの貧困の表れでもある．また一方では，消費者意識に配慮して，食品製造業が国内の産

地・生産者との契約取引による原料調達を模索し始めるなど，注目すべき動きもみられる．しかし，連日後を絶たない昨今の事件・事故の多くが，食品産業のモラルハザードに起因するものであるという現実を前に，いまや食の安全・安心に対する消費者の不信感はピークに達しつつあると言えよう．

②食の「外部化」進展に伴う諸問題

　高度経済成長期以降，女性の社会進出や家族世帯員数の減少を背景として食生活や生活様式が大きく変化した．洋風化・多様化に象徴される食生活の変化は，米食に代わる簡便食品としてのパンや麺類（カップラーメンなど）への依存を強め，さらに調理済み加工食品の利用頻度も高まった．そして，核家族化の進行や夫婦共稼ぎの一般化，さらには高齢者世帯の増加など，都市部を中心とした家族形態の変化を契機として，消費者の生活様式はより一層多様化することになった．

　さらに近年では，脂肪摂取過多や"欠食"に象徴される食習慣の乱れ等の問題が指摘されているが，これらと密接に関連するのが食の「外部化」の進展である．「外部化」とは，私たちの食料消費形態が，「内食（生鮮素材を購入し家庭内で調理・消費する）」からシフトし，「外食」あるいは「中食（調理済み食品や弁当・そう菜類を購入し家庭に持ち帰ってから消費する）」への依存を強めていることを捉えた概念である．

　総務省統計局「家計調査年報」から推計された食の「外部化」比率（2007年）をみると，食料消費支出の48.2％（調理食品［中食］：12.9％，外食：35.3％）を占めているが，近年の特徴は外食支出が伸び悩み傾向にあるのに対して，中食支出が顕著に伸びていることである．これは，百貨店（デパ地下）やスーパーの食料品売場に消費者の様々なニーズに応えるための各種調理済み食品（少量パックやカット野菜，さらには伝統野菜等のこだわり素材を使用したそう菜など）が所狭しと陳列されていることからも確認できる．また，各食品メーカーにおいても，"Meal Solution（食に関する問題解決）"，"Home Meal Replacement（家庭料理に取って代わる）"などをコンセプトとする多種多様な商品開発を競い，中食市場への参入を図っている．

　食の「外部化」が進展した原因として，①女性の社会進出に伴う家事労働の

簡便化ニーズの高まり，②少子化の進展，高齢者・単身者世帯の増加に伴う消費単位の小口化などを指摘することができる．実際に，いまや家族全員が食卓を囲んで団らんの時を過ごすといった光景は急速に喪われつつあり，世帯員の生活時間帯がすれ違うことによって起こる「個食（孤食）」化が問題とされるほどである．

　ところで，これら食の「外部化」の進展は，食料・食品の供給ルートを複雑化させ，元来身近であったはずの「食（消費）」と「農（生産）」との間の空間的・時間的・社会的距離をより一層拡大させた．それは，「食」に関わる調理工程の多くが家庭内から分離し，調理済み食品や外食を提供する食品産業の側に委ねることになったことで，「農」の営み（私たちの食卓にのぼる食品・素材を，いつ・誰が・どこで・どのように生産しているのか）に思いを馳せる機会を喪ってしまったことを意味する．その結果，現代の消費者は，食の安全性（添加物や残留農薬の使用状況など）や機能性（健康増進や医学的効能の有無など）には高い関心があっても，その根源ともいうべき農業生産の実態については理解に乏しく，さらにはひと昔前までは各家庭で当然のように語り継がれてきた食品・素材に関する基礎的な知識やその調理方法・技術などがほとんど継承されないという極めて不幸な現実に直面している．簡便性の追求に伴う代償は余りにも大きいといえよう．いま，政府が国民運動として位置づけ，各界からも「食育（食農教育）」の必要性が叫ばれる所以はここにある．

③食料供給のグローバル化に伴う諸問題

　これら食の「外部化」の担い手である食品産業の原料調達行動の特徴として，①収穫後の生原料ではなく，乾燥・冷凍・塩蔵などの加工処理が施された中間原料の取扱が増加している，②その場合，国産ではなく輸入原料への依存度が高くなる等の点を指摘することができる[2]．しかも，野菜の加工原料輸入については，かつて国内生産の収量不足時や端境期にみられたような緊急時のスポット型のそれではなく，日本市場向けの計画的生産・供給体制が構築され世界各地から周年的に供給されている．日本側が現地生産者と契約を結び，品種や栽培方法を指定し，技術指導したものを輸入する（さらには，それら原料を日本向けに加工・調製する）という「開発輸入」がその典型であるが，その主た

る担い手はわが国の商社や食品製造業である．

　一般に，食品製造業においては，原料の安定供給はもちろんのこと，原料価格や加工処理に伴う中間原料の製造コストがどれだけ安いかがこれまでの主たる関心事であった．したがって，安価で豊富な労働力が利用でき，かつ外資導入に伴う規制緩和等により廃棄物処理関連の環境規制がルーズな国・地域に製造拠点を移すことも当然のように行われてきた．しかし，WTO体制下におけるこれら国際分業的な貿易メカニズムを通して，①相手国における自然破壊や環境汚染など生態系への負荷が増大する，②相手国経済の健全な発展が阻害される，③地域固有の伝統的食生活・食文化が喪われる，④食の安全性確保のためのリスクコミュニケーションが図れない等の問題が顕在化しつつある．

　また，近年では，資源・環境問題に対する関心の高まりを背景として，都市と農村との関係を見直そうとする都市住民の動きもみられる．"農の風景"が喪われたことに伴う都市内部での自然・みどり空間の退行や景観の悪化に対する憂いが，季節感や生命感に満ち溢れた農村へと都市住民を誘いつつあることはその証左である．また，阪神・淡路大震災の教訓に学び，安心して暮らすことができる"災害に強いまちづくり"の視点からも，非常時の食料供給基地としてはもちろんのこと，防災空間としてもその役割が注目される都市地域内農地の存在に注目が集まっている．

　さらに，"大量生産・大量消費・大量廃棄"に象徴される浪費型の現代社会が行き詰まり，ゴミ問題や環境問題が深刻化するなかで，持続可能な循環型社会を構築することが焦眉の課題となっている．とりわけ，一般家庭の生ゴミや食品事業者から大量に排出される有機系廃棄物については，堆肥化による土壌還元や食品残さの飼料利用という循環を構築していくことの重要性が広く認識され，これまで充分に"見えてこなかった"地域農業の姿とその役割・機能の重要性が改めて浮き彫りになりつつある．

(2)　問題解決に向けた農業・農村との連携

　以上みたような都市住民の食を取りまく様々な問題や悩みは，決して日本社会に固有のものではなく，したがってその解決に向けた取り組みも国境を越えた共通項をもっている．例えば，農産物輸出大国アメリカのCSA（Community Supported Agriculture：地域が支える農業）運動，イタリアの小農村から全世界に拡がったスローフード（伝統的な食材やその生産者を守ると同時に消費者教育を進める）運動，イギリスの消費者運動を通じて提唱されたフードマイレージ（身近な地域で生産された食料を食べた方が輸送に伴う環境負荷が小さい）の概念，そして日本の地産地消運動などがそれである，いずれも食料主権を希求する草の根からの声に呼応しながら，食料供給のグローバル化に対する"アンチ・テーゼ"として，それぞれの国・地域で市民権を拡げつつある．

　地産地消の代表的な取り組みである農産物直売所が，数多くのリピーター層に根強く支えられながら"顔のみえる"流通を媒介とした都市・農村交流拠点として成長を遂げてきたのは，都市住民が自らの行動によって「食」に対する信頼を取り戻すべく，切り離されてきた「農」との関係を模索し始めてきたとの証左であろう．なお，農産物直売所については，農協が「消費者との共生」を推進するための拠点として，すべての管内で"ファーマーズ・マーケット"を設置することを全国大会（2003年）で確認しており，その後も農協直営型の大型農産物直売所の設置が全国的拡がりをみせている．

　ところで，日本にはCSA運動に影響を与えた生協産直に代表される産消提携運動の歴史がある．1970年代の食品公害事件等を背景として拡がった生協産直は，産直活動を単なる農産物の直接取引の場に止めるのではなく，組合員（都市住民）自らが産地へ足を運び，生産者との交流や農作業体験を通して農業の実態を学ぶという取り組みを通じて，部分的ではあれ都市住民が農業に参加する場へと発展させた．生協産直は，その後のスーパー主導による小売再編の過程で，産地偽装問題等の大きな試練に立たされることになったが，現在もなお地道な取り組みを継続しながら，都市・農村連携の重要な一翼を担っていることに変わりはない．

　また，食を提供する"源（みなもと）"である農業・農村に「食育」の場としての役割を期待する動きも，都市側（全国各地の小中学校）から拡がっている．「食育推進基本計画（2006年）」を受けて，例えば農林水産省では，自然の恩恵や食に関わる人々の様々な活動への理解を深めること等を目的とし，農林漁業者の指導の下に一連の農作業等の本物体験の機会を提供する「教育ファーム」事業に取り組んでおり，全国117の「モデル実証地区」の協力団体

(2009年)での実践が開始されつつある.さらに,総務省・文部科学省・農林水産省の3省連携事業である「子ども農山漁村交流プロジェクト」は,子供たちの学ぶ意欲や自立心,思いやりの心,規範意識などを育み,力強い成長を支える教育活動として,小学校における農山漁村での長期宿泊体験活動を推進するもので,2008年からの5年間で全国の小学校5年生約120万人を1週間程度農山漁村で民泊させるというものである.2009年現在,全国に90カ所の「受入モデル地区(先導型・体制整備型)」が指定されているが,受け入れ側の農山村,参加側の学校教育現場の各々に様々な波及効果をもたらしつつある点が注目されている.

さらに,小中学校の児童・生徒についていえば,2009年度には,これまでの「栄養改善」から「食育」へとその目的を転換した新しい学校給食法がスタートすることになった.学校給食法の大幅な改正は1954年の施行以来,初めてのことであるが,学校給食を食育の生きた教材として活用し,地場産農産物の利用促進(地産地消の推進)や米飯給食の実施拡大,さらには郷土食の提供など食文化教育における役割の発揮が求められることになったといえる.とりわけ食料生産の現場を校区近くにもたない都市部の学校の場合には,農山村地域との広域的な連携も視野に入れた取り組みが拡がることも期待される.

一方で,本来は食育を施す側に位置するはずの大人についても,食材や調理方法に関する基礎的な知識・知恵が必ずしも世代を超えて継承されているわけではない.実際に,"田舎暮らし"を志向する大人たちの関心には,農山村での新たな発見(驚き)や出会い,そして"ほんもの"の学びに対する期待の拡がりが見受けられる.

最後に,市民農園の果たす役割についても触れておきたい.土への親しみや安全で新鮮な自家消費用野菜の栽培など都市住民からの強いニーズを背景として,全国的に開設が進んだ市民農園であるが,地域の農家と利用者(都市住民)との交流や連携を必ずしも伴わない形態で運営されることも少なくない.したがって,都市住民の農業理解の醸成が期待されるどころか,ともすれば知識・技術に乏しい利用者個人の無秩序な農地利用の集積地として,むしろ良好な都市景観を損ねてしまうのではないかという問題すら指摘されてきた.しかし,近年では「農園利用方式」による農業体験農園の取り組みが各地に拡がり

を見せており，ほ場での協働作業を通じて農家との交流を深めた都市住民が新規就農を志すなど，そこに新たな担い手確保の可能性を見出すこともできるようになりつつある．

4．都市・農村連携の推進とグリーン・ツーリズム

近年，「緑豊かな農山漁村地域において，その自然，文化，人々との交流を楽しむ滞在型の余暇活動」と定義されるグリーン・ツーリズムが注目を集めている[3]．

元来，グリーン・ツーリズムは，農村にゆっくりと滞在しバカンスを楽しむといった余暇の過ごし方が多いヨーロッパで普及した旅のスタイルであるが，有給休暇の取得が充分に制度化されていない日本においても，徐々にではあるがその考え方が認知されつつある[4]．例えば，（財）都市農山漁村交流活性化機構の調べによれば，グリーン・ツーリズムという言葉を「聞いたことがある（意味の理解は問わない）」の割合は30％とされている[5]．なお，同調査では，「食育」に対する認知度も併せて調査しているが，そこでは約80％が「聞いたことがある」との回答を寄せているほか，食の大切さを学ぶための生産現場（農山村）での体験の必要性についても約70％が「必要である」と回答している．さらに，内閣府の調査に「農山村地域に定住の願望がある」と回答した年代層をみると，団塊世代の「50～59歳」（28.5％）よりも，「20～29歳」（30.3％）が高い数値を示していることは注目される[6]．

これらの結果は，食料供給の"源（みなもと）"である農業・農村に対する都市住民の関心の高さを示すものといえるが，都市から農村へ向けられる"まなざし"は，「食（料理）」のみに留まらず，「自然（景観）」，「文化」，「歴史」，「慣習」など農村固有の各種地域資源に対しても価値を認める方向に変化していると考えられる．しかも興味深いことは，団塊世代にとっては"懐かしさ"を感じる「憩い，癒しの場」として，そして農村での生活経験に乏しい若年世代にとっては「新鮮な驚き，発見」を体感できる「学びの場」として，農村での生活が魅力溢れたものとして受け止められつつあるという点である．

近年では，行政の施策・事業のなかに「都市と農山漁村の共生・対流」とい

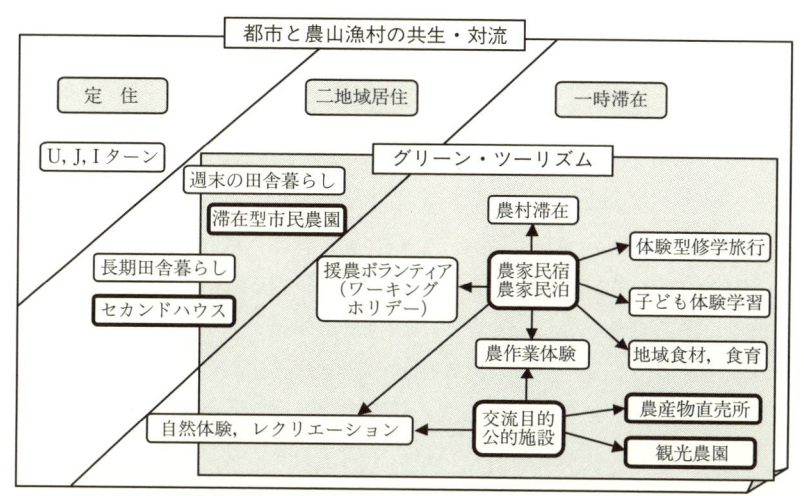

資料：農林水産省農村振興局企画部農村政策課，都市農業・地域交流室「グリーン・ツーリズムの展開方向」平成18年より引用．

図3-1 都市と農山漁村との共生・対流のなかでのグリーン・ツーリズムの位置

う言葉がしばしば登場するようになった．これは，都市と農山漁村を行き交う新たなライフスタイルを広め，それぞれに住む人々がお互いの地域の魅力を分かち合い，「人・物・情報」の行き来を活発にする取り組みを指すが，グリーン・ツーリズムはその中核をなす代表的な取り組みとして位置づけられている（図3-1参照）．これについては，副大臣会議のプロジェクトチームが，これら「共生・対流」の一層の推進に向けて，都市住民が「農」とふれあうための支援策の充実，家族単位でのグリーン・ツーリズムを促進するための社会環境の整備促進など，国の施策展開方向に関する提言を行っている[7]．

グリーン・ツーリズムは，次のような多様な展開をみせている．①農林漁業体験民宿への宿泊を通じた農林漁業や人々との交流，②クラインガルテン（ログハウス等の宿泊棟を附設した滞在型市民農園）での滞在，③稲刈り，そば打ちなどの「農」・「食」体験，また自然のなかでの森林浴トレッキング活動や海の恵みを活用した定置網揚げなどの親水体験活動，④子ども達の農山漁村地域での体験学習や体験型修学旅行など，子どもを対象とした体験活動の推進，⑤ふるさとまつり等の地域伝統文化行事への参加，農産物直売所，棚田オーナー

制度，ワーキングホリデー等を通じた交流などである．なお，とくに近年では，地産地消や食育推進など地域密着型の実践を底流とする多様なグリーン・ツーリズムの展開が見受けられることが特徴であるといえよう．

日本のグリーン・ツーリズムは，1990年代前半の農山漁村におけるリゾート開発の破綻を反面教師として成長を遂げたとされている．特徴的なことは，日本の場合，長期間の滞在（宿泊）を特徴とするヨーロッパ型のグリーン・ツーリズムとは異なり，週末滞在あるいは日帰り型のそれが支配的である一方で，小規模ではあるが身の丈に合った質の高い都市住民との交流を積み重ねているという点である．また，ツーリズム施設の運営主体についても，ヨーロッパでは農家（農場）民泊に象徴される個人経営が中心であるのに対して，日本の場合には国・地方自治体などの行政が自ら直営するものをはじめ，農林漁家のグループ，農協・森林組合・漁協等の生産者団体，あるいは第三セクター等の「地域経営体」によるものが多いとされている[8]．

そのような意味でも，地域経済の活性化を目的とした行政施策・事業等もうまく活用しながら，農産物直売所，農家レストランや各種の農山漁村体験施設などの面的な地域内連携（ネットワーク）を構築することが日本型グリーン・ツーリズム発展の鍵を握っているといえよう．実際に，グリーン・ツーリズムへの取り組みを通じて，「観光による波及効果」や「地域特産物の販路拡大」，さらには「新たな雇用機会の拡大」などの面で，期待した以上の成果が上がっていると回答した市町村の割合は過半にのぼるという[9]．例えば，兵庫県多可町（旧八千代町）では，滞在型市民農園をはじめとする多様な取り組みの経済効果を，7.7億円（直接消費），波及効果12億円と試算している．

いま，少子高齢化社会の到来とともに，都市と農山村とのあいだの地域間格差がますます拡大するであろうことが危惧されている．しかし一方では，これら「食」と「農」との関係性を回復しようとする新しい動きにみられるように，農山村地域に魅力を見出し，都市から環流しようとする人々とともに協働しながら，在来の地域資源を発掘・再評価し，さらには商品化するなどのブラッシュアップを図ることができれば，農山村地域において内発型の自立的な地域再生に取り組む条件が成熟するものと考えられよう．

5. 都市・農村連携の新たな展開と農山村再生

　以上みたように，近年の都市・農村連携の新たな展開は，主として農山村での取り組みを舞台としながらも，グローバル化した都市型社会が抱える悩み・諸問題の解決に糸口を与え，さらには均衡のとれた国土づくりや持続可能な循環型社会の構築を目指す政策課題を推進する上でも貴重な手がかりを与えてくれる．農林水産省においても，これまでの農村振興政策の成果を踏まえた新たな政策推進の基本方向のなかで，目指すべき農村像として「集落間連携・都市との協働による自然との共生空間の構築」を掲げており，そのあり方や実現方策について検討を開始しつつある[10]．しかし，ここで何よりも重要なことは，取り組みの主たる舞台である農山村地域再生へのみちすじを，これら都市・農村連携の新たな展開を通して如何に切り拓いていくのかという点であろう．

　そこで本章のまとめとして，交流から協働へと進化する都市・農村連携の展開を通じて各地で動き始めた農山村再生に向けた変化の胎動を確認しておきたい．

　第1は，農産物直売活動，地域特産品の加工・販売，地域食材を活かした農家・農村レストラン，農家民泊など，都市・農村連携を契機とした一連の自家農業経営の多角化・起業化に向けた取り組みの過程で，その中心的な役割を担ってきた農家女性の"個"の形成（自立化の促進）が農村内部で拡がり始めていることである．とりわけ，近年各地で導入が進む農家民泊については，各自治体での規制緩和の進展とも相まって「子ども農山漁村交流プロジェクト」をはじめとする体験教育旅行の受け皿として今後の展開が注目されるが，一方では取り組みへの参加をめぐって，農家女性が農村社会の閉鎖性や「いえ」規範から脱却し，"個"の確立を進める上での試金石ともなっていると言えよう[11]．

　第2は，農村に対して向けられる都市住民からの"まなざし（「憩い，癒し，学びの場」として豊かな地域資源を擁する農村の魅力への期待）"が，戦後の高度経済成長過程を通じて喪われてきた農村住民の故郷への"誇り"を取り戻す契機となっていることである[12]．そのような意味で，グリーン・ツーリズムは「農村サイドの担い手である農家女性や高齢者の主体的な選択肢，あるい

は生き方探しの選択肢である」とも捉えることができる[13]．

　第3は，農家繁忙時の労働力補完と農村生活体験との等価交換（あるいは滞在費の軽減）という仕組みを持つワーキングホリデー等の仕組みの拡がりを通して，都市から農村への移住・定住の促進，すなわち農業生産・農村生活の担い手確保が図られつつあることである．例えば，長野県飯田市では，ワーキングホリデーでの経験の積み重ねが，都市住民に農村移住の"お試し期間"としての機会を提供する（逆に農村住民の側は，移住希望者の適性を見極める）場となっており，実際に就農する際には研修時の受入農家が"里親"として，移住者の住まい・農地の確保や集落内での信用力を賦与する役目を担っている[14]．

　第4は，民間レベルでの取り組みとして拡がりをみせる各地の"ツーリズム大学"のような学びの場を契機として，ラーニングバケーションを展開すべく，広域連携による地域づくり実践を通じた人材育成の取り組みが始まりつつあることである．単なる体験観光とは一線を画したこれらの取り組みは，「量（交流人口の数的拡大）」ではなく「質（農村住民の主体形成や都市住民の地域理解醸成）」の向上を目指すことで，一方的な都市からの"まなざし"に迎合することのない"地域力"を鍛錬する格好の場となっている．

注

1) 岡田知弘『地域づくりの経済学入門――地域内再投資力論』自治体研究社，2005年．
2) 農林水産省「食品製造業における農産物需要実態調査」2000年．
3) 農林水産省「グリーン・ツーリズム研究会・中間報告」1992年．
4) 井上和衛『ライフスタイルの変化とグリーン・ツーリズム』筑波書房，2002年．
5) (財)都市農山漁村交流活性化機構「グリーン・ツーリズムに関する調査」2005年（首都圏の20歳以上70歳未満の男女1,276名へのインターネット調査）．
6) 内閣府「都市と農山漁村の共生・対流に関する意識調査」2005年．
7) 「都市と農山漁村の共生・対流の一層の推進について」2005年7月．
8) 宮崎猛編著『これからのグリーン・ツーリズム』家の光協会，2002年．
9) (財)都市農山漁村交流活性化機構「日本型グリーン・ツーリズム実態調査報告書」2002年．
10) 都市と農村の協働の推進に関する研究会『都市と農村の協働の推進に向けて（とりまとめ）』2008年．
11) 宮城道子「グリーン・ツーリズムの主体としての農家女性」『グリーン・ツーリズムの新展開――農村再生戦略としての都市・農村交流の課題』〈年報・村落社会研究

43〉，農山漁村文化協会，2008 年所収．
12) 小田切徳美『農山村再生——「限界集落」問題を超えて』岩波ブックレット，2009 年．
13) 荒樋豊「日本農村におけるグリーン・ツーリズムの課題」『グリーン・ツーリズムの新展開——農村再生戦略としての都市・農村交流の課題』〈年報・村落社会研究 43〉，農山漁村文化協会，2008 年，27 頁所収．
14) 藤田武弘「地域食材の優位性を活かした滞在型グリーン・ツーリズムの課題」『和歌山大学観光学部設置記念論集』，2009 年，237-262 頁．

第4章　都市・農村交流政策の展開と課題

大 西 敏 夫

1. はじめに

　都市・農村交流が政策的位置づけを得て展開されるのは，1990年代に入って以降のことである．それは1992年の農林水産省「新しい食料・農業・農村政策」(以下，「新政策」)を起点とし，1999年制定の「食料・農業・農村基本法」(以下，「新基本法」)に条文化（第36条）され，新基本法農政の重要な施策対象となる．その後，都市・農村交流は山村・漁村も含めた交流概念として「都市と農山漁村の共生・対流」と称され，さらに農政の枠組みを越えた国家的な施策として展開される．

　農林水産省によると，「都市と農山漁村の共生・対流」とは，「都市と農山漁村を行き交う新たなライフスタイルを広め，都市と農山漁村それぞれに住む人々がお互いの地域の魅力を分かち合い，「人，もの，情報」の行き来を活発にする取組である」とし，「グリーン・ツーリズムのほか農山漁村における定住・半定住等も含む広い概念であり，都市と農山漁村を双方で行き交う新たなライフスタイルの実現をめざすもの」と定義されている[1]．さらにまた，「グリーン・ツーリズム」とは，「農山漁村地域において自然，文化，人々との交流を楽しむ滞在型の余暇活動」と定義されている．

　ところで，都市・農村交流政策を要約すると，以下のように整理できよう．第1に，都市・農村交流を促進・誘導するための法制等を整備しながら展開される施策である．それゆえに，第2に，政策展開に関連した各種事業によるハード面やソフト面での支援（補助金・交付金等）が措置される．事業には，都

市・農村交流にかかる計画づくりや推進体制の整備，人材の確保・養成なども含まれる．また，第3に，自治体や農業団体，農業集落・農家組織などが主体となって取り組む交流活動を支援したり，一定の方向へと政策誘導するものである．さらに第4に，都市・農村交流を通じて地域の活性化や地域農業の再生が期待されるに留まらず，都市と農村の新たな関係構築の可能性を秘めた政策概念である．

本章では，以下の3点を課題としている．第1に，都市・農村交流における政策展開の背景を検討するとともにその基本的性格を明らかにすること，第2に，都市・農村交流政策の展開過程を整理しながらその特徴と問題点を明らかにすること，第3に，都市・農村交流における政策的意義・役割を踏まえ今後の課題を提示すること，である．

2. 都市・農村交流政策の背景と性格

(1) 都市・農村交流政策の背景
①都市・農村関係の変化

戦後わが国の都市・農村関係をみると，高度経済成長期以降，都市が膨張・肥大化する一方で，農村は後退・衰退の一途を辿ってきたことである．しかも「過疎過密」を解消するとした全国総合開発計画（国土総合開発法（1950年制定）：開発計画は第1次計画（1962年策定）～第5次計画（1998年策定））は都市・工業中心の全国規模の地域開発となり，農村からは多くの労働力が都市（非農業部門）へと排出され，大都市を中心に産業と人口が過大集中した．このため農村では過疎化がいっそう進行し，都市・農村関係では，所得をはじめとして就業条件や生活条件など多くの面で地域格差が拡がっている．2009年現在，過疎関係市町村数は739と全国市町村の約4割に及び，面積では全国土の半数を超えている．

表4-1は，1960年以降の都市圏・地方圏別の人口とその構成比をみたものである．それによると，圏域別人口動向では三大都市圏の増加が著しいなかで，構成比では地方圏の減少に対し，三大都市圏なかでも東京圏のウエイトが高まっていわゆる一極集中が進んでいることがわかる．総人口は2005年をピーク

表 4-1 都市圏・地方圏別の人口とその構成比の動向

(単位:万人, %)

		1960 年	1970 年	1980 年	1990 年	2000 年	2005 年
実数	三大都市圏	37,379	48,270	55,920	60,464	62,869	64,185
	東京圏	17,864	24,113	28,697	31,796	33,418	34,479
	名古屋圏	7,330	8,688	9,869	10,551	11,008	11,229
	大阪圏	12,186	15,469	17,354	18,117	18,443	18,477
	地方圏	56,039	56,395	61,140	63,147	64,057	63,583
	合 計	93,419	104,665	117,060	123,611	126,926	127,768
構成比	三大都市圏	40.0	46.1	47.8	48.9	49.5	50.2
	東京圏	19.1	23.0	24.5	25.7	26.3	27.0
	名古屋圏	7.8	8.3	8.4	8.5	8.7	8.8
	大阪圏	13.0	14.8	14.8	14.7	14.5	14.5
	地方圏	60.0	53.9	52.2	51.1	50.5	49.8
	合 計	100.0	100.0	100.0	100.0	100.0	100.0

資料:総務省統計局『日本の統計』各年次より作成.
注:三大都市圏は東京圏,名古屋圏,大阪圏である.また,東京圏は,埼玉県,千葉県,東京都,神奈川県である.名古屋圏は,愛知県,岐阜県,三重県である.大阪圏は,兵庫県,京都府,大阪府,奈良県である.地方圏は,三大都市圏以外の道県である.なお,1960 年は沖縄県を含まない.

に減少に転じ少子・高齢化社会を迎えるなかで,たとえば2035年の圏域別構成では東京圏 (29.7%) の上昇と地方圏 (46.8%) の低下が予測されている.

このようななか,国内総生産では農業は「1%」産業ともいわれるように,産業構成ではその比重を著しく低下させている.かつて1960年に全国レベルで3割近くの水準にあった農家比率や農家人口比率,農業就業者比率も2005年にはそれぞれ数パーセントの水準へとウェイトを著しく低下させている.またこの間に,カロリーベースの食料自給率(供給熱量総合食料自給率)も79%から40%へと低下させ主要先進国のなかで最も低い水準になるなど食料供給基盤の脆弱化が進行している.

このように,農業・農村の縮小・後退が著しいとはいえ,国民への食料の安定供給に加え,農業・農地のもつ多面的機能(国土保全,洪水防止・水源かん養,気候緩和,景観形成,生態系保全など)の発揮を考え合わせると,農業・農村の果たすべき役割はむしろ高まっているといえる.

第4章　都市・農村交流政策の展開と課題　　　　　　　　　　61

　以上のように，都市重視の政策展開のなかで都市・農村関係は大きく変容しており，農業・農村の危機がいっそう深刻化している．このため多くの農村では地域社会の維持存続も困難になっている．こうしたなかで，農業・農村を再生・活性化しながら都市と農村の新たな共生関係を構築するには国や地方の強力な政策的支援が必要となっている．

②都市住民の動向と都市・農村交流の政策的背景

　一方，都市では，産業と人口の過度な集中により土地・住宅問題の深刻化に加え，公害・交通渋滞，生活環境の悪化など様々な都市問題を抱えることとなり，とくに過密化のなかで都市住民は「いこい」や「やすらぎ」を求めるようになる．同時に，食料の海外依存と食の外部化が強まるなかで都市住民は量と質の両面から食の安定供給を求めるようになる．たとえば，都市住民の農業・農村に対するニーズをみると，「新鮮・安全・割安な食べ物」に加え，「肉体的精神的リフレッシュ」，「自然の中での憩い・学習」，「個性的な地域文化との出会い」，「美しい農村景観との出会い」などが挙げられている[2]．このように，都市住民は食料・農業・農村への関心を高めながら農業・農村に向かい，そしてさらにかかわろうとする動きが活発化していることが近年の注目される特徴である．

　内閣府「国民生活に関する世論調査」結果によると，国民生活の価値観において1970年代後半に「心の豊かさ」志向率が「物の豊かさ」志向率を上回って以来，その差が拡がり1990年代には「心の豊かさ」志向率が6割前後の水準で推移する．また，国民の生活の力点では，1980年代から「レジャー・余暇」が最も多くを占めるようになる[3]．このような傾向は，週休2日制の普及・定着に伴っていっそう高まりをみせる．しかし，昨今の世界的な経済危機の進行と深刻な不況，雇用不安・生活不安のなかで，生活の向上感では「低下している」，生活に対する満足感では「不満」とする人が増加する気配にあることが注目される[4]．

　ともあれ，都市・農村交流政策の起点となった新政策では，高齢化・過疎化の進行により地域社会の維持が困難な農村地域において，都市と農村が相互に補完しあい国土の均衡ある発展をめざすとして以下の2点が提起された．1つ

は，地域全体の所得の維持・確保をはかる観点から多様な就業の場を創出する一環として，「都市にも開かれた美しい農村空間の形成にも資するグリーン・ツーリズムの振興をはかる」こと．2つは，「農業・農村の持つ緑と水の豊かな「ゆとり」と「やすらぎ」の場としての役割や教育的役割を活かしつつ，都市と農村の相互理解を深め連携を強化する」ことである．

新政策では，上述のような都市住民の動向を積極的に受け止め，農村地域の所得向上や雇用政策の一環として都市・農村交流を位置づけながら，具体的展開において農業の多面的機能を活かした都市と農村の連携とその支援の必要性を提唱したのである[5]．

(2) 都市・農村交流政策の位置と性格

新基本法の第36条規定は同法第2章の「第4節農村の振興に関する施策」のなかで記載されている．同条によると，「国は，国民の農業及び農村に対する理解と関心を深めるとともに，健康的でゆとりある生活に資するため，都市と農村との間の交流の促進，市民農園の整備の推進その他必要な施策を講ずるものとする」と述べている．要するに，交流促進の施策は都市と農村の双方に意義あるものとしている．ところが，このような積極的位置づけの一方で，新基本法農政には看過できない問題が内包されている．それは第1に，農産物の自由貿易の推進と農業保護削減を基本原則としたWTO（世界貿易機関）の受け入れ（1993年）を法制定の前提条件としていたこと，それゆえに第2に，法制定後はグローバル化に対応するかたちで市場メカニズムの導入を軸に農業の構造改革がめざされたこと，である．

このため望ましいとされる農業構造の確立では，担い手の明確化と支援の集中化・重点化によって「効率的安定的な農業経営」が主流となる規模拡大路線がいっそう推し進められることとなった．いわばこの方向が新基本法農政の奔流であって，「農業構造の展望」や「経営構造の展望」が描けない地域では都市・農村交流が施策として重視される[6]．

このような地域が中山間地域をはじめとして，都市およびその周辺地域であると考えられる．「食料・農業・農村基本計画」（2000年および2005年策定）や2002年策定の「「食」と「農」の再生プラン」（農林水産省）でも農業の構

造改革の加速化の一方で,「都市と農山漁村の共生・対流」が掲げられている．というのも,たとえば中山間地域は国土の7割近くを占め,農家数や農地面積も約4割,農業産出額も約3割を占めており,地域経済や国土・環境保全に重要な役割を担っているからである．また,都市およびその周辺地域の農業・農地も都市住民にとって身近な存在として,生鮮食料の供給,みどり・景観,レクリエーションの場,防災空間の提供といった機能・役割に評価が高まっているからである．このような地域に対する政策支援として都市・農村交流が位置づけられていると考えられる．

加えて,都市・農村交流政策は,農政の枠組みを越えて国家政策として地域経済活性化戦略の一環に位置づけられることとなる．

すなわち「都市と農山漁村の共生・対流」は,経済財政諮問会議『経済財政運営と構造改革に関する基本方針2002』において経済活性化戦略のなかに位置づけられ,その実現に向けて国民運動として民間の取り組みの拡大をはかることが決められた[7]．それに伴って「都市と農山漁村の共生・対流」は新たなビジネスチャンスの場として,農林水産省,総務省,文部科学省,環境省,国土交通省,経済産業省,厚生労働省および内閣府の8府省連携によるプロジェクトチーム(副大臣)が立ち上げられた[8]．さらに,経済財政諮問会議『経済財政運営と構造改革に関する基本方針2003』で2004年度からは「政策群」となり,各省横断的な政策が展開されることとなる．

ところで,WTO体制がスタートした1995年以降の食料・農業・農村をめぐる動向に注目すると,農産物輸入額(1995年対比2008年)は1.5倍に増加する一方で,農業産出額(同)は約4分の3へと後退し,高齢化・後継者不足のもとで農地の荒廃化(耕作放棄),農村の疲弊が進行している．また,相次ぐ食品の事件・事故を背景に食の安全・安心が問われるとともに,国際的な食料需給のひっ迫から食料価格が高騰し食料危機の到来が懸念されている．このような国内外情勢を背景に,日本の農業・農村の再生と食の安全・安心の確保,食料自給率の向上が国内世論となっている．

このようななか,農村地域では,都市・農村交流の取り組みによって,農産物・農産加工品の販売力向上,雇用機会の新たな創出などの効果が期待されている[9]．また,都市・農村交流は,専業・兼業や年齢を問わずあらゆる階層の

農村住民が地域の魅力を再認識する機会となること，さらに子どもも含めて都市住民が農村に滞在するグリーンツーリズムは，農村での生活体験を通じて，伝統文化や自然等のふれあい，地域の人々との交流によって，食料や農業・農村についての理解を深めることが期待されている．そしてそれは，農業・農地のもつ多面的機能を保全・活用しながら，都市と農村の連携によって地域の活性化・再生（内発的発展）へとつながることが期待されている[10]．ただ，このような都市と農村の連携は，都市的地域や中山間地域を問わず平坦農業地域も含めてむしろ地域の特色を活かしながら全国各地で取り組まれることが求められている．

3. 都市・農村交流政策の系譜・展開と政策体系

(1) 都市・農村交流政策の系譜・展開と特徴

都市・農村交流政策が本格的に展開されるのは1990年代以降とはいえ，実はそれ以前からもさまざまな取り組みがみられる．そこで，年代を少し遡りながら都市・農村交流政策の系譜・展開と特徴をみよう．

1970年代は農業経営の一環として観光農業や観光牧場が開園されるようになり，「自然休養村」（1974年）が第2次農業構造改善事業によって整備される．観光農業は，「都会の人々が農業生産の場に訪れ，果実をもぎとったり，土をいじったりして，自然としたしみながらレジャーを楽しむことを指して」いると定義づけられている[11]．また，「自然休養村」は，「美しい農山漁村環境を維持するとともに，農山漁家経済の安定方向を図り，あわせて都市生活者のために健全なレクリエーションの場を提供すること」とされている[12]．「自然休養村」事業はその後「緑の村」事業（新農業構造改善事業）へとつながり，現在では都市・農村交流タイプの施設整備へと引き継がれている．

さらに，都市住民の農園に対するニーズの増加，農地の保全と有効活用等を背景に都市的地域を中心にして市民農園（貸農園）が増加する．農林省は農地法規制の及ばない「レクリエーション農園通達」を1975年に提示するが，この農園は農地の権利設定のない期間1年未満の「入園利用方式」と称され，都市住民のレクリエーションを目的とした農家主体の農園とされた．市民農園は，

後述のように1990年に市民農園制度として法的に整備される．

　このように，1970年代以降都市住民の観光や保養，レクリエーション志向に応えるかたちで農村サイドでの都市住民の受け入れが政策的な支援も伴いながら開始される．また，この年代は消費者組織と生産者組織の連携によっていわゆる「産直」が始まるが，なかでも生協産直は現在では「品質保証」，「産地交流」，「地産地消」，「共生支援」，「環境保全」，「食料自給」などを基本テーマに「食と農」のつながりを強める活動として展開されている[13]．

　一方，1980年代には景気対策・内需拡大を背景に規制緩和と民活導入による農村地域開発が農村活性化対策の一環として進行した．とくに1987年制定のリゾート法（総合保養地域整備法）は，「余暇の増大＝国民の「豊かな生活」への願望を背景に，長期保養基地をつくり，同時に過疎地の発展をはかろうというのが目的」とされたが，内実はリゾート地域の産業育成法として，ゴルフ場や観光ホテル，レジャー施設などを主体とした開発であった．不動産業界等の土地買い占めの影響で全国的に地価高騰を誘発させるが，バブル経済の破綻に伴ってリゾート開発は挫折する[14]．外部依存型余暇ビジネスの典型的な失敗事例として，その後遺症は現在なお少なくない自治体や開発実施地域に重くのしかかっている．

　ところで，国土庁「農村地域振興事業実態調査報告書」（1995年3月）によると，農村側からの都市との交流事例では，1985年以降が7割を占め，そのうち6割弱が1990年以降に開始されている．交流活動のタイプでは，「観光イベント実施」と自治体間の「姉妹提携」が比較的に早い時期とされ，その後は「体験農園」や「直販店の設置」などが主流となる[15]．

　このように1990年代に入ると，都市・農村交流は農産物直売所や体験農園といった施設が活動拠点となり，「農業公園」も行政支援を受けて開設されるなど活発化する．併せて市民農園法（「市民農園整備促進法」），農村休暇法（「農山漁村滞在型余暇活動のための基盤整備の促進に関する法律」）なども法制化される．

　「農業公園」は農業を主体にしたテーマパークともいわれ，都市住民との交流を目的に整備される．開設主体・運営主体は，自治体をはじめ，第3セクター，農事組合法人，民間企業など多種多様で，1997年には全国で122カ所に

表 4-2 都市・農村交流にかかる政策・法整備の経緯（1989 年以降）

年次	項 目
1989	特定農地貸付法（特定農地の貸付に関する農地法の特例に関する法律）制定
1990	市民農園法（市民農園整備促進法）制定
1992	農林水産省「新しい食料・農業・農村の基本方向」策定
1993	特定農山村法（特定農山村地域における農林業等の活性化のための基盤整備の促進に関する法律）制定
1994	農村休暇法（農山漁村滞在型余暇活動のための基盤整備の促進に関する法律）制定
1999	食料・農業・農村基本法制定
2000	食料・農業・農村基本計画策定
	「中山間地域直接支払制度」発足
2002	農林水産省「食と農の再生プラン」
	関係府省連携「都市と農山漁村の共生・対流の推進」
	構造改革特別区域法の制定（市民農園・農家民宿等設置の規制緩和措置）
2003	「経済財政運営と構造改革に関する基本方針2003」で「都市と農山漁村の共生・対流」を「政策群」として位置づけ（2004年度実施）
2004	景観法制定
2005	食料・農業・農村基本計画策定
	構造改革特区制度の全国展開
2007	農山漁村活性化法(農山漁村の活性化のための定住等及び地域間交流の促進に関する法律)制定
	「農山漁村活性化プロジェクト支援」
	「観光立国推進基本計画」
2008	「子ども農山漁村交流プロジェクト」
2010	食料・農業・農村基本計画策定

達する．農業公園は，物産展示，販売施設，イベント施設，青空市場，ふれあい農園，加工体験施設等のほか観光施設も整備されるなど重点の置き方によってタイプは異なるが，総じて似通った施設として地域の特色や独自性が発揮されず地域農業とのつながりに欠けるといった問題も表面化している[16]．

1990年に制定された市民農園法は，特定農地貸付法（1989年）かあるいは農園利用方式による農園を法的に位置づけ，付帯施設も含めて自治体や農協などが整備するというものである（表4-2参照）．市民農園は，2002年の構造改革特区制度とその後の全国措置により，農地を所有しない個人や企業，NPO法人なども農地を借り受けて開設主体になれることとなった．市民農園は，農園利用者の農業・農村地域への理解の促進，耕作放棄地の発生防止，地域コミュニティの形成などに効果があるとされ，制度にもとづく農園開設数は，2007年現在全国で3,246カ所，面積1,101.2haへと増加している．開設主体は自治

体と農協がほとんどを占めているが，都市的地域では農家主体の体験型農園（農園利用方式による農業経営）も開設されている．

一方，農産物直売所は，都市と農村の交流を通じて農業経営の安定と地域農業の活性化をはかる観点から補助事業の導入などによって開設されている．農協組織も 2003 年に「JA ファーマーズマーケット憲章」を制定するなど直売所の設置・運営に主導的役割を担っている．また，道路利用者の休憩施設である「道の駅」は直売所や農家レストランといった地域振興施設を併設するなど都市・農村交流の拠点施設としての役割も担いつつあり，2008 年現在,「道の駅」は全国で 880 カ所設置されている．

このように，1990 年代以降の都市・農村交流は関連法整備を伴いながら政策支援によって整備された交流施設を拠点にして取り組みが活発化していることが特徴的である．また，1994 年制定の「農村休暇法」は，農林漁業体験民宿業の健全な発達をはかることをねらいとしたもので，2007 年度末の登録民宿数は全国で 545 軒に達している．

さらに最近では，関係省の連携で都市と農山漁村の共生・対流が全国運動として展開されるなか，「農山漁村活性化法」(「農山漁村の活性化のための定住等及び地域間交流の促進に関する法律」) が 2007 年に制定された．同法は，農山漁村における定住等および農山漁村と都市との地域間交流を促進するための措置を講ずるというもので，「農山漁村活性化プロジェクト支援」(2007 年) が事業化され，さらに「子ども農山漁村交流プロジェクト」(2008 年) も事業化されてその取り組みが進行している．このように，都市・農村交流政策は交流施設の整備に留まらず，都市と農村の地域間交流（UJI ターン）というかたちで展開されていることが今日的特徴といえよう．

なお，2000 年に入ると，農山村地域を対象に中山間地域等直接支払制度が発足し，2007 年からは中山間地域を含めて農地・水・環境保全向上対策が取り組まれている．これらの取り組みは，地域資源の維持管理や農山村の活性化に一定の役割を果たしているとみられ，近年では，棚田オーナー制や援農ボランティア，農作業応援団・補助員など都市住民による援農活動が活発化しており注目される．さらに，集落の機能維持と活性化に人的支援を行うとして，総務省では「集落支援員」,「地域おこし協力隊」，農林水産省では「田舎で働き

```
食料・農業・農村基本法
├ 農業の持続的な発展
│  ・農地・水・担い手等の生産要素の確保と望ましい農業構造の確立
│  ・自然循環機能の維持増進
├ 食料の安定供給の確保
│  ・良質な食料の合理的な価格での安定供給
│  ・国内農業生産の増大を図ることを基本とし，輸入と備蓄を適切に組み合わせる
│  ・不足時の食料安全保障
├ 多面的機能の発揮
│  ・国土の保全，水源かん養，自然環境の保全，良好な景観の形成，文化の伝承
└ 農村の振興
   ・農村の総合的な振興
   ・中山間地域等の振興
   ・都市と農村の交流等
```

〔農村における滞在型余暇活動の推進，産地直売・農業体験等の推進，都市と農村との交流機会の確保，交流の場の整備等〕

都市と農山漁村の共生・対流

政策群：推進関係7省(プロジェクトチーム)

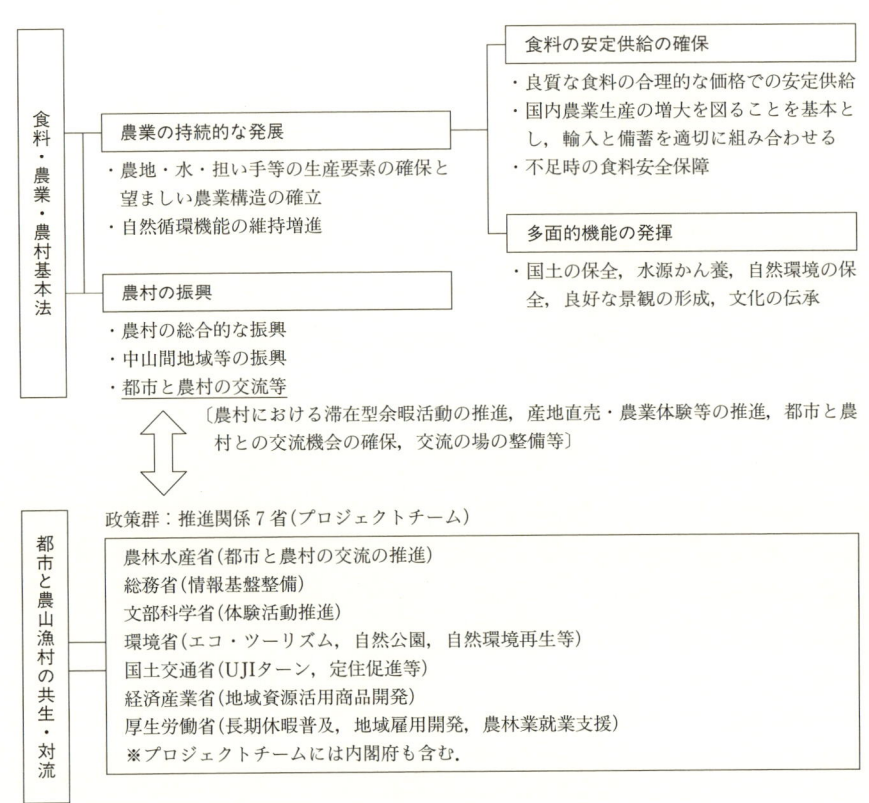

農林水産省(都市と農村の交流の推進)
総務省(情報基盤整備)
文部科学省(体験活動推進)
環境省(エコ・ツーリズム，自然公園，自然環境再生等)
国土交通省(UJIターン，定住促進等)
経済産業省(地域資源活用商品開発)
厚生労働省(長期休暇普及，地域雇用開発，農林業就業支援)
※プロジェクトチームには内閣府も含む．

図 4-1　都市・農村交流政策の体系図

隊」など域外からの人材を活かした農村活性化対策が実施されている．

(2) 現下の都市・農村交流政策の体系と問題点

新基本法は，①食料の安定供給の確保，②多面的機能の発揮，③農業の持続的な発展，④農村の振興という4つの柱を基本としており，都市・農村交流は，④の農村の振興のなかに位置づけられている（図4-1参照）．

さらに表4-3は，2008年度の都市・農村交流施策（農林水産省）について整理したものである．それによると，関係府省や民間組織などとの協調・連携による国民的な運動としての活動をはじめ，小学生対象の長期宿泊体験活動（「子ども農山漁村交流プロジェクト」），グリーンツーリズム推進のための施設

表 4-3 都市・農村交流施策の内容(2008 年度)

施策の主な内容
①「都市と農山漁村の共生・対流」国民運動の推進・プロジェクトチーム
②「オーライニッポン会議」の活動支援
③滞在型余暇活動の推進(グリーンツーリズム)
子どもの農業・農村体験活動学習の推進(農林水産省・文部科学省),子ども農山漁村交流プロジェクトの推進,青少年自然体験活動・相互交流推進事業,グリーンツーリズム推進のための総合的な施設整備,条件不利地域の交流促進
④交流の場の整備
道の駅の整備,市民農園の整備,直売所施設の整備,農作業補助者の育成・支援,援農ボランティア支援
⑤交流促進のための環境整備
サービスエリア・パーキングエリア等での情報整備,滞在型観光圏形成への支援,河川・水辺周辺の整備,砂防施設の保全・自然環境等の整備
⑥二地域居住の推進
⑦地域の環境改善活動の推進(グランドワーク)
⑧集落機能の再編と新たなコミュニティづくり

資料:農林水産省『食料・農業・農村白書　平成 20 年版』より作成.

整備・交流拠点整備,市民農園の整備,二地域居住の推進・支援,滞在型観光の促進支援など施策内容は広範囲に及ぶ.このほか道路等関連施設整備,水源・水辺・河川などの環境整備,集落機能の維持再生への取り組み支援なども施策の一環に含まれる.

　前述のように,都市・農村交流政策の体系は,新基本法における第 36 条規定をベースにしながらも,現在では「都市と農山漁村の共生・対流」という国の「政策群」となって展開されている.そこでは,農村地域が活力を取り戻し,その役割が発揮されるように,「人・もの・情報」が絶えず循環する社会の実現をめざすとして,関係 7 省によって「都市と農山漁村の共生・対流」を促進させる施策が実施されている（前掲図 4-1 参照）.

　具体的には,都市住民の地方への中・長期滞在,「二地域居住」,UJI ターンなどが主要なもので,「異なる場で暮らす,又は年代によって生活の場を変えるという多様な暮らし方」といわれる「暮らしの複線化」(短期滞在,中・長期滞在,二地域居住,移住定住) を具現化するものである[17].この「暮らしの複線化」に向け関係府省,自治体,関係団体等で施策が展開されているが,たとえば,総務省では情報通信環境（ブロードバンド,携帯電話等）の整備,

農林水産省では滞在型の都市・農山漁村交流の推進，農林漁業への就業促進，農山漁村におけるビジネスモデルの構築などが主な施策内容である．また，経済産業省ではコミュニティ・ビジネス（地域の生活文化資源の活用等）の推進，国土交通省では「二地域居住」や「UJIターン」の促進（空き家活用など），地域密着型ニューツーリズム（ヘルスツーリズム）の支援などである．

都市・農村交流政策の体系としては，第1に，農村における滞在型の余暇活動（グリーンツーリズム）の推進，第2に，都市と農村との交流機会の確保，第3に，交流の場の整備等が主軸といえよう．広域的な交流・連携の軸となる交通網の整備，情報通信の整備，田園居住の実現のための住宅・宅地供給の推進，地域固有の資源の活用と関連する道路・河川・公園の整備などがそれらを補完・連結するものである．また，民間団体（(財)都市農山漁村交流活性化機構など）に対する補助事業・委託事業の実施，都市・農村交流促進のための計画策定・政策的誘導などが行われている．

このように，今日都市・農村交流は国の「政策群」として位置づけられ，国家主導にもとづく農村地域政策的な特色を帯びているが，その際懸念すべきこととして2点指摘することができよう．1つは，地域外資本の新たなビジネスチャンスの機会を提供するものとして新自由主義的な「規制緩和」と「構造改革」をベースに政策が展開されるのではないかという懸念である．これは資本の論理（都市の論理）で都市・農村交流を推し進めようとする考え方である．2つは，農村住民が安心して生産に励める営農環境（農産物の輸入抑制，価格保障・所得補償の実施・充実，地産地消・食育など地域住民・都市住民との連携・協働）を整備・構築すべきであり，それを抜きに政策展開されることの懸念である．都市と農村の交流施設整備は，「逆に言えば，農村における農業の生産機能にはこだわらないという政策がとられていく」[18]ことにもつながる可能性もある．

それゆえに，都市・農村交流に取り組むとりわけ農村サイドでは農業生産機能をベースにした受け身でない主体的なかかわりが求められている．

4. 都市・農村交流政策をめぐる課題

　既述のように，都市・農村交流政策が本格化するのは1990年代以降のことである．政策展開においては，「新政策」を起点とし，新基本法の制定で法的に位置づけられた．その後農村活性化対策の切り札として，都市・農村交流政策は国の「政策群」として展開することとなる．

　周知のように，農業は全国的に生産機能が低下し地域の疲弊・衰退・荒廃化がいっそう進んでいるが，その際その根本的原因となっている食料の海外依存問題に目を向ける必要があろう．各国の「食料主権」を尊重した農産物貿易の新たな国際的ルールづくりが求められ，それと歩調を合わせながら国の基幹産業としての農業が明確に位置づけられ，さらに農業で安定した収入が得られるような農政展開が必要となっている．そして，都市と農村の共生関係を構築するには，「安易に外部資本に依存した規模拡大や市場原理一辺倒の事業展開を図るべきではなく」[19]，農村住民（生産者）が主体となって都市住民との連携・協働を促すような都市・農村交流政策の展開が重要となる．

　そのためには，当面以下の4点が課題として指摘できる[20]．

　第1に，都市と農村の格差が拡大し，雇用・生活不安が全国的に拡がっているなかで「外需・輸出依存型」から「内需・生活充実型」への産業構造の転換が求められている．農業は「内需・生活充実型」産業であり，国や地域経済になくてはならない産業として積極的な振興をはかることである．

　第2に，全国各地の都市・農村交流の取り組みが農村住民（生産者）と都市住民との協力・協働を醸成し，さらには地域の再生・活性化につながるような政策の展開が求められている．

　第3に，都市・農村交流施策については，農村における「地域の自主性に基づく協働の力に依拠した事業の取り組み」[21]が重要であり，それを国や地方自治体が積極的に支援・協力することである．

　第4に，現在全国各地で取り組まれている地産地消をはじめ，食育，農商工連携（農業の6次産業化）などの新たな動きと連動させた都市・農村交流政策の充実が求められている．

注
1) 農林水産省「公式ホームページ 2008 年度」による．なお，本章では，食料・農業・農村基本法の条文規定を踏まえ，「都市・農村交流」と称する．
2) 井上和衛『都市農村交流ビジネス 現状と課題（暮らしのなかの食と農 24）』筑波書房，2004 年，17 頁，参照．
3) 「レジャー・余暇」の項目以外は，「所得・収入」，「食生活」，「資産・貯蓄」，「自己啓発・能力向上」，「住生活」，「自動車・電気製品・家具などの耐久消費財」，「衣生活」などである．
4) 内閣府「国民生活に関する世論調査結果」2009 年，参照．
5) 「1992 年から開始された日本のグリーン・ツーリズムは，都市農村交流とも呼ばれ」，「①農林漁業・農山漁村（以下，農業・農村）の活性化，②豊かな自然・美しい景観・伝統的文化などの農業・農村の多面的機能の保全，③都市住民における農のあるライフスタイルの普及，という 3 つの目標を目指して，推進」されている．宮崎猛編『日本とアジアの農業・農村とグリーン・ツーリズム——地域経営・体験重視・都市農村交流』昭和堂，2006 年，10 頁，参照．
6) 荒桶豊氏は，「大規模化や効率性の重視という方向では日本農業・農村の展望が見いだせないという状況のもとで，農業経営の多角化として農家民宿や農家レストラン等を営み，農村の諸資源を介して都市の人びとの交流を目指す動きをグリーン・ツーリズムと捉え」ている．「日本農村におけるグリーン・ツーリズムの展開」日本村落研究学会『グリーン・ツーリズムの新展開——農村再生戦略としての都市・農村交流の課題（[年報] 村落社会研究第 43 集）』農山漁村文化協会，2008 年，7 頁．
7) 大浦由美「都市農山村交流への期待と課題」和歌山大学経済学部観光学科『地域食材の優位性を活かした滞在型グリーン・ツーリズムの展開方向に関する研究』（財団法人江頭外食産業及びホテル産業振興財団平成 19 年度研究開発助成事業 成果報告書），2008 年，参照．
8) 同上．なお，「都市と農山漁村の共生・対流に関するプロジェクトチーム（関係府省：内閣官房副長官・副大臣）」が 2002 年 9 月に設置され，規制緩和による条件整備を伴いながら国民的運動として推進されるとともに，2005 年には「都市と農山漁村の共生・対流の一層の推進について（提言）」がとりまとめられている．
9) 「地域経営型グリーンツーリズム」とも呼ばれている．前掲『日本とアジアの農業・農村とグリーン・ツーリズム——地域経営・体験重視・都市農村交流』，11 頁，参照．
10) 農村の有する様々な資源（地域資源，自然的資源，文化的資源，農業的資源，人的資源）の活用によって，地域の再生・活性化に向けた取り組みが活発化しているが，それが都市・農村交流といわれるものである（前掲『都市農村交流ビジネス 現状と課題（暮らしのなかの食と農 24）』，17 頁，参照）．
11) 農林省近畿農政局『近畿の観光農業』1973 年，「序」，参照．
12) 『日本大百科全書』小学館，2003 年，「自然休養村」の項による．2002 年現在自然休養村は全国で約 500 カ所にのぼる．
13) 日本生活協同組合連合会『全国生協産直レポート 2009』2009 年，参照．

14) 宮本憲一『公共政策のすすめ』有斐閣, 1998年, 227-228頁, 参照.
15) 『平成7年度 図説 農業白書』農林統計協会, 1996年, 233-234頁. 調査は市町村対象で, 交流活動のタイプでは,「観光イベント実施」が最も多く, 次いで「青空市の開催」,「国際交流」,「宅配便等の直送」,「体験農園等」,「姉妹提携」,「直販店の設置」となっている.
16) 大阪府立大学農学生命科学研究科・地域緑農政策学研究室『堺・緑のミュージアム ハーベストの丘・農産物直売所の利用実態に関する調査研究（都市・農村交流を基軸とした農業公園と地域農業の連携強化に関する研究）』報告書, 2002年, 参照.
17) 「暮らしの複線化」研究会『「暮らしの複線化」に向けて──「暮らしの複線化」研究会報告』2007年, 3頁, 参照.
18) 岡田知弘『地域づくりの経済学入門──地域内再投資力論』自治体研究社, 2005年, 81頁, 参照.
19) 前掲『都市農村交流ビジネス 現状と課題（暮らしのなかの食と農24）』, 71頁, 参照.
20) 青木辰司氏は,「都市農村の対立から, 連携, 共生の論理と共にグリーン・ツーリズムのような都市と農村との連携, 共生を現実化する政策提案が必要になっている」と述べている.「グリーン・ツーリズム──実践科学的アプローチをめざして」前掲『グリーン・ツーリズムの新展開──農村再生戦略としての都市・農村交流の課題（[年報] 村落社会研究第43集）』, 162頁, 参照.
21) 前掲『都市農村交流ビジネス 現状と課題（暮らしのなかの食と農24）』, 71頁, 参照.

第2部　交流・連携の実践

第5章　産直取引と都市・農村交流

安部新一

1. はじめに

　近年，高病原性鳥インフルエンザの発生，輸入食品の残留農薬問題，食品の偽装表示等の問題により国民の食の安全に対する不安と関心は高まっている．こうした，食に関する安全性の問題は従来から見られたが，その対抗策として具体的実践活動として取り組まれてきたのが生協と農協（生産者グループ）との産直提携（産直取引）である．生協による産直は，産直品とコープ商品の開発によって提供していくことを基本戦略として取り組みが行われてきた．しかし，全国の生協では組合員の増大に対して，産直農産物の供給が追いつかず，従来の産直取引の原則である「安全性」と「産消交流」とは異なる取引として産直が拡大している．
　そこで本章では，従来から生協が取り扱う産直品を通じて消費者（都市）と生産者（農村）との連携交流が図られてきた産直取引を対象にして，全国的な産直取引の先駆的役割を果たしてきたみやぎ生協を例に検証したい．同生協では，全国の動向と同様に供給高の減少傾向がみられたが，近年，供給高は増加傾向に転じて推移している．そこにはみやぎ生協が産直事業見直しプロジェクトを立ち上げ，産直全体の改革を図ってきたことが大きな要因となっている．そこで，改革の方向性と具体的な取り組みの実態を明らかにし，さらに産直品とコープ商品開発への取扱状況の変化，それに伴う産消交流（都市・農村の交流）の取り組み動向を明らかにする．一方で，産直取引に積極的に取り組むスーパーや生産者の動きも見られるようになっており，そこでは産消交流や顧客

（消費者）を対象とした食育・食農普及への取り組みも見られる．そこで，こうした産消交流の取り組みについて，誰が主体的に担っているのか，さらにどのように位置付けて推進しているのか，取り組みの意義・役割，および推進していく上での課題について明らかにする．

2. 生協産直取引の発展経緯と近年の取り組み

産直とは消費者側からは産地直結，生産者側からは産地直送であり，それらを結合する概念として産消提携の言葉が生まれた．さらに，生産者と消費者との組織的な活動として産消提携活動の用語が使われている．そこで，まず生協の発展経緯を概観して，今日の課題をみてみよう．

大高によれば，生協産直の歩みは，1960年代前半までの消費者と生産者との産直取引による中間マージンの節減を目的とした流通経路短縮論の段階から大きく変化し，1990年代に入り産直提携取引にも多くの矛盾が発生し，産直そのものに対する消極論や否定的な見解も生まれたとされる[1]．その背景にはいくつかの要因がみられるが代表的なものとしては，第1に円高不況に伴う生活防衛からの消費者の低価格志向の強まりに伴う，一般流通品よりも比較的高い産直品に対する購入量の減少傾向が強まったことである．第2に産直の本来の姿である生産者と消費者との交流重視が薄れ，物的取引としての産直に傾斜してきたことである．このことは産消提携活動としての取り組みと広がりと迫力が弱体化してきたことを意味する．第3に生協そのものが県域を越えた事業連合が進展する中で，顔と暮らしの見えない市場流通型産直，さらには国際産直が台頭してきたことである．さらに，2000年代に入り食品偽装表示問題，無登録農薬使用問題，冷凍ギョウザ事件など，食の安全・安心に関連する問題が多発した．

こうしたことから，生協の産直は危機に直面してきているとの認識をもつことになり，これまでの産直のあり方の反省を踏まえて，再度みなおす契機となった．こうして，新たな展開への模索が始められてきているのである．

日本生協連では，2001年に「生協農産・産直基準」を提起し，さらに実現するための課題として，第1に組合員の要求・要望を基本とした事業，組合員

の声と参加でつくる「組合員の産直事業」をつくる．第2に安全性を追求する取り組みやトレーサビリティシステムの確立，さらに情報開示や生産者と消費者の多様な交流・コミュニケーションの強化などにより「たしかな商品」を組合員に届ける．また，第3に新鮮さを保持し低コストで生産から消費まで一貫したロジスティクスをつくることなどが検討課題として取り上げられた．こうした中で，首都圏コープ事業連合会（現，パルシステム生協連合）の独自取り組みとして，産直品の安全性と信頼性の確保を第三者機関に任せるのではなく，生産者，組合員，そして生協という農産物の取引に直接関わる「第二者」による評価システムを取り入れることにより，これまで培ってきた信頼により公開された確認システムとして「公開確認会」を1999年から開始し今日まで継続して取り組んでいる．産地の「公開確認会」のコンセプトは「信頼から信頼に基づく情報（栽培基準，栽培履歴等）の開示」である[2]．この取り組みは，情報を記録し公開するというものである．そして，この取り組みが果たす役割は，組合員が主体となって望ましいフードシステムを目指すことができること，さらに，組合員の食に対する理解がさらに深まることで，産直の発展に結びつけることができることにある．そしてなによりも，生産者同士を含め「人と人とのつながり」，「生産者と消費者とのお互いの立場を理解しあえる強固な関係」を築きあげていくことにある．

そこで，つぎにみやぎ生協を対象に新たな産直事業の取り組み実態についてみてみよう．

3. みやぎ生協の産直取引の動向

(1) 全国の生協とみやぎ生協の動向

日本生協連加盟の会員生協数は558生協であり，組合員数は2211万人に及び，総事業高は3兆2860億円に達している．そのうち，地域生協は165生協，組合員数1546万人，総事業高2兆6097億円，店舗数1,123店舗である．近年の動向を見ると，組合員数は1994年の1801万人から年々増加傾向にあるが，生協数は同年の652生協から年々減少傾向にある．さらに，総事業高でも1999年の3兆3870億円をピークに，その後減少傾向で推移している．とくに，

生協の特徴である共同購入の班数は 1994 年の 142 万 7 千班から 2006 年の 199 万 8 千班へと高まりを見せていたが，班組合員数は 1997 年の 776 万人をピークに，その後は減少傾向で推移し，2006 年には 619 万人となっている．

こうした全国的な生協事業の状況と同様の傾向がみやぎ生協においても見られた．みやぎ生協の供給高実績は 1990 年代前半までは大きな伸びを見せていたが，98 年の 1003 億 9900 万円をピークとして減少傾向に転じ，2001 年には 912 億 8500 万円にまで落ち込んだが，その後は増加傾向に転じて，07 年度には 1031 億 2200 万円となっている．01 年度までの落ち込みの背景には，全国的にも，また宮城県内においても大手総合スーパーや食品スーパーの出店攻勢による競争激化があった．一方，組合員数はほぼ一貫して増加しており，2007 年度には 58 万 6536 人，県内世帯数比 65.7% を占めるまでになっている．ただし，その内の班組合員数は 1999 年の 15 万 7 千人をピークに減少傾向に転じて，07 年には 13 万 8551 人となっている．

このように全国の生協でも，みやぎ生協においても，生協活動の中心的役割を担ってきた班組合員が減少傾向にあることが注目される．その背景には，従来の班活動を支えてきた団塊の世代の子育て時期が終わり子どもの独立によって世帯人数が減少したこと，女性とくに主婦の社会進出と生活スタイルの変化によって班の維持活動が困難になってきたことがあげられる．こうしたことが，産直取引原則の重要な活動である産消交流活動の停滞に結びついている．そこで，次にみやぎ生協の産直事業の概要と産直事業の重要な部分を占める産消連携交流のあり方と取扱商品に占める産直品の位置付けを見てみよう．

(2) みやぎ生協の産直取引の動向と意義・役割

みやぎ生協の産直事業への取り組みは，1970 年に旧宮城県学校生協，宮城県民生協と角田市農協を中心とした仙南地区各農協とが豚肉・鶏卵の産直取引を実施したのが始まりである．その後の主要な活動内容としては，野菜，いちご，梨，鶏卵，食肉の産直委員会の発足（1980 年），共同購入，グリーンボックス野菜産直の開始（1984 年），宮城県産消提携推進協議会の発足（1985 年），産直野菜農薬使用基準の決定（1987 年），産直野菜売場「旬菜市場」の設置開始（2001 年）等の活動が行われてきた．

このように約40年にわたり継続されてきたみやぎ生協の産直取引の意義は，消費者と生産者の共通の願いである「安全・安心」，「よりよい品質」，「適正な価格」，「安定的な供給」を実現するための事業と運動を進めることにある．こうした産直活動を実現するために，以下の3つの基本的原則により産直提携活動を推進している．

①健全な日本型食生活の確立と食糧の安全性を高める．
②食糧自給率の向上を目指し，日本と宮城県の農・水・畜産業とその加工業及び生産者の暮らしを守る国民合意の運動を進める．
③産消提携活動に積極的に取り組みながら，地域経済復興と文化の発展，自然環境の保全に寄与する．

みやぎ生協の産直取引活動は，産直を通じて消費者と生産者が相互に交流し双方の暮らしと食生活の見直しを進め，生産と消費のあり方を見直し共通の価値観を創り出していくことを目的としていることが，特筆すべき重要な点である．そのために，消費者と生産者が対等・平等の立場で提携することから，産消提携活動または産消直結活動と呼ばれ，一般の産地直送による中間流通排除とは明確に区分して使用しているところに大きな特徴がある．

みやぎ生協では産直生産物を取り扱う必要条件として，以下の3つの基準を定めている．

①産地と生産者が明確であること．すなわち，「誰」が「どこ」で作ったかがわかること．
②生産方法が明確であること．すなわち，「どのように」作ったのかがわかること．
③生協と生産者の交流がなされていること．すなわち，「共通の願い」を実現することである．

このように，これまでは産直生産物の取扱・取引には消費者（生協組合員）と生産者，言い換えれば都市と農村が相互に連携し交流を図っていくことを重視した基本原則として取り組んできたことに注目すべきである．

(3) みやぎ生協の産直品取扱いの動向と位置付け

先に見たように，みやぎ生協の供給高は98年度をピークにその後02年度ま

で減少傾向で推移した．そこで，1999年に「産直未来プロジェクト」を立ち上げた．その背景には，第1に先にも指摘した総合スーパーや食品スーパー等量販店，さらには農産物直売所などの新たな出店攻勢による競争の激化がある．実際に，それは生協の店舗経営にも大きく影響を及ぼし，既存店の供給高が前年実績を割り込み赤字に転落をして生協存続が危惧される経営状況にあったと言われていることである[3)]．第2にみやぎ生協における本来の生協組合員と生産者との交流が図られる産直品である「顔と暮らしの見える産直品」の取引供給高が減少傾向にあったことである．こうした背景と共に，みやぎ生協における産直活動についての根本的な問題として，何を目指して産直事業や活動を行っていくのか，産直の将来像が生産者も生協・組合員もお互いが見えなくなって来ていたことも指摘できる．

みやぎ生協における産直品には，「顔と暮らしの見える産直品」，「全国の産直品（提携農協生産品）」，及び「海外産地開発品」がある．「顔と暮らしの見える産直品」では，一般に宮城県内での産直品であること，及び消費者と生産者の日常的な交流によって双方の信頼関係がより強固になっていることが重視され，「全国の産直品」と区別されているが，みやぎ生協ではこれら国内産の産直品を優先している．輸入品については，日本国内での端境期や国内で生産されないものなどについてのみ制限的に取り扱うとされており，その中でも生産者が明確であり，みやぎ生協の担当者が現地を視察するなど独自の基準を満たしたものを「海外産地開発品」として取り扱っている．

2002年度における野菜供給高は71億3987万円であるが，そのうち「顔と暮らしの見える産直品」は7億8961万円，産直比率は11.1%である．その他の「全国の産直品（提携農協生産品）」と「海外産地開発品」の合計は27億4449万円，野菜供給高に占める比率は38.4%である．これら産直品の合計は35億3410万円であり，生協の野菜供給高に占める割合は49.5%を占め，残りは主に一般の卸売市場からの仕入れである．産直品の供給高の推移を95年から02年の期間について見ると，1995年以降における産直品供給高合計は，34〜35億円で推移している．産直品供給高を100として，それぞれの構成比を見ると，「全国産直品」は95年の56.9%から02年には69.6%へと高まりを見せる一方で，「顔と暮らしの見える産直品」は97年の30.3%をピークに，

その後はやや低下傾向で推移し，02年には22.3%となっている．

このように，本来の産直品である「顔と暮らしの見える産直品」の取扱高が減少傾向にあったことが「産直未来プロジェクト」の立ち上げに結びついた．2000年からは産直中期計画に沿った事業を展開し，キャッチ・フレーズとして「地域に根ざした，つよい，しあわせな，みやぎの産直」を目指すことになった．「つよい」とは，他の量販店や業態に負けない，競争力がある産直を目指すことである．

魅力ある売場の構築を果たすための大きな柱になったのが「顔と暮らしの見える産直品」の中に含まれる「旬菜市場」と「グリーンセレクト」である．「旬菜市場」とは，生産者（生産者グループ）が生協店舗内の売場において直売方式で販売するものである．「旬菜市場」は店舗ごとに2つの生産者グループ（複数産地）が出荷・販売することから互いの競争意識も働き，また売れ残りは生産者自身がリスクを負うことになり，さらに組合員のニーズに沿った生産物の品揃えと鮮度・品質の向上を図っていく自覚が生まれた．一方，「グリーンセレクト」は，「みやぎの環境にやさしい農産物等表示認証制度」に申請して県から認められたものと，農林水産省の表示基準に基づいて「農薬・化学肥料節減栽培品」と表示してあるものを対象に，「グリーンセレクト」のマークをつけて取り扱いを開始しており，2002年度には2億6500万円であったものが，2004年には3億3630万円へと拡大している．さらに，「旬菜市場」は実施店舗の増加もあって2002年の5899万円から2004年の3億304万円へと急速に拡大し，その後のデータの公表がないため取扱高は不明であるが，2001年の産直野菜売場「旬菜市場」の設置開始から，2004年18店舗，さらに2008年3月現在では29店舗へと急速に拡大している．

このように，産直品の中核商品となりつつある「グリーンセレクト」商品や「旬菜市場」での産直品が短期間に急速に拡大してきた点が注目される．これを可能にした背景には，みやぎ生協による新規生産者の開拓と生産技術指導があげられる．とくに，「旬菜市場」ではこれまでの産直取引とは異なる多品目少量の品揃えが必要であることから，産直取引を行っている生産者団体だけでなく，新たな生産者を探索した．「旬菜市場」では多品目化を図るために新規作物の導入が必要であり，「グリーンセレクト」では減農薬・減化学肥料栽培

が不可欠であることから，みやぎ生協では2001年度から技術指導コンサルタントを導入し，生産指導員が産地を巡回して生産者の圃場において具体的な指導を行う体制を整備している．これにより，生産者が新規の栽培品目の導入や減農薬栽培を進めることが可能となったことが，供給高増大の大きな理由の1つである．そこで，具体的な生産者グループの生産・販売活動をみてみよう．

(4) 「旬菜市場」における産地生産者グループの対応

「旬菜市場」への出荷販売を行っている柳生産直会とその中心的役割を果たしているS氏の事例を中心に産地生産者の産直活動の取り組み実態をみてみよう．

仙台市内で野菜生産の専業農家であるS氏は，30年以上前から個人でみやぎ生協との産直取引を行い，多数の店舗で販売される果菜類や葉物類を出荷していたが，柳生店が新設されるのを契機として，1996年に主要品目の異なる生産者4戸で柳生産直会を設立した．産直会設立当初は「顔と暮らしの見える産直品」の提携店舗である柳生店のみ出荷していたが，現在では構成員は5戸となり，「顔と暮らしの見える産直品」及び柳生店，富沢店の「旬菜市場」への出荷・販売を行っている．なお，富沢店内の「旬菜市場」は2002年10月，柳生店内のそれは2003年5月にそれぞれ開設されている．

柳生産直会のメンバー5戸のうち，夫婦で農業に従事しているのは4戸であり，1戸は女性のみの従事である．産直会メンバー5戸の延べ作付面積は407aであり，そのうちS氏の延べ作付面積は232aと圧倒的に多く，残り4戸の作付面積は175aにすぎない．また，柳生産直会ではハウスを所有している農家はS氏を含め2戸であり，他の3戸の農家は露地栽培のみであり，さらに作付面積も小規模生産者である．柳生産直会5戸の農家では年間に44品目にも及ぶ作物を栽培し，最も作付面積の大きいのはホウレンソウ52a，最少作付面積はミニトマト，ミツバ，花ニラ等それぞれ1aであり，多品目少量栽培生産が行われている．

柳生産直会の構成員は毎年実務者会議において話し合いを行い，出荷時期があまり重複しないように栽培品目と作付面積を調整している．生産面では売場での品揃えを考慮して，季節ごとに主力品目を決め，一定期間販売できるよう

に長期栽培を行うほか，それぞれの旬の時期に多様な品目を販売できるように配慮した作付体系を組み，新規作物も積極的に導入している．さらに，生協メンバーの要請に応えて，出荷している店舗でしか購入できない特徴ある商品づくりにも積極的に取り組んでいる．このように，「旬菜市場」では小規模生産者が新たに参加し，特徴ある新たな栽培作物を積極的に経営に取り入れてきているが，そこでは，生産指導員による産地巡回指導が重要な役割を果たしている．

「旬菜市場」への出荷条件をみると，①みやぎ生協の生産基準に基づいた産直野菜であること，②作付計画に基づき生産された産直野菜であること，③生産者と生協組合員との交流があること，④鮮度を重視して，今朝どりが中心であること，⑤値頃感を打ち出すため，生産者が規格を決め，価格ラベルを貼り付ける売場であること，⑥コーナー開設中は，毎日納品がなされること等の取り決めに基づいて，売場運営が行われている．「旬菜市場」のメリットは，店舗と産地が近いことであり，柳生産直会では柳生店との距離が数百メートルにすぎないことから，「畑の見える産直品」をキャッチフレーズに販売を行っている．このことは，生協組合員である消費者が日常的に生産現場であるハウスや圃場をみる機会も多くなり，栽培方法などを直接目にすることにより，安心して購入することにつながっている．

販売面についても生協組合員との交流を大切にする観点から，毎週月曜日に生産者が売場に立って試食販売を行っている．これは生産量が多くなってきている品目や生産者自身が販売拡大したい品目を対象として実施しており，とくに新たに栽培した品目については味や調理方法等の知識を消費者が持ち合わせていないことが多いため，試食販売によってリピーターにつなげることが大きな目的である．売場に立つことにより消費者の声を聞くことができることから，出荷・販売面でのきめ細かな対応を図っていくことを可能にしている．さらに，消費者との交流が産直への取り組みの大きな励みになっている点も見逃せない．

(5) みやぎ生協の産直取引の課題と今後の展開方向

みやぎ生協の「産直未来プロジェクト」では，産直の未来像として「地域に根ざした，つよい，しあわせな，みやぎの産直」の方向性を強めていくことで

あった．すなわち，生産者にとっては産直農業の実践を通じて，農業経営の安定と持続的発展を確保し，健康的でゆとりある生活を維持することにある．一方，消費者にとっては安全，新鮮な農産物を値頃感のある価格で購入でき，また自然と親しみ，自然を生かした生活が送れることである．

「産直未来プロジェクト」から生まれ取り組みが推進されている「旬菜市場」と「グリーンセレクト」は，供給高も高まり，先に取り上げたＳ氏のように生産者の農業経営の安定につながり，一方で生協組合員への安全・安心で新鮮な農産物を手ごろな価格で提供できたことは一定の成果といえる．さらに，産直未来像の「つよいみやぎの産直」とは，県内の大型スーパー等の量販店，コンビニエンスストア，農産物直売所等に負けない競争力のある産直を目指すことでもあった．その点で，「旬菜市場」の店舗の急速な拡大，さらにはみやぎ生協の総供給高も91年を境にその後は年々高まりを見せており他の業態との販売競争にも負けない競争力を付けてきており成果がみられる．

しかし，一方では量販店等との競争激化への対応を通じて，これまでの産消交流重視から，鮮度・品質，安全性を高める取扱商品重視へとさらに転換が図られた．例えば，それは生協組合員の増大に伴い本来の産直品である「顔と暮らしの見える産直品」の供給量の伸びが大幅に見られなかったことから，遠隔産地や海外産地についても産地と生産者が明確，または生産方法が明確であれば産直品としての取り扱いを進めてきたことに象徴的である．産直品の基本原則であり定義でもある生産者と生協組合員との交流活動を伴わないものについても産直品として位置付けて取り扱っている現状をどう考えるか，今後の大きな課題である．

これまで，量販店との競合において生き延びるためには，生産者側と生協組合員との交流活動を通じて連携強化を強めることが重要と言われてきたが，そうした産消交流活動は弱体化しつつある．しかし，今こそ生協産直の基本原則の１つである産消交流を重視し再構築を図っていく方向を強めていくことが求められている．

そうした状況下において，「グリーンセレクト」とともに「旬菜市場」の取り組みは生協の各店舗が立地するそれぞれの地域の新たな小規模生産者を産直活動の輪の中に取り込みながら，それぞれの出荷・販売する店舗のメンバーと

売場を通じて交流を深めていく努力が行われてきているという点で,注目していく必要があろう.

こうした,生協での産消交流活動が低下しつつある中で,スーパー等量販店側では,顧客の組織化とともに,産地見学や農業体験,食育の推進活動を進める動きもある.そこで,次節ではスーパー側でも産直品に注目し,商品の品揃えの強化を図る中で産直取引先である生産者グループと顧客との産消交流活動を推進するスーパーの具体的な取り組みについて見てみよう.

4. スーパーが取り組む都市・農村交流

(1) スーパーの産直取引と交流活動

いま,各地域で販売競争が激化する中で,スーパー側でも生協店舗の他に同じ業態の店舗や農産物直売所等との販売面での競争にさらされ,他店との差別化をいかに図っていくのかが生き残りをかけた重要な課題となっている.近年,スーパーにおいては,産地生産者側との結びつきを強め,こだわり商品の開発を進めているが,その代表的な商品が減化学・農薬,抗生物質などの化学製品の使用を極力抑えたイオンの「トップバリュグリーンアイ」商品である.さらに,産地の見える野菜・肉など生産履歴,栽培方法などが明らかな産直商品の取扱にも力を入れてきており,それらを自社のホームページで明らかにして,安全・安心を訴求する取り組みを推進するスーパーもみられるようになってきている.

さらに,スーパーと消費者との交流活動としては,顧客の豊かで健康的な食生活の実現と次代を担う子ども達に食に興味をもち,穏やかに育ってもらいたいとの願いをモットーに商品開発と共に,食育推進活動を行っているスーパーが近年多くなっている.大手総合スーパー(GMS)のイオン,スーパーマーケット(SM)ヨークベニマルを例にみても,ともに食生活改善運動,または食育活動の推進を図る一環として「5 A DAY(ファイブ・ア・デイ)運動」を継続的に取り組んでいる.また,子ども達を対象に「食育体験学習会(イオン)」,「スーパーマーケットツアー(ヨークベニマル)」等を実施している.さらに,産地の生産者との交流活動では,イオンでは「産地ふれあい収穫体験ツ

アー」,「教育ファーム栽培体験ツアー」, ヨークベニマルでは「産地収穫体験ツアー」を実施している.

　こうした食育活動や産地との交流活動を進めているスーパーでは, 常に取扱商品について「おいしさ」や「安全・安心」を訴求した商品の開発と品揃えを追求した商品政策を行っている. そうしたスーパーは全国的にみられると考えられるが, その取り組みには温度差がみられる. そのことが, 産地側との収穫体験ツアー等の交流活動への取り組み姿勢にもみられ, 現段階でもそうした取り組みを積極的に推進しているスーパーはそれほど多くはない.

　そうした中で事例として取り上げたスーパー・サンプラザ(以下, サンプラザ)は, 大手総合スーパーの取り組みをさらに一歩進めて, 非遺伝子組み替え飼料を給与し, 抗生物質を使用しない食肉の取扱や, 有機農産物を品揃えし専門コーナーを設置するなど食の安全・安心を訴求した商品の品揃えに積極的に取り組んでいる. さらには正規職員以外にもパート従業員をも対象とした全社的な食育活動を推進するなど, 他のスーパーに先駆けた取り組みを行っている点が注目される.

(2) サンプラザの経営と産直取引

　サンプラザは, 大阪府羽曳野市に本部を置き, 南大阪地域を中心に府内に19店舗を展開している食品スーパーである. サンプラザでの取扱商品の特徴は, 2001年頃から安全な食品の提供を経営理念に掲げて, 商品の調達先のルート開拓と商品の品揃え強化に取り組んできている. 青果物では, 有機JAS認定農場との産直取引や, 大阪府が認定した「大阪エコ農産物(府内産で慣行農業の基準に比べて農薬・化学肥料ともに2分の1以下に削減した"特別栽培農産物")」などの地産地消への取り組み強化を図ってきていることである. そのため, 店舗内の青果コーナーには, 地元農産物コーナーや有機農産物コーナーの売場を設けて積極的に販売強化を図っていることが注目される. また, 食肉も抗生物質や成長ホルモンを使用しない安全・安心な食肉の産直取引についても品揃えの強化を図っている. また, 2006年3月に食育基本法が成立すると, スーパーのチラシに「食事バランスガイド」の図を掲載し, 毎月19日を「食育の日」と定めて,「食事バランスガイドを参考にバランスのとれた食生活

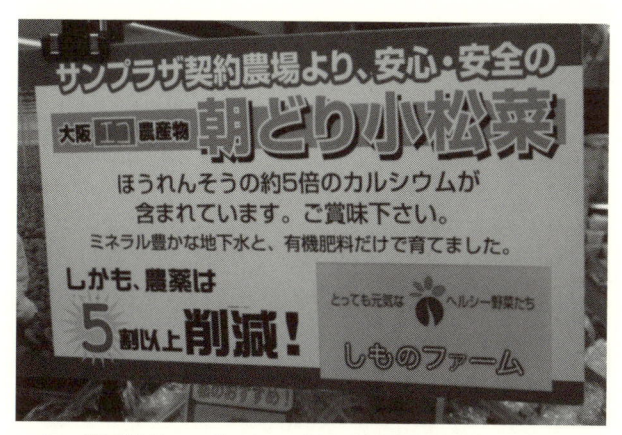

サンプラザ店舗での「大阪エコ農産物（朝採り野菜）」の取り扱い

をスタートしましょう」とのキャッチコピーを取り入れている．さらに，毎月テーマを決めて食育の日に，朝食・昼食・夕食の献立メニューをチラシ等に掲示して普及・啓蒙を図る取り組みを行っている[4]．

こうしたサンプラザ経営者側の取り組み姿勢や考え方を正規従業員の他に，パート従業員，さらには取引先の従業員に対しても理解してもらうために「食育コミュニケーター」資格取得のための講習会の受講を呼びかけている．こうした「食育コミュニケーター」の受講や食育の日の献立メニューとレシピの作成にパート従業員も参加できることで，業務に対する取り組み姿勢の変化，さらには意識の高揚にも役立っている．また，取引先のメーカー職員への参加要請の背景には，スーパー側の考え方に対する理解を深めてもらうことのほかに，スーパー側で開催する，食育活動や産地見学，農業体験などへの協力支援を依頼するための目的も含まれている．

(3) スーパーにおける都市・農村交流活動

サンプラザでは，平成17年から都市消費者の他に生産者，流通業者にも参加を呼びかけて「市民公開フォーラム」開催に当たっての後援と協力を行っている．フォーラム開催の目的は，「健康で明るい快適な食生活を送るために，消費者は食材に常に関心を持ち，新鮮で安全な食材を手にするための正しい知

表 5-1　フォーラム参加者の主な意見

【消費者の意見】
① 生産者は自分で生産した農産物の特長をもっとアピールすべきであり，そうした生産情報を消費者は知らされていないため，生産者側からもっと伝えて教えて欲しい．
② 地産地消を進める上で一人の力では，この運動は良い方向に進まない．地域の生産者，消費者，すべての人の協力あってこその運動である．

【生産者の意見】
③ 地元の農産物，安全な農産物について消費者側がもっと理解が深まれば生産者も良い作物を栽培する努力を行っていく．
④ 生産者が消費者のことを考えて生産していくためには，顔の見える関係が築ける地産地消での取引がよい．

【流通業者の意見】
⑤ スーパーと取引している者として，消費者が何を求めているのか知りたい．何が欲しいのか知りたい．

識を持つことが求められている」ことを主題に，食の安全と食育について生産者，流通業者，消費者が参加して，ともに考えていこうというものである．

フォーラムへの参加申し込みは，フォーラム事務局以外にサンプラザ各店舗でも受け付けており，さらにフォーラム当日にはサンプラザ職員も実行部隊として参加し，運営をサポートしている．フォーラムの開催趣旨とテーマが，自社のスーパーでの販売戦略と合致していることも大きな理由であろうが，自社で取り組み強化を図っている安全・安心な有機農産物，地元の地場産農産物，及び食育・食農への取り組みについて，顧客を対象に理解を得て，さらに深めてもらうことにより店舗を愛顧してもらい固定客の拡大へとつなげていく狙いも当然のことながら含まれていることであろう．

市民公開フォーラムは年間に1回開催され，各年度により食に関連するテーマを設定し，テーマを主題にした基調講演と消費者，生産者，行政，食品メーカー，流通業者，学識経験者をパネリストによるパネルディスカッションの他に，エコ農産物展示即売や食の安全・地産地消・食育のパネル展示等や親子で楽しめる食育イベント（親子でお魚調理教室）等も同時に開催している．

フォーラムへの参加者を対象に生産者，消費者，さらに流通業者がそれぞれの立場から相手側への要望・意見を聞くためのアンケート調査を毎回実施しているが主な意見としては表5-1のとおりである．フォーラム参加者の意見から，生産側と消費者側の交流の必要性，そのことにより相互の理解を深めていくこ

との重要性が伺える.

　ここで，サンプラザと産直取引を行っている大阪府堺市の有限会社Sファームを通じた消費者との交流の取り組みについて触れておきたい．同社では，小松菜の専作栽培を行っており，連作障害を防止するため有機質肥料を使用した栽培を行っている．さらに農薬の使用を減らすために開発されたフェロモンディスペンサーを取り付け，害虫の交尾を減らし，害虫の発生を減らす効果があり，さらにハウスに防草シートを貼ることにより，害虫と草の発生を抑え，これらにより農薬散布を慣行栽培の2分の1以下に抑えている．こうして栽培された小松菜は「大阪エコ農産物」として認証され，「泉州さかい育ち」のブランドで販売されている．取引先としては，サンプラザをはじめとするローカルチェーンスーパー，百貨店，さらに堺市学校給食会への販売が見られ，サンプラザとは産直取引による直接販売となっている．

　Sファームでは，サンプラザと連携して農場見学・体験ツアーによる消費者との交流活動を行っている．それはサンプラザが顧客の中から参加者を募集した「小松菜の日」の収穫体験フェアというものである．小松菜の日は，平成16年から毎年5月27日（5月をゴ，27日をツナと読ませて命名）と決めて，収穫体験フェア開催し，栽培方法などを理解してもらうことにより，小松菜を購入するリピーターの確保につなげたいとの思いがある．さらに，こうした体験フェアを通して交流を深めていくことで，最終的には周辺地域の住民が都市農業の存在価値を認識し，理解の輪を広げていくことに繋げたいと考えている．

5．まとめ——生協とスーパー等における交流活動の課題

　これまで産直取引活動を中心に都市市民と産地生産側との交流連携活動をみてきた．具体例として取り上げたみやぎ生協における「産直」とは，生産者と消費者が地域の農業とそれぞれの生活を変えていくような夢を実現させる運動であり，そのためには相互に農畜産物を介した事業を発展させていくことを基本として推進を図ってきた．また，みやぎ生協が進めている産消提携とは産直を単なる経済的な取引のみにとどまらせるのではなく，相互の「顔とくらしのみえる産直」を追求し，消費者と生産者の双方が置かれている立場の違いを認

識しあい共通の課題をともに追求し理解を深めていくことにある．

したがって，生協組合員と生産者とが対等・平等の立場で提携することをもって「産消提携活動」と呼んでいる．そのためには，生産する側と消費する側，さらにはその取引活動に関わる人との間の共感を得るための交流の機会と意思疎通と理解を深めていくことが重要となる．こうした生産者と消費者との交流により信頼関係を深めて行くことによって，みやぎ生協の産直の意義と農畜産物価値を組合員に伝え，その結果として消費者の産直品への信頼と支持を広げることにつなげていけるものと考えられる．

一方，スーパー側での産直取引については，同じ業態のスーパーや生協，量販店等との販売競争激化の中で他社（他店舗）との差別化商品を取り扱うことで売上高増大と集客力のアップをねらうための商品政策充実の一環として位置づけられている．また，近年では，安全性を追求した多様な商品の品揃え強化などを図ることにより，企業としてのイメージアップをねらいとした販売戦略もみられるようになってきている．こうした差別化商品を顧客に理解してもらうことを目的として，顧客を対象にした学習会や産地の生産現場，メーカー工場見学会等の交流活動の開催を実施することにより，理解を深めてもらう取り組みが行われている．こうした取り組みは基本的にはスーパー側の販売促進活動の一環として行われているところに，生協の産直活動における消費者と生産者との相互理解による交流活動との大きな違いがみられる．とはいえ，食の安全・安心が叫ばれている中，相互の交流活動はその理念や位置付けに違いはあるにせよ，今後とも積極的に交流連携を強めていくことが求められている．そのためには，生協は産消提携の考え方の原点に立ち戻り，交流重視による店舗・地域を核としたコミュニケーションの機会を増やし，信頼関係を強めていくことが重要であろう．さらに，スーパーや生産者独自の産直取引においても都市住民である消費者と生産者との交流活動の強化を図っていくことが，商品への理解とともに農業への消費者の理解を深めてもらうためにも必要となっている．

これまで見てきたように都市住民である消費者側と生産者側との交流連携を強めていくためには，市町村の行政の枠を超えて取り組む必要があることから，今後は，生産者・流通業者と消費者，または生産者と学校とを橋渡しするコー

ディネート機能の役割とそれらを推進していくためのネットワークづくりとともに，推進するための組織体制の構築，さらには農業体験学習等の指導者の発掘と養成も重要な課題であろう．

注
1) 産直の展開過程については，大高全洋「食料流通と産直・協同組合間協同」（日本農業市場学会編『食料流通再編と問われる協同組合』筑波書房，1995年，204-205頁を参照．
2) 公開確認会の具体的な取り組み内容としては，①生産者，消費者，他の生産者，当該商品の生産・流通関係者，生協職員，行政，有識者，認証団体が参加．②生産者が自分たちの理念や生産方法や特徴を発表する．③生協との契約内容が実施されているのかを中心に点検する．④進歩状況と改善点の確認を行うなどである．
3) 小野勝一郎「みやぎ生協の野菜産直」『生活協同組合』2003年7月号，31-36頁．
4) サンプラザにおける食育推進への取り組みには，顧客に対して三食バランス献立の提案を行い，1日2,000kcl～2,200kcl，食事バランスガイドの標準SVに当てはまる献立のディスプレイを実施し，さらにそれぞれの店舗独自にバランスのとれたメニューレシピを作成し競いあっている．そのレシピには，こだわりの食材，生鮮3品の中から肉・魚・鶏より1品，野菜は取引先の契約有機農場の野菜を使用したレシピ2品を紹介することになっている．

第6章　紀ノ川農協の産直からみた都市・農村

宇　田　篤　弘

1.　はじめに

　いざなぎ景気の最中，日本が米の完全自給を達成したのは1967年であった．その翌年にミカン価格が大暴落し，1971年に米の生産調整（減反政策）が本格的に開始された．グレープフルーツの輸入自由化が始まったのもこの年であった．1972年は，世界食料危機が起こり，国内ではミカンの価格が暴落した．
　「今日の深刻な農業の原因は何か」「どうしたら地域の農業を守り発展させられるのか」．那賀町農協の青年部が議論し，「産直」の検討をはじめたのが，オイルショックの1973年であった．そして，1976年には那賀町農民組合を結成し，奈良市民生協（ならコープ）とのミカン産直がはじまった．当時「産直」という言葉は一般的でないばかりか，総合農協の全量委託制などの縛りもあり，「産直」に参加するには相当な決意，覚悟が必要だった．
　現在，16名から始めた産直が922名（09年3月末）の規模にまで発展した．食糧主権を求める世界の農民運動のなかでは「SANCHOKU」として紹介されている．日本の産直から学んだと言われる，アメリカでのCSA（Community Supported Agriculture 地域支援型農業）も，大きく広がり，産直は国内だけでなく広く世界でも発展の可能性がみられる．
　また，直売所やインショップ，学校給食などの地産地消の運動への発展，さらにはインターネットによる展開など産直の形態も多様な発展をしてきた．
　2007年から2008年に起きた，世界同時不況や食の安全に関わる深刻な事件，世界的な食糧危機の再来とも言える状況は，あらゆる格差を生み出してきた新

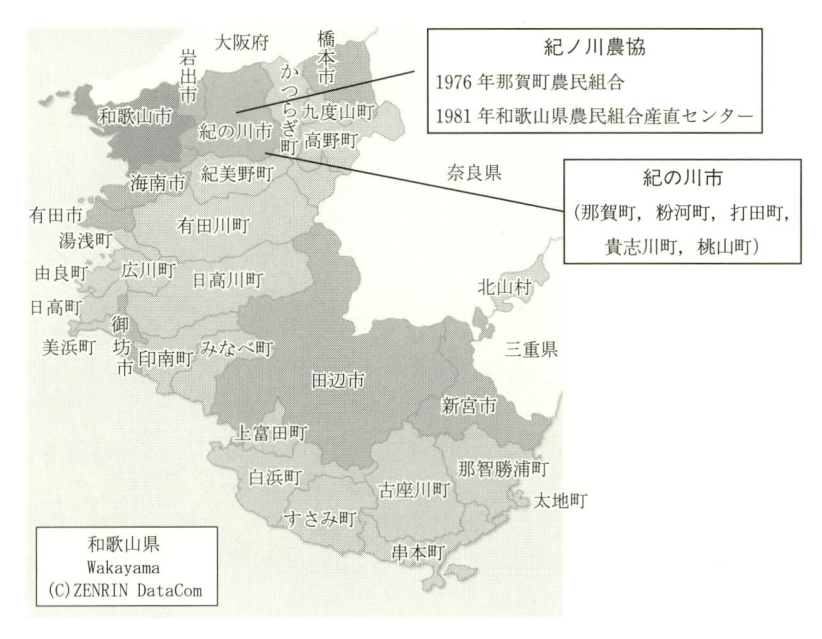

図 6-1 紀ノ川農協の位置

　自由主義的な市場原理の破綻と同時に深刻な食と農の危機を招いている．そんななかで，安全・安心な農産物を求める消費者運動と地域農業を守り発展させたいと願う農民運動から始まった産直運動は，新たな局面を迎えている．32年間の産直を振り返りながら，産直の目的や意味を考え，これからの産直の発展方向についての検討を行う．

2. 農民組合での産直のはじまり〈1976-82年〉

　那賀町農民組合は，農民の要求や願いを実現し，農業経営と生活を守るために結成された．農協の民主化を重点に置きながらミカンの産直を始めた．翌年には，洛南生協（京都生協），いずみ市民生協，かわち市民生協（おおさかパルコープ），日生協東北支所との産直も始まり，ブドウや玉葱，トマトの品目も増えた．1981年に那賀町農民組合と岩出町農民組合，下津町農民組合が産

直事業を統一した和歌山県農民組合産直センターを設立した．その基本方針で，「産直の意義」と「産直の考え方」について次のようにまとめた．

【産直の意義】
①消費者の要求である美味しくて，栄養価の高い，かつ安全な農作物を安定的に，できるだけ安く供給できること．
②生産者の要求である，生産者コストが安く，安定した収入が保障される農業経営ができること．
③この両者の要求を流通機構の民主化や改革で実現するために，産直の果たす役割は大きくなりつつある．

【産直に対する考え方】
①安全で美味しい，新鮮で良質な農産物を適正な価格で，産直に理解のある生協を通じて安定供給を行う．
②農産物の品質，規格，価格は，消費者の要望と生産者の要望の統一を基本とする．
③生産者と消費者の共通の認識と信頼関係を確立する．
④生産者は，消費者が農産物を消費するまで責任をもつ．

ミカン価格の暴落による経営の行き詰まりは，農産物流通が，特定の産地や品目に集中し，農産物の受給調整や価格形成の機能が，著しく大都市中央市場に集中し，生産者や消費者の声が反映されなくなったためで，生産者には，多種多様な規格別の選別や不必要な包装などが強要され，農産物価格の産地安・消費地高を助長し，消費者は，本来の味や栄養価を失い，化学肥料や農薬汚染による健康が心配される農産物を利用することになる．こうした問題を解決していく方向として，産直を位置づけた．

3. 紀ノ川農協の設立と生協産直の飛躍的前進〈1983-93年〉

1980年代に入ると，農産物17品目の関税の引き下げや豚肉調製品の輸入拡大，牛肉やオレンジの輸入枠が拡大され，輸入農産物が急増した．食品添加物の規制緩和など「市場開放アクション・プラン」が公表され，翌年の前川リポートで「国際化にふさわしい農業」が提起され，政府や財界は，日本農業過保

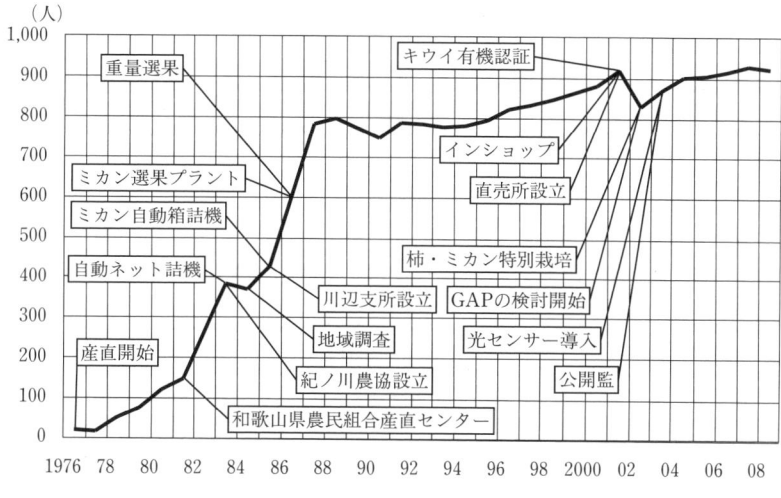

図 6-2　組合員数の推移と組合の取り組み

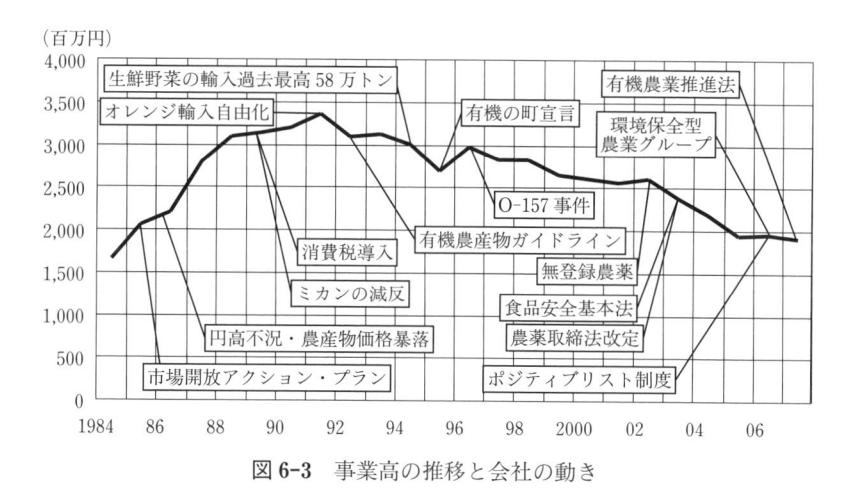

図 6-3　事業高の推移と会社の動き

護論のキャンペーンを行い，米国農産物を紹介するアメリカントレインがスタートした．

　貿易の自由化，金融の自由化は，国内の異常な円高を引き起こし，中小企業の倒産，失業の増加，消費の停滞，農産物価格の暴落，地域経済の不振など「産業空洞化」を引き起こし，国民生活は困難な状態に陥った．

農産物の自由貿易が進められるなか，1983年7月に，組合員377名，事業高10億円を越える規模で販売専門の紀ノ川農協を設立した（図6-1参照）．その2年後には，組合員数429名，事業高20億円，5年後には組合員数796名，事業高は30億円を越えた．1991年に事業高で33億円を越え最高となり，1992年に初めて前年割れとなるまでの設立からの10年間は，飛躍的前進を遂げた時期であった（図6-2, 3参照）．

　この前進は，「和歌山県の各地域に深く根をはり，地域農業の多面的な発展に寄与」するという紀ノ川農協設立の趣旨に基づいて取り組んできたこと，また常に現われてきた「一部の仲間だけで産直をすれば良い」という考えを克服し，積極的な仲間の結集を進めてきたためであった．

　また，仲間の結集を進めることで，地域の総合農協との摩擦が大きくなり，感情的な対立まで引き起こすこともあったが，設立と同時に取り組んだ，「地域調査」から，紀ノ川農協の役割，進むべき方向，取り組むべき課題を明らかにしてきた．このことが，発展の大きな原動力となった．

　1984年に「産直事業規程」をつくり，産直の目的を示した．

　「生産者と消費者の要求に基づいて独自の企画（生産流通）を追求する」「適地適作による農業経営の安定をめざし，消費者に喜ばれる，美味しくて安全で新鮮な農産物を安定的に適正な価格で，生協と産地直結供給を行う」というものであった．

　1987年に発表された日本生協連の「生協の食料品・産直の取り組みと食料問題に関する調査報告書」では，生協組合員の産直に期待するものの第1は「商品の安全性の確保」であった．産直使用農薬基準を定める生協もあった．第2は「生産者との交流，相互理解」で，その4年前の調査の5位から浮上した．また，産直を行う上での問題点では，生産者と消費者双方から量調整に関わる問題が指摘された．消費者側から特に強く出されたのは「価格が高い」ということと「品揃えが少ない」ということであった．生産者側からは物流や配送，出荷調整に手間がかかることが指摘された．この後生協は，商品の品揃えを増やすために，複数の産地配置や農産物流センターの機能を向上させ，取り扱い品目数を拡大させて行くことになる．

　産直の目的や意義を明確にさせながら，1987年までには紀ノ川農協の集荷，

選果,荷作りの基本的な体制はほぼ確立した．提携先の生協は，55生協,約260万世帯となったが，1987年は,産直を始めて以来最も厳しい年となった．ミカンやかんきつ類,玉葱の価格が大暴落し,生協産直も例外ではなかった．生産者延べ約200名が生協の配送車に同乗し,引き売りを行ったり,生協まつりや生協店舗での店頭販売などで産地の実情を訴えたり,相互理解を深め,利用も伸ばした．しかし,産直であっても市場の価格変動の影響からは逃れられない．また,地域農業が沈下するなかでは産直運動だけが発展することはあり得ないという教訓を得た．

産直を軸に農家の経営を守ることを追求しながらも,同時にその限界を明確にし,産直を取り組んでさえいれば,事業も運動も前進するというような「閉鎖ロマン」や「保守化」を打ち破り,農業と食料を守り,地域経済を再建していく国民的な運動の発展のなかでこそ,真に農家の経営とくらしを守れるということがより明らかになった．

1988年には,米をはじめ多くの農産物が「過剰」に直面し,牛肉やオレンジなど8品目の輸入自由化も決定され,柑橘の再編対策,減反が押し進められた．また,スーパーや大手流通資本が直接生産者を組織して産直への参入や生協の市場や全農での量調整機能の模索などにより,産直での競争が激化した．具体的には,企画品目数の増加により,同一商品の複数産地の配置が行われるようになり,輸入農産物による価格低迷に加えて,産地間の価格競争も激しくなった．

1991年,事業高の伸びはピークを迎えた．主要品目のミカン,玉葱,トマトでの供給数量が横ばいから減少の傾向となった．また高齢化に伴い,生産を維持することが困難な生産者も増えてきた．減反やオレンジの輸入自由化でミカンづくりを諦める農家も増加した．1992年,構造的不況に転落するなかで,個人消費が低迷し,スーパーや百貨店の売上は,これまでの統計上最大の減少となった．

「景気後退のあおりを受け,組合員利用額が減少となった……この間比較的順調であった生協事業は克服すべき壁に直面し……今日の生協も長期化する経済不況の影響を被り,かつて経験のない低成長に留まった」(日生協幹部).

生協の伸びが失速するなかで,生協以外の多様な業態を活かした販売の追及,

「一株トマト」の出荷説明会（出荷基準の目あわせ会）

ハウスでのトマトの定植

販売チャンネルの多様化をめざした．1993年，生協の合併やコープ北陸事業連合やコープ九州事業連合など都府県を越えた事業連帯が進んだ．生協はこれまでの高成長ではなく，組合員の拡大を進めながら店舗事業の強化，事業連帯を強めたが，1994年の日生協の売上は，初めての前年割れとなった．この年

の生鮮野菜の輸入量は過去最高の58万トンに達した．日本の農業総産出額は，1984年以降10年間横ばいを保っていたが1994年を最後に急激に縮小した．

4.「一株トマト」25年間の提携

　生協の事業規模が大きくなり，市場流通や大規模産地が参入し，産直比率が低下していった．そんななかでも1984年から始まった「一株トマト」は，25年たった今も大きな取り組みとして継続している．当時急速な事業伸長のなかで，需要と供給のアンバラスをどう解決するかが大きな課題であった．5月の下旬から7月の上旬にかけて，トマト1株から収穫できるおよそ4〜5kgのトマトを事前に予約を受けて，週ごとの配達量目を生産量の状態に合わせ，500g，750g（以前は1kgもあった）で調整して届ける仕組みである．1987年のみなみ市民生協・しろきた市民生協・かわち市民生協（現在おおさかパルコープ），大阪よどがわ市民生協の利用数は5万4千点で，組合員の約40％が利用していた．現在も約8万点の利用となっている．

　「一株トマト」の大きな特徴は，生産者の写真とアンケートを印刷した生産者カードを添えて届け，生協組合員がカードのアンケートにメッセージを記入して生産者に届けるところにある．2008年では，1,881枚のカードが戻ってきた．そのうちメッセージを記入したのは1,213枚であった．アンケートは生産者別，配達週別に，味の評価をまとめると生産者の「通知簿」になる．メッセージには，生協組合員の生活の情景が思い浮かぶような内容，生産者への励ましなどが書かれている．何気ない消費者のメッセージが生産者の大きな励みとなっている．「トマト嫌いの子どもや主人が食べるようになった」「仕事で疲れている主人がトマトを食べて少し元気になったようだ」「昔田舎で丸かじりした懐かしい味がした」「暑いなかでの農作業健康に気をつけてください」「我が家の夏はこの一株トマトから始まります」など，生産者にとってこうした心のこもったメッセージは，「お金ではないもう1つの報酬」である．消極的な動機で就農した若い生産者の心を動かし，励まされたこともあった．

　「一株トマト」が25年間継続してきたのは，子どもに支持されるなど，商品としての品質評価が前提ではあるが，この取り組みは，生協での目標を決め，

その目標に対して生産者側での生産計画を立て，生協での学習会や産地見学など，生産者と生協組合員，生協役職員との活発な意思疎通が行われてきたことによると思われる．

5. 農産物流通における「技術発展」と産直

　紀ノ川農協設立以降10年間の飛躍的前進は，主体的な取り組みの一方で，生協の急激な事業拡大があった．この生協の伸びに追いつくような形で，組合員を増やし，生産量を増やし事業を前進させてきた．

　そして，このような組合員と生産量の急激な拡大を可能にした背景には，農産物流通における技術発展があったからとも言える．

　産直の始まった頃の市場流通では，長い選果ラインで階級選別され，ワックス処理して15kgのダンボールに詰められていた．この長い選果ラインは，味を落とす原因ともなっていた．産直では，混みサイズで10kgコンテナに手詰めし，生産者カードを添えて，そのまま生協組合員まで届けられた．しかし，生協組合員の増加や小売形態の少量規格は，手作業では間に合わなくなった．

　1983年，ミカンの2kgなど少量規格を自動計量し，ネット詰めするドイツの機械を導入した．当時国内にこのような機械はなかったように思われる．この機械の導入で生産者による袋詰めの荷造り作業が減少していった．

　産直を始めた当初から，ミカンの適地適作を方針とし，糖度が低く酸度が高い不適地園のスダチや柚子への転作を進めてきた．糖度10以上で酸度1以下などの基準を設定し，サンプリング検査によるパレット単位の合否判定が行われた．この頃の分析は，搾った果汁を糖度はブリックス計を覗いて，酸度は試薬を一滴ずつ落とし色の変化をみての検査であった．1986年に糖度・酸度の自動分析器を導入し，サンプリング検査のスピードが速くなったばかりでなく，判定が検査員の判断ではなくデジタルで表示されたので，検査の判定が極めて客観的となった．

　コンテナでの流通が次第に10kgや5kgのダンボールでの供給形態に代わり，さらに少量規格が増えた．このためダンボールの製函や計量，封函を自動的に行うミカンの自動箱詰めラインを1986年に導入した．生産者荷造りが共同選

第6章　紀ノ川農協の産直からみた都市・農村　　　　　　　　103

果・荷造りに変わっていった．

　ミカンでは，こうした作業効率を高める取り組みとあわせて，生産者の地域指定が行われた．粉河町（現在紀の川市）の川原班はみなみ市民生協・かわち市民生協・しろきた市民生協・よどがわ市民生協と，中津川班は北陸の生協と，那賀町の横谷班や北涌班は三重県民生協（現在コープみえ）と流通だけでなく交流も地域指定のなかで行われた．双方の組織が大きくなるなかで，顔の見える交流を維持し進めるためであった．

　平核無柿の脱渋施設や重量選果機，玉葱の乾燥を速め品質を向上させるためのキュアリングハウスなども設置した．新脱渋施設は，脱渋の時間を短縮した．重量選果機は，柿などの組合員への階級別支払いを可能にし，生産者間の公平性を高め大玉果実の生産にも結びついた．

　1987年には，かんきつ類の生協荷造用と市場出荷併用型の選果プラントを設置した．生協からの階級別の要望や余剰品の市場出荷を行うためである．安定供給を行うために販売計画以上の生産量の確保が必要であった．このため生産量の拡大は，豊作年には，余剰をたくさん抱える状態となり，市場出荷での調整を行った．

　当然ながら取扱量が増えていくなかで，機械化と同時に施設の拡充も必要となり集荷場や選果作業場の増設も行った．

　事務処理の技術も飛躍的に向上した．コンピュータによる販売管理システムは紀ノ川農協設立の頃から導入した．生産者への出荷連絡も電話連絡からファックスで各班長宅に送るようになった．外出職員への連絡もポケットベルから携帯電話になり，連絡のスピードは飛躍した．コピー機やパソコンの導入，インターネットなどは，情報の処理能力を飛躍させた．

　また，社会全体として，道路などの交通網の整備が進み，物流の時間短縮は，産地と消費地の距離を相対的に近くした．特に農産物流通で大きな影響を与えたのが，1980年代にコンビニエンスストアの普及とともに発達した宅配便であった．宅配の冷蔵・冷凍配送や時間指定，地域限定の即日配送などは，これまでできなかった，朝に収穫したトウモロコシをその日の内に届ける企画や鮮度要求の高い農産物のギフト企画などを実現させた．

　農産物流通における技術の発達は，消費者と生産者の組織を大きくすること

を可能にしたと同時に，生産者と消費者の距離を近づけた．

　紀伊半島の南部，日本有数の清流で知られる古座川の源流にある農事組合法人古座川ゆず平井の里は，2004年に設立され，休校（現在は廃校）となった小学校に加工場も建設された．1976年に古座川ゆず生産組合を結成，1983年に柚子搾汁加工場を建設，1985年から平井婦人部ではじまった柚子の加工品づくりが発展して，法人の設立に至った．柚子生産者の正式な紀ノ川農協への加入は，1991年になるが，それ以前からの取り組みであった．古座川までの距離は，車で約4時間であるが，当時は5時間近く要した．

　柚子の香りを活かしたドリンクやシャーベット，タレなどの商品が評価を得て事業は大きく前進している．加工の設備や技術の向上とともに，情報発信などの技術の向上が事業前進の要になったのではないかと思う．商品の評価が前提ではあるが，商品だけではこれほど伸びなかったのではないか，限界集落と言われる地域で，山の自然の雰囲気，関係者の思いを届けられたからではないだろうか．この地域に16年ぶりに子どもが生まれた．このことは，また消費者に感動を与え，さらに距離を近づける．

　商品や情報の届くスピードは速まり，相対的に距離は近くなったが，そのことは遠くからの農産物を届けることも可能にしたため，絶対的に距離は遠くなったとも言える．さらに複数産地の配置など産地間の競争を激しくもした．しかし，一方では産地間のネットワークの構築も可能にした．

　農産物は本来その品質や形状は不均一なものである．商品化するためには栽培技術の向上や選果，選別による均一化が必要である．この選別の技術が高まったことで，消費者には天候や地域差などによるバラツキ，農産物の本来の姿，自然な姿が少しずつ見えなくなっていった．

　当初の産直は少人数の生産者と消費者との取り組みで，ミカンの出荷基準は「混みサイズ」であり，収穫した状態に近いものであった．交流も農家に分宿をしたり，配送車に生産者が同乗したり，商品と情報だけでなくお互いの暮らしが感じられる距離にあった．

　2003年に導入した光センサーは，非破壊で1つひとつのミカンの糖度と酸度，階級を測定し，一定の基準に揃えることができる．このことは消費者にとって「当りはずれのない美味しいミカン」ということになるが，ミカン畑にあ

るミカン本来の姿ではない．天候や地域，生産者による違いが分からなくなる．
　栽培されているトマトを直接見たことがない消費者，土や草花に触れたことのない子どもたちが増え，さらに産地が見えなくなる．
　生産者と消費者との物理的な距離は近くなったが，農産物に対する認識や感覚のズレ，概念のズレが大きくなっている．精神的な距離は遠くなっている．実際に土に触れた時の感覚，ハウスのなかで暑さや香りを感じながら手にとるトマトは，映像や文字から得た土や生産者の情報で手にとるトマトとは違う．
　高齢化や担い手不足など農村での生産者の危機感は増している．しかしスーパーには，いつも国内外の農産物が溢れている．消費者の不安は大きくなってはいるが，生産者の危機感との温度差は大きくなっている．

6. 食の安全・安心を揺るがす事故・事件と産直

　1995年に食糧管理法が廃止され，輸入農産物に対する規制緩和が進められた．1996年のO-157による集団食中毒問題をかわきりに，2001年の国内初のBSE牛確認，2002年の輸入野菜の残留農薬，国内の無登録農薬，食品偽装事件など，食の安全・安心に関わる事故や事件が多発し，国民の食への不安や不信が極端に高まった（表6-1参照）．こうした事態を受け，消費者の運動を背景に，農薬取締法の改正や食品安全基本法の制定，ポジティブリスト制度など法律の整備が進んだ．また罰則の内容も厳しくされるなど，法による規制が強化された．
　農産物，商品の品質を保証する仕組みづくりが急務となった．これまでのサンプリング検査から全数検査，また生産工程管理へと発展させることになった．さらに，JAS法の改訂を受け，有機農産物認証の取得や特別栽培農産物の第三者認証の取得を推進した．有機栽培や特別栽培の認証は，第三者による認証で，信頼を高めたいという思いと，余剰のある農産物を市場流通での不利な販売から量販店などでの積極的な販売を進めたい思いもあった．
　生協産直では，食の安全・安心に関わる事故や事件を受けて，これまでの産直が見直され，結果として全国で生協と提携する産直組織の数が減少した．
　2001年の中期事業計画で，生協産直の発展方向を模索した．「生協組合員が

表 6-1 食の安全に係わる出来事

1996年	O-157による集団食中毒,イギリスでBSEが人に感染
1997年	牛乳や納豆での不正表示問題
2000年	大手乳業による低脂肪乳食中毒事件,すべての生鮮食品に原産地表示義務化
2001年	国内でBSE感染牛確認,有機農産物の表示規制,遺伝子組換え食品表示義務化
2002年	食品表示偽装事件,無登録農薬問題,農薬取締法改正,アレルギー物質表示義務化
2003年	米国でBSE感染牛確認,米国産牛肉の輸入禁止,食品安全基本法公布,賞味期限表示
2004年	国内で高病原性鳥インフルエンザ発生,農産物の表示偽装問題
2005年	米国産牛肉輸入再開,食育基本法成立
2006年	米国産牛肉再び輸入禁止,ポジティブリスト制度施行,加工食品原料原産地表示義務化
2007年	中国ギョウザ事件
2008年	食品偽装・汚染米事件

注文書で選択するという関係だけでなく,食料自給率を高めるという共通の課題にそって持続可能な農業技術の開発と普及,消費者の食生活や食文化を守りより豊かにする方向での共同での取り組みを発展させる」ことをめざした.

2002年からGAP（Good Agricultural Practice「適正農業規範」）など,品質保証のシステムづくりの検討を始めた.この時,大切にしたことは,「食の安全」で競争するのではなく,地域の生産者やグループ,また総合農協と共同して地域農産物全体の安全・安心を実現するということであった.

2001年にキウイの有機認証,2002年に柿やミカンでの特別栽培農産物の認証を取得した.2003年には光センサーを導入し,糖度と酸度の全数検査を開始した.またこの年に,東都生協の「公開監査」を実施した.

この頃,科学的な品質保証の仕組みづくりとともに,「共感と満足の得られるモノづくり」を提起した.農産物の安全・安心だけでなく,地域全体での農業再生や担い手の育成,グリーンツーリズムなど,その商品の背景にある生産者のモノづくり,地域づくりへの共感の得られる取り組みをめざした.

有機栽培や特別栽培の取り組みは,単に化学農薬や化学肥料を使用しないとか,少なくするというだけでなく,持続的発展可能な地域社会づくりに貢献することでもある.激しい競争社会のなかで,競争原理を乗り越え,協同や連帯,共生の関係へ発展させること,都市と農村の関係の豊かさを発展させることを

タマネギの収穫

めざした．

7．「地域調査」と「有機農業の町づくり」〈1984-2007年〉

　日本の農村のいたるところで農地の荒廃を招いたバブル経済の崩壊の後，1994年から1996年にかけて，日本の経済は全体として回復傾向にあったが，「規制緩和」と「小さな政府づくり」の「構造改革」が進められた．特に，1997年の消費税増税など国民への9兆円もの負担は，消費を完全に冷やしてしまった．価格破壊や労働破壊，小売業の熾烈な生存競争が展開された．この年以降，毎年3万人を越える人が自ら命を絶つことになった．1998年は戦後最悪の不況となり，完全失業率は4.8％まで増加した．1999年は企業倒産件数が3年連続で1万6千件を超えた．生鮮野菜の輸入は前年の120％に増加し，米価やミカンの価格も暴落した．2000年には農産物の開発輸入が激増し，暫定セーフガードも発令された．

　1994年に，紀の里農協，紀ノ川農協，農業委員会，全国農民連，那賀町の関係者が集まり，有機農業の講演会が開催された．前年には，「有機農業の町那賀町をすすめる会」が結成され，地域全体での農業再生の取り組みの始まりであった．1995年には「有機農業の町づくり宣言」が那賀町で行われた．わ

かやま市民生協と有機栽培による農作業体験を行う「玉葱の交流園」も始めた．生産者だけで有機栽培を進めるのではなく，消費者も栽培作業にできるだけ参加し，「有機栽培の玉葱」の概念を共有化できないかと考えた取り組みであった．この取り組みは，現在も新しい取り組みのなかで引き継がれている．

　紀ノ川農協設立の頃は，事業は前進していたが，世の中はグローバル化や市場競争原理が吹き荒れ，事業と運動の発展方向の見通しを立てることは大変なことであった．当時，高知短期大学の鈴木文熹先生にご協力をいただいて，1984年から10年間にわたり「地域調査」を行った．

　この地域調査は，まず町役場などでの聞き取りや町勢要覧や農業センサスなどで基礎的なデータをまとめ，調査本番では，対象集落のなかから農家を選び，鉛筆とノートだけをもって出かけ，その集落がどういう状態にあるかを聞き取る「状態調査」と，状態調査で出てきた農家を訪問し，農業経営の状態や経営のあゆみ，願いや要求を聞き取る「要求調査」の2つでの調査である．

　第1回那賀町地域調査での調査初日の夜の報告会では，地域で一番がんばっているのは，私たち紀ノ川農協だという思いから，まともな報告ができなかった．鈴木先生から厳しく指摘を受け，反省会となった．地域でがんばっている農家の取り組みやその思いを，感動をもって受け止められるかどうか．そこから，本来，紀ノ川農協が地域のなかで，何を取り組むべきなのか，どう進んで行くべきなのか，紀ノ川農協の存在理由は何かを明らかにすること，これが「地域調査」であった．そして，この地域調査で得た最大の教訓は，「地域農業の発展のなかでしか紀ノ川農協の発展もない」ということだった．

　10年を経て，農業という産業の持つ基本的性格でもあるが，地域全体の連帯や共同，共生がなければ，農業が成り立たない．紀ノ川農協を大きくすることが目的ではなく，地域農業をどう発展させるかが一番大事なのだという点に，

改めて立ち返った．

　那賀町に続いて，かつらぎ町や粉河町でも有機農業実践グループが結成され，直売所やインショップ，学校給食の取り組みを大きく前進させた．

　2001年には，ファーマーズ・マーケット紀ノ川「ふうの丘」を設立した．翌年には地元のスーパーマーケットの一角でのインショップも始めた．また，直売所の開設とあわせて，新規就農者の育成やグリーンツーリズムの模索をはじめた．農産物を生産して販売するだけでなく，消費者に産地へ足を運んでいただける仕組みをつくる．そのなかで，新規就農者を育成していくことができないだろうかという模索であった．

　2006年に紀の川市の合併により，那賀町と粉河町の有機農業実践グループ，そして長年生協との産直を展開してきたミカンの生産者グループ，紀の里農協のチンゲン菜部会など120名で，紀の川市環境保全型農業グループが設立された．紀の里農協と紀ノ川農協は賛助団体として参加した．

　生産者や行政も加わり，地産地消の運動や食育推進の取り組みも活発に行われるなか，学校給食やインショップ，直売所での販売や交流など，大きく前進をした．

　2007年の有機農業推進法の成立を受けて2008年に，那賀地方有機農業推進協議会が設立された．和歌山県有機農業生産者懇話会が中心となり，紀の川市環境保全型農業グループ，紀の里農協，紀ノ川農協，和歌山有機認証協会，和歌山県，紀の川市，岩出市の8団体で構成し，地域に有機農業に取り組む生産者を広めること，有機農業に対する理解を広めること，有機農業だけでなく持続性の高い環境保全型農業を普及することを目標とした．「紀の川有機の里づくりプロジェクト」がスターとした．

　有機農業は，特別な生産者の取り組みのように捉えられ，事実長年有機農業を実践してきた生産者は孤立してきた．しかし，「有機農業に関する基礎基準

2000（日本有機農業研究会）」によると，有機農業の目的は，安全で質のよい食べ物の生産，環境を守る，自然との共生，地域自給と循環，地力の維持培養，生物の多様性を守る，健全な飼養環境の保障，人権と公正な労働の保障，生産者と消費者の提携，農の価値を広め，生命尊重の社会を築くなど特別なものではなく，本来の農業の姿を実現する方向である．

　今，私たちの事業と運動は，日本の農業が抱えている本質的な問題と真正面から取り組むこととなった．歪められた農業生産と流通，消費を本来の姿にして行くことと，そのことを通して担い手を育成して行くことである．有機農業を推進する意味はこのところにある．

8. 新たな産直運動・事業の展望

　2007年から2008年にかけての社会経済環境の変化は，これまでとは質的に異なる転換点として捉えることが必要である．輸入に頼る日本が，お金を出しても食糧が買えない，食糧危機の時代に突入したこと．小売業の生存競争が極限に達していること．つまり，商品の価格破壊が労働破壊を引き起こし，本来は「お客様」となるべき人々を低賃金労働者に転落させ，さらに低価格競争を行うという悪循環に陥った．多くの農産物価格は，限界をすでに超えている．さらに，地球温暖化防止が急務となった．頻繁にあらわれるゲリラ豪雨など，気候変動が激しくなってきた．そのことが，農業生産に大きな影響を与えつつある．

　こうした社会経済環境の変化と，消費者の世代交代，生産者の担い手不足と高齢化，農村集落の農業生産機能の低下などは，新しい産直の展開を必要としている．

　私たちの社会は「持続可能な発展」を実現できるかどうかの岐路に立たされている．農業の分野においては，「持続可能な農業」への発展や人と人，人と地域（社会および自然環境）とのつながり，「人と自然の関係の豊かさ」を強める，取り戻すことが求められている．

　農産物や食べ物が低価格や利便性だけの単純な商品ではなく，農村の生態系のなかで多様な生き物とともに生まれてくるものであり，また農村社会のなか

での共同の営みのなかから生まれてくるものである．そしていつまでも繰り返されるものである．

いま，この地域で，水の恩恵を受けているため池や用水路には，1700年前後に建造されたものがある．300年後を想像できたかどうかは分からないが，これらのため池や用水路が何代にもわたって使い続けられることを思い浮かべたのではないだろうか．

これからの産直の発展方向は，食料自給率を向上させること，生物の多様性があり循環のある持続可能な農業を発展させること，都市と農村を近づけより快適で住やすい農のある地域社会をつくること，農村と都市の有機的な繋がりを築くことにあると考えられる．

2008年の秋，生協組合との産地交流で，ため池や水路など農産物が生み出される地域そのものを見る交流を行った．普段は商品の良さなどを伝えることがほとんどであるが，農産物は生き物であり，また多くの生き物と共に育つものである．そして地域住民の共同の営みから生み出されるものである．産直を発展させていくためには，農産物が生み出される背景への理解が必要だと考えたからである．

参加された，おおさかパルコープの組合員川端けいこさんの感想文を紹介し締めくくりとする．

『印象に残った言葉が二つあります．まず一つ目は「玉ねぎ一つひとつもかけがえのない命です」とおっしゃったことです．最近のブームにのってか食育という言葉を私も分かったように使っていましたが，実は私自身スーパーに並ぶ玉ねぎが二つと同じもののない貴重な命なのだという実感を正直持っていませんでした．子どもたちの日常のすぐ隣り合わせにある世界〈キャラクターが死んでしまってもすぐにリセットして生き返らせてしまえるようなゲームの世界〉と玉ねぎ一つに命を感じ，食べる時には「いただきます」と手をあわせる心とは対極にあるように思います．今一度子どもたちと食べ物の命について話をしてみようと思います．二つ目は生産者の方が「美味しかったは私にとって報酬です」とおっしゃったことです．金銭的な対価以外に"報酬"という言葉を使うとは思いもつきませんでしたが，この言葉がそれほどに重く大切なものなのかと驚くと同時に，私の何気ない一言でも生産者の方を励ますことができ

るのかと嬉しくも思いました．作って下さる方と食べる側とのつながりが，いかに意味のあることなのかを改めて実感する言葉だったと思います．
　今回の訪問，交流を通じて，私は（申し訳ないのですが）農家の方々の悩みを知るというよりむしろ私自身が忘れていた人としての基本的な考え方をたくさん教えていただくばかりでした．でもたくさんの消費者が同じようなことを学び考え方を共有することで，それがもしかしたら生産者の方々の問題を解決する力になるかもしれないと思うので，小さなことですが周りの人達と話し合っていきたいと思いました．』

第7章　市民農園の展開と都市・農村交流

内藤重之

1. はじめに

　農業・農地は多面的な機能を有している．とりわけ都市的地域では新鮮な食料の供給はもとより，貴重な緑地空間やレクリエーション，食育や情操教育の場の提供など，都市住民が心身ともに健康で豊かな生活を送るためには欠かすことのできない様々な機能をもっている．また，中山間地域では農業が主要産業の1つとして重要な役割を果たしているだけでなく，景観や国土の保全などにも大いに役立っている．ところが，安価な輸入農産物の増大とそれに伴う農産物価格の低迷等によって農業の収益性が低下し，担い手不足が深刻化している．その結果，遊休農地や耕作放棄地が増加するなど，農業・農地がその多面的機能を存分に発揮しているとは言い難い状況が生じている．
　一方，都市住民サイドでは価値観やライフスタイルの多様化，食の安全・安心を揺るがす事件の頻発等に伴い，「食」と「農」への関心や潤いとやすらぎのある生活，土や生き物との触れ合いに対するニーズが高まっている．
　このような状況の下で，都市住民のニーズに応えるとともに，都市的地域では農地の有効利用や都市住民の農業理解の促進等を，また中山間地域では遊休農地の解消や都市農村交流による地域活性化等をそれぞれ目的として，市民農園を開設するところが増えており，その形態も多様化している．
　そこで，市民農園をめぐる状況と問題点を把握するとともに，農業者と都市住民との活発な交流が期待される農業体験農園および滞在型市民農園の実態を明らかにし，その意義について考察する．

2. 市民農園の現状と動向

(1) 市民農園の形成過程と法制度

市民農園とは農業従事者以外の一般市民が有償または無償で農地の一定区画を借り受けたり，入園したりして趣味的に利用する農園のことである．

わが国では大正末期から京都，大阪，東京などに市民農園が開設されたが，第2次世界大戦とその後の混乱の下で消滅し，1952年の農地法制定によって農地の市民的利用も困難となった[1]．

しかし，高度経済成長期における急激な都市化の進展に伴って土や生き物と触れ合いたいという都市住民の要望が強まり，都市計画法（1968年制定）によって市街化区域内に取り残された農地等において再び市民農園が開設され始めた．これらの農園では農地法上の取扱いが問題となったため，農林省は1975年に構造改善局長通達「いわゆるレクリエーション農園の取り扱いについて」を出し，市街化区域内において農地所有者である農業者が農園に係る農業経営を行い，都市住民が農作業の一部を行う「入園契約方式」の農園を認めた．

その後，入園契約方式の市民農園が増加したが，それに伴ってより安定した賃貸方式での農地利用に対するニーズが高まった．そのため，1989年に特定農地貸付に関する農地法等の特例に関する法律（以下，「特定農地貸付法」とする）が制定され，地方公共団体および農協が小面積の農地を相当数の者を対象に短期間，定型的な条件で貸し付ける場合に限り，農地を市民農園として貸し付けることができることとなった．さらに，1990年には市民農園整備促進法が制定され，市民農園に法的根拠が与えられるとともに，農機具収納施設や休憩施設等を併せもつ市民農園の整備の促進が図られた．

1998年には農政改革大綱が公表され，「都市住民等のニーズに応えるとともに，農地の多面的利用を促進する観点から，市民農園，日本型クラインガルテン（滞在施設等と一体的に整備された小規模農地）の広範な整備・普及等を図る」ことが謳われた．これを基に1999年に制定された食料・農業・農村基本法においても「国は，国民の農業及び農村に対する理解と関心を深めるととも

に，健康的でゆとりのある生活に資するため，都市と農村との間の交流の促進，市民農園の整備の推進その他必要な施策を講ずるものとする」(第36条)ことが明記された．

2003年には構造改革特別区域法が施行され，農地の遊休化が深刻な問題となっている地域においては地方公共団体および農協以外の者であっても市民農園の開設を可能とする特定農地貸付法等の特例措置が講じられた．その後，市民農園の開設の要件を緩和するなど農地の利用機会の拡大を図ることを謳った新たな食料・農業・農村基本計画が2005年3月に閣議決定され，構造改革特区の全国展開が図られることになり，2005年9月には特定農地貸付法が改正された．これによって，全国的に農業者，NPO，企業等の多様な者が市民農園を開設できるようになったのである．

さらに，2006年には農林水産省農村振興局長通達「市民農園の整備の推進に関する留意事項について」が出され，市民農園において趣味的な目的によって栽培された農作物については直売所等での販売が可能であるとの見解が示された．これによって，直売所等での農産物の販売を通じて市民農園の利用者と農業者や消費者との交流が促進されるものと期待される[2]．

(2) 市民農園の形態と設置状況

市民農園は開設形態により，利用者に農地を貸し付ける「貸付方式」と農園を利用して農作業を行う「農園利用方式(入園利用方式，体験農園方式)」に分類される．また，利用形態によって区分すると，利用者が自宅から日帰りで通園して利用する「日帰り型市民農園」と，農村に滞在しながら農園を利用する「滞在型市民農園」に大別される．さらに，市民農園整備促進法および特定農地貸付法に基づく市民農園とこれらの法律に基づかない市民農園がある．

法律に基づかない市民農園(その多くは農園利用方式)の設置数は統計的に把握されていないが，法律に基づく市民農園の設置数は2000年代前半まで著しく増加し，近年になって増加率は鈍化しているものの，2009年3月末現在，全国で3,382カ所になっている．開設主体別にみると，地方公共団体の開設が約67%と全体の3分の2を占めており，農協と農業者がそれぞれ約14%となっているが，近年では農業者の開設する市民農園の増加が顕著である(表7-

表7-1 法律に基づく市民農園の開設数の推移

	1994年	1999年	2004年	2007年	2008年	2009年
地方公共団体	807	1,607	2,258	2,342	2,287	2,276(67.3)
農業協同組合	217	423	481	494	489	482(14.3)
農業者	15	89	149	283	357	480(14.2)
構造改革特区	—	—	16	111	109	86(2.5)
その他(NPO等)	—	—	—	16	31	58(1.7)
計	1,039	2,119	2,904	3,246	3,273	3,382(100.0)
市民農園整備促進法	76	234	360	408	419	444(13.1)
特定農地貸付法	963	1,885	2,544	2,838	2,854	2,938(86.9)

資料:農林水産省調べにより作成.
注:1) 各年とも3月末の数値を示す.
　　2) 2009年の( )内は構成比.

表7-2 法律に基づく市民農園の地域別開設状況

		農園数(カ所)	区画数(区画)	面積(ha)
地帯区分	都市的地域	2,643(78.1)	132,192(79.9)	719(61.8)
	平地農業地域	188(5.6)	10,934(6.6)	130(11.2)
	中間農業地域	388(11.5)	15,919(9.6)	208(17.9)
	山間農業地域	163(4.8)	6,434(3.9)	107(9.2)
地域ブロック	北海道	79(2.3)	7,806(4.7)	115(9.9)
	東北	120(3.5)	6,195(3.7)	81(7.0)
	関東	1,808(53.5)	87,277(52.7)	487(41.8)
	北陸	121(3.6)	6,246(3.8)	72(6.2)
	東海	402(11.9)	17,029(10.3)	118(10.1)
	近畿	314(9.3)	16,409(9.9)	103(8.8)
	中国・四国	337(10.0)	11,290(6.8)	92(7.9)
	九州・沖縄	201(5.9)	13,227(8.0)	96(8.2)
全国		3,382(100.0)	165,479(100.0)	1,164(100.0)

資料:農林水産省調べにより作成.
注:1) 2009年3月末現在.
　　2) ( )内は構成比.

1).また,地帯区分別では都市的地域に78.1%,地域ブロック別では関東に53.5%が集中している(表7-2).

このように,地方公共団体等によって都市的地域に開設されている貸付方式の日帰り型市民農園が多数を占めているが,そこでは利用者と農業者との交流がない場合が多く,必ずしも利用者の農業理解に結びついているとは言い難い

状況がみられる．しかも，農作業に関する利用者の知識や技術が乏しいために栽培を途中で投げ出したり，各自が自由に栽培を行うために農園全体が雑然となるなど，都市の貴重な緑地空間であるはずの農園が逆に都市の景観を損ねる迷惑施設になっている場合さえみられる．また，適正に管理運営されていても貸付方式の市民農園の場合，相続発生時に相続税納税猶予制度の適用を受けることができないといった問題もある．

一方，農村地域において開設されている市民農園についてみると，宿泊施設の付設されていない農園では利用者の滞在時間が短く，都市農村交流が十分に行われていない場合が多い．

このような状況の下で，都市農村交流の拠点として期待されるのが都市的地域において農業者が開設する農園利用方式の市民農園，なかでも農業版カルチャースクールともいうべき農業体験農園と農村地域にある滞在型市民農園である．

3. 農業体験農園における都市農村交流

(1) 農業体験農園の概要と開設動向

農業体験農園とは園主である農業者が作付計画を作成するとともに，農具や種苗，肥料，農薬，資材等を用意し，定期的に講習会を開催して利用者に栽培方法等を指導する一方，利用者は利用料金（入園料金・収穫物代金）を前払いして播種・植え付けから収穫までの農作業を体験する農園である．農業体験農園では農地を耕作する主体が園主であるため，概ね相続税納税猶予制度の対象となる．また，利用者は農業者から懇切丁寧な指導を受けることができるため，栽培技術を習得することができ，高水準の収穫が可能である[3]．これは東京都練馬区で農業を営む加藤義松氏が生産緑地法の改正（1991年制定，92年施行）を機に，友人の白石好孝氏や練馬区の職員らとともに検討し，横浜市の収穫栽培体験ファーム[4]を参考にするなどして1996年に実現したものであり，「練馬方式」の体験農園ともいわれる．練馬区では1農園20a以上，1区画30m^2，年間利用料金3万1千円[5]（入園料17,850円，収穫物代金13,150円，ただし区民以外の場合は4万3千円）を基準として設定し，1996年度から毎年1農

表 7-3 練馬区における農業体験農園の概況(2005 年度)

	農業体験農園	備考	
		区民農園	市民農園
農園数	10 農園	24 農園	8 農園
総区画数	1,117 区画	2,258 区画	384 区画
総面積	39,807 m²	54,660 m²	25,882 m²
1 区画面積	30 m²	概ね 15 m²	30 m²(標準区画)
利用料金	区民:31,000 円 その他:43,000 円 (入園料・収穫物代金) (10 カ月分)	9,200 円 (1 年 11 カ月分)	36,800 円 (1 年 11 カ月分)
担当職員数	1 名	3 名	
2005 年度 当初予算	13,908 千円 (管理運営費補助金)	19,557 千円 (管理運営費)	18,038 千円 (管理運営費)

資料:練馬区都市農業係提供資料により作成.
注:「区民農園」とは練馬区が所有者から無償で提供を受けた農地を整備して区民に有料で貸し出している農園であり,「市民農園」は市民農園整備促進法に基づいて練馬区が所有者から有償で提供を受けた生産緑地を整備して区民に有料で貸し出している農園である.

園ずつ開園している.開設時の施設整備費として当初は 2/3(東京都 1/2,練馬区 1/6,上限 540 万円)を補助していたが,2003 年度からは国の補助が開始され,現在では補助率が 3/4(国 1/2,東京都 1/4,上限 600 万円)となっている.また,管理運営費についても練馬区が区民の利用に限って 1 区画当たり 1 万 2 千円を補助している.さらに,練馬区では広報等での PR や利用者の募集案内等の支援をしているが,利用者との契約や農園の維持管理を園主である農業者が各自で実施するため,一般に地方公共団体が開設している貸付方式の市民農園と比べて行政の管理運営面や財政面の負担は小さい(表 7-3).

このような練馬区における成功により,農業体験農園は調布市や昭島市等にも普及し,2002 年には東京都農業体験農園園主会が設立されている.同会は都市農業確立運動に積極的に取り組んできた東京都農業会議を事務局として,農業体験農園開設者の相互研鑽を行うとともに,これから開設しようとする農業経営者に対する協力や研修の受け入れ,市町村,農協等との連絡調整および地域間交流を行っている[6].

また,農林水産省も 2007 年度から広域連携共生・対流等推進交付金の広域

連携支援事業「農業体験農園を通じた団塊世代の農的暮らし等の促進」(実施主体:全国農業会議所)において農業体験農園の全国展開を図っている.

これらの取り組みにより,2009年3月末現在,東京都農業体験農園園主会の会員による農業体験農園の開園数は7都府県の70農園(東京都:57農園,埼玉県:4農園,千葉県,茨城県:各2農園,福岡県:3農園,京都府,滋賀県:各1農園)にまで拡大している[7].

農業体験農園の運営方法も園主の考え方や立地条件等によって,①利用者が予め割り当てられた30m²程度の特定区画において農作業を体験し,区画内の作物を収穫する「体験区画型」だけでなく,②農地を区切らず,利用者が共同で農作業を行い,収穫の段階で個別に収穫する範囲を決める「共同作業・個別収穫型」,③②と同様に共同作業を行い,収穫物も利用者で均等に分配する「共同作業・共同収穫型」がみられるようになっている[8].

(2) 農業体験農園の経営事例と利用者の概要

表7-4は2005年10月および2006年3月にヒアリング調査を実施した東京都内の農業体験農園3事例について,その概要を示したものである.

「緑と農の体験塾」は農業体験農園の発案者である加藤義松氏が生産緑地において魅力のある農業経営を実現するために,1996年に開園した体験区画型の農業体験農園である.初年度には圃場整備や休憩・水道施設,農具庫の整備等に約800万円(自己負担額は約260万円)を費やして78区画を開設し,2年目には109区画,3年目には129区画へと増設,現在では135区画にまで拡大している.

また,「大泉風のがっこう」は白石好孝氏が1997年に開設した同じく体験区画型の農業体験農園である.開設時には施設や農具等の整備に500~600万円を費やして81区画を設置し,現在では125区画に増設している.

両農園とも年間の利用期間は3月から翌年1月までであり,春作と秋作に分けてそれぞれ17~18品目の野菜を栽培している.この間に16~18回,同じ内容の講習会を金・土・日曜日の午前と午後に計5~6回開催しており,利用者はそのうちの1回を受講し,一連の農作業を体験する.なお,農園は利用者に常時開放されており,入園はいつでも可能である.

表 7-4 農業体験農園の経営事例

		緑と農の体験塾 (練馬区)	大泉風の学校 (練馬区)	滝山農業塾 (東久留米市)
農業体験農園	方式	体験区画型	体験区画型	共同作業・共同収穫型
	開始年	1996年	1997年	2004年
	面積	55a	50a	10a
	利用者数	135名	125名	35名
	利用期間	3月上~1月末	3月下~1月末	3月上~1月末
	利用料金 (うち収穫物代金)	区民：3.1万円 その他：4.3万円 (13,150円)	区民：3.1万円 その他：4.3万円 (13,150円)	3.2万円 (1.2万円)
	講習日	金・土・日曜日	金・土・日曜日	水・土曜日
経営全般	労働力 経営面積	経営主(51)，母 115a	経営主(51)，妻，父，母 140a	経営主(57) 40a
複合部門	栽培品目 販売方法	野菜，柿 体験，直売	野菜 直売，学校給食	野菜 直売，学校給食

資料：ヒアリング調査（2005年10月および2006年3月に実施）により作成．
注：「労働力」の（ ）内は経営主の調査時の年齢を示す．

1997年に練馬区がこの2つの農業体験農園の利用者を対象として実施したアンケート調査によると，利用者は60代を中心として幅広い年齢層に分布しており，職業も公務員を含めるとサラリーマンが4割以上に及ぶが，定年退職者や主婦もそれぞれ2割前後を占めるなど，多様な都市住民が利用している[9]．練馬区では利用契約を1年間，最長5年まで更新可能としているが，両農園とも更新率が非常に高く，5年間利用した後に再度申込を行う利用者もみられる．また，利用者の中から農村への移住者や新規就農者も生まれている．

「滝山農業塾」は東久留米市の農業委員であり，野菜作経営を営む榎本喜代治氏が都市農業を守るために，地域住民に正しい農業の知識や技術を伝えたいと考え，2004年に開設した農業体験農園である．ここは園主の作付計画と指導の下で，10aのまとまった農地において30代から70代の約35名の利用者が水曜日と土曜日に共同で農作業を体験し，収穫物も利用者で分配する共同作業・共同収穫型の体験農園である．小区画に区切られた体験区画型と異なり，本来の農業に近い形で農作業を体験できることが特徴であり，利用者の中からすでに新規就農者も生まれている．

農業体験農園（大泉風のがっこう）の作付け風景

(3) 農業体験農園における交流活動

農業体験農園では普段の講習会や農作業とは別に，園主をはじめとする農業者と都市住民である利用者，あるいは利用者相互の親睦を図ったり，利用者の農業理解を深めるために，交流会や収穫祭等のイベントを開催しているところが多い．例えば，緑と農の体験塾では親睦会の例会を毎月開催しているほか，①参加者が料理一品を持ち寄って交流する食事会，②利用者の栽培した野菜の品評会のほか，模擬店等もある収穫祭，③園主所有の柿園において柿の剪定から収穫までを体験する柿講座，④茨城県茨城町の木村農園と連携して田植え・収穫体験を行う米講座，⑤近所のレストラン等で季節の野菜を使った料理の調理法と食事を行う料理教室，⑥小麦の収穫体験から行う本格的な手打ちうどん作り，⑦利用者の実家のぶどう園（長野県）で収穫を体験する温泉旅行を兼ねたぶどう狩りツアー，⑧元商社マンである利用者の企画運営による海外農業視察ツアー，⑨米講座でとれた稲わらを使用し，利用者が講師を務めるしめ縄・わらじ作り等のイベントを毎年実施している（他の農園との合同企画を含む）．

また，大泉風のがっこうでも同様に，親睦会の例会や交流会，収穫祭，料理教室等を開催しているほか，ビニールハウスでのコンサートや山梨県増穂町との連携による棚田の田植え・稲刈りツアー（棚田オーナー制度）を実施している[10]．さらに，白石氏は長女の入学を契機として，1991年から小学校の農作

業体験を受け入れたり，学校給食へ野菜を供給したりしてきたが，2003年に練馬区内の農業体験農園の園主らとともに，NPO法人畑の教室を設立し，運営している．その主な目的は農業のもつ多面的機能を活かした社会活動を展開することであり，農業体験学習の受け入れや学校給食への野菜の供給，食育への講師派遣等の活動を行っている．

このように，練馬区では農業体験農園の園主が主体となって学校と農業者との交流活動が展開されているが，滝山農業塾の活動として注目されるのが利用者と地元小学校との交流活動である．滝山農業塾の園主である榎本氏は以前から東久留米市立第九小学校の給食用に野菜を納入したり，大根の収穫体験の機会を提供したりしていたが，それ以上の食農教育の支援は困難であった．そこで，農業の知識と技術を身につけた利用者の有志に同校の食農教育の支援を任せることにしたのである．まず，園主と利用者の有志で校内の花壇を本格的な畑に改造することからはじめ，利用者有志が校内の畑と園主の所有農地において児童に野菜の栽培方法を指導するとともに，それらの管理を手伝っている．収穫された野菜は児童が持ち帰るほか，一部は給食用としても使用されている[11]．また，大根の収穫期には児童が栽培した大根を保護者とともに調理し，利用者有志も一緒に食べる活動を行っている．さらに，2005年度から利用者有志の支援を受けながら，同校の2年生が生活科の授業の一環としてトマトを栽培しているが，この取り組みがカゴメ㈱主催の「食の冒険グランプリ」[12]において2005年度と2006年度にグループ部門の優秀賞を受賞するとともに，2006年度には2年生の担任教諭3名が新設された教員部門のグランプリを受賞している[13]．これは滝山農業塾の利用者と教員等が一体となって食農教育に取り組んだ成果であるといえよう．

このような各農園の取り組みのほかにも，東京都農業体験農園園主会が主体となって長野県のりんご園に援農に行くバスツアーを実施するなど，近県の農業者との結びつきを強める活動を行っている[14]．

(4) 農業体験農園の意義と課題

以上の取り組み事例から農業体験農園の経営とそこでの交流活動について，その意義と役割をまとめると次のとおりである．

第1に，農業理解の促進である．利用者は講習会や一連の農作業体験によって栽培技術や農業・農産物に関する知識を習得することができるだけでなく，農業の素晴らしさや難しさを体得することができる．また，園主等との交流によって都市農業や農家の生活，地域の食文化などに関する理解が深まる．さらに，利用者を対象とした米講座や棚田ツアー，援農ツアー等にみられる交流活動によって農村の実態を理解することができる．そのうえ，農業体験農園の経験を生かして園主や利用者と学校等との交流が深まっており，子どもたちの食育や保護者の農業理解にも結びついている．

第2に，新たなコミュニティの形成である．共通の関心を持つ利用者が集まる農業体験農園では園主と利用者あるいは利用者同士の結びつきが強まり，コミュニティが形成される．とりわけ都市住民の多くを占めるサラリーマンは居住地域との関わりが希薄である場合が多いが，農業体験農園への参加が地域に根ざした生活を実現する契機となっている点は注目される．

第3に，農業経営の安定と営農意欲の向上である．農業体験農園の経営により，所得が安定するだけでなく，労働の平準化や省力化が可能となる．しかも，それによって生じた労働時間を他の農業経営部門に振り向けて集約化や多角化を図ったり，利用者への直売や利用者の口コミによって直売部門の売上げが伸びたりするなど，農業所得の向上に結びついている．また，都市住民との交流によって園主はやりがいや営農意欲が高まる．さらに，園主会の活動等を通じて園主同士あるいは関係機関との交流・連携が深まったり，都市農家の広域的なネットワークが形成されたりするなどの効果もみられる．

第4に，農業担い手の確保と育成である．農業体験農園による魅力的な農業経営の実現によって農家の跡継ぎが農業経営を継承する可能性が高まる．また，利用者が都市に居ながらにして農業技術を習得することができ，定年帰農者や新規就農者の育成にも役立っている．

第5に，都市の貴重な緑地空間の適正な保全である．農業体験農園では園主の作付計画にしたがって農作物が作付けされ，農園が整然と管理されている．また，相続税納税猶予制度が適用されるため，農地として継続的に利用される可能性が高い．

このように，農業体験農園は多くの意義を有しており，より多くの都市に開

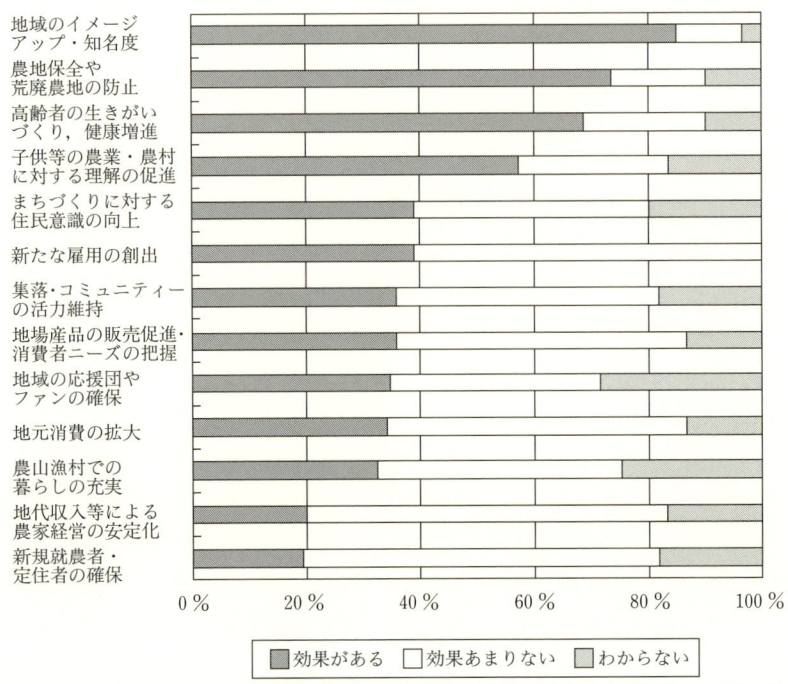

図 7-1 滞在型市民農園の開設に伴う効果に対する開設者の意識

資料：都市農山漁村交流活性化機構『やすらぎの提供方策等に関する調査検討』2003年3月により作成．
注：調査対象は農園内およびその周辺に宿泊施設を有する全国の市民農園開設・運営主体であり，調査票配布数78，回答数64，回答率82％である．

園されることが望まれる．前述のとおり東京都農業体験農園園主会の取り組み等もあって最近では首都圏だけでなく，福岡県や京都府，滋賀県でも開園されるようになっているが，立地条件や気候・圃場条件等の違いを考慮しながら，全国の都市にいかに普及・拡大していくかが今後の課題であるといえよう．

4. 滞在型市民農園における都市農村交流

(1) 滞在型市民農園の概要と開設状況

滞在型市民農園は休憩や宿泊が可能な施設を付設した市民農園である．（財）

第7章　市民農園の展開と都市・農村交流

　都市農山漁村交流活性化機構が2002年8月に全国の滞在型市民農園（農園内だけでなく，周辺に滞在施設を有するものも含む）を対象に実施したアンケート調査によると，93.5％が中山間地域に立地しており，市町村による開設が85.9％を占めている．総事業費の平均は約2億6千万円であり，市民農園整備促進法を適用した整備が67.9％に及ぶ．農園の形態別に利用・契約率をみると，小屋付き農園では平均93.0％と高いが，なかには0％の農園もみられる．一方，小屋なし農園では平均でも60.4％にとどまっている．なお，小屋付き区画の年間利用料金は平均30万1千円，最高は89万円である[15]．

　図7-1は滞在型市民農園の開設に伴う効果に対して開設者がどのように感じているかをみたものである．これによると，「地域のイメージアップ・知名度（の向上）」や「農業・農村の理解促進」，「農地保全・荒廃農地の防止」などの効果を多くの開設者が認めているものの，「高齢者の生きがいづくり・健康増進」を除くと地域活性化に関する各項目については「効果があまりない」との回答が多い[16]．

　このように，滞在型市民農園は遊休農地の解消等には寄与しているが，地域活性化に対する効果があまりみられない農園も少なくないのが現状である．そこで，以下では都市農村交流が活発に行われ，地域活性化に寄与している兵庫県多可町の「フロイデン八千代」の取り組みについてみていくことにしたい．

(2)　滞在型市民農園「フロイデン八千代」の取り組み
①兵庫県多可町八千代区の概要

　2005年11月に旧多可郡内の中町，加美町，八千代町の合併により誕生した兵庫県多可町は，神戸市の北東約45km，京阪神から自動車で約1時間半の距離にあり，周辺を中国山脈の山々に囲まれた中山間地域である．この地域は古くから播州織物の産地として栄えたが，円高などにより家内工業である織物産業が低迷した．旧八千代町では地域に活気を取り戻すために農業体験交流に取り組むこととし，1990年に「都市と農村の交流」を宣言して，これまでに多くの都市農村交流施設を整備している（表7-5）．市民農園は3つの小学校区に1カ所ずつ開設されているが，その先駆けとなったのが全国初の本格的な滞在型市民農園であるフロイデン八千代である．

滞在型市民農園（フロイデン八千代）のコテージ付菜園

表7-5 兵庫県多可町八千代区における都市農村交流施設の概要

施設名称	開設年	総事業費(百万円)	施設の概要
エーデルささゆり	1990	785	ホテル，レストラン，催事ホール(チャペル)
フロイデン八千代	1993	595	滞在型市民農園60区画，交流センター
エアレーベン八千代	1997	440	加工体験，豆腐製造，レストラン，特産品販売
マイスター工房八千代	2001	108	特産品製造・加工・販売，喫茶，料理教室等
ブライベンオオヤ	2002	250	滞在型市民農園20区画
ネイチャーパークかさがた	2002	375	コテージ3棟，キャンプ場，レストラン，展示等
なごみの里山都	2003	389	体験・実習室，レストラン，浴場，展示等
ブルーメンやまと	2004	394	滞在型市民農園30区画，簡易宿泊棟2棟

資料：多可町八千代区「交流体験資料」等により作成．
注：1)「ネイチャーパークかさがた」の事業主体は兵庫県，その他は旧八千代町である．
　　2)「エーデルささゆり」の総事業費には野外緑地広場の事業費（93百万円）を含む．

なお，2005年国勢調査によると，多可町八千代区（旧八千代町）の世帯数は1,568世帯，人口は5,844人（1世帯当たり3.7人）であり，うち65歳以上の占める割合（高齢化率）は26.1%である[17]．

②フロイデン八千代の概要

　フロイデン八千代は都市住民との交流を通じて農山村の活性化を推進することを目的として，市民農園整備促進法を適用して1993年に開設された．旧八

千代町ではフロイデン八千代の構想段階において候補地を町内全集落（15地区）に公募し，集落全戸で都市住民との交流を図れることなどを条件として俵田地区を選定した．1991-92年度の第1期工事では25区画の小屋付き区画と管理棟，93-94年度の第2期工事では35区画の小屋付き区画と野外ステージ，交流ホール・喫茶室・加工調理室を付設した交流センターが建設された．小屋付き区画は合計60区画であるが，これは俵田地区の世帯数とほぼ同数にすることによって地元住民と利用者とが対等な立場で交流できるようにするねらいがあった[18]．

小屋付き区画の面積は300m²前後であり，約28m²の小屋の周りに，約80〜120m²の農園，果樹・花木園，花壇，芝生広場，駐車場等が配置されている．木造2階建ての小屋にはバス，トイレ，キッチン，冷蔵庫，冷暖房，電話，テレビ等が完備されている．2008年度の入会金は35万円（開設当初は400万円），年間利用料金は27万6千円であり，光熱水費や修繕費は別途利用者の実費負担である．

管理主体は俵田地区の全戸（2008年現在56戸）が加入するフロイデン八千代管理組合であり，施設内には専従の管理人が常駐し，農園の利用者に対する農業技術の指導も行っている．

利用者（契約者）60名はすべて神戸市を中心とした阪神地域から姫路市までに居住する都市住民である．そのうち35名が開設当初から契約を継続しており，50歳前後で利用を始めて60代半ばとなっている者が多い．契約解除の理由は多くが本人あるいは配偶者の死去や転勤であり，町内の建売住宅等を購入して定住している者もみられる．

③フロイデン八千代における交流活動

フロイデン八千代管理組合では開設時に利用者に働きかけ，1993年4月に利用者全員からなる「友の会」が結成された．早速，管理組合と友の会の双方から役員を選出して交流のあり方について議論を繰り返し，同年6月から毎月3回（第1〜3週の土曜日）を「交流の日」と定め，その後2年にわたり地元住民と利用者との交流会を定期的に開催した[19]．

このような交流会だけでなく，管理組合が主体となり，企画から後片付けま

で利用者も一体となって取り組む「れんげ祭り」や「蛍鑑賞会」を毎年開催している．また，毎年秋には俵田地区の住民への感謝を込めて友の会が収穫祭を主催しており，年末年始には管理組合と友の会の合同クリスマス会やご来光登山を開催している．これらのイベントには利用者が家族だけでなく，知人・友人を連れて参加しており，大勢の参加者で賑わうという．

さらに，地元住民と利用者との日常的な交流として注目されるのが，交流センター内の喫茶室での交流である．管理組合では土・日曜日と祝日に開かれる喫茶室での飲食に利用することができる「コーヒー券」を組合員と友の会会員に対して年間1人当たり1万2千円分ずつ提供しており，これが地元住民と利用者が出会い，語らう機会づくりに役立っている．

これらの取り組みによって，集落で昔から行われてきた年中行事やボランティア活動等に利用者が参加するようになるだけでなく，双方の有志によるカラオケ大会（四半期に一度）や音楽会，老人福祉施設への慰問，多可町を巡るバスツアー等も実施されている．また，地域住民と利用者がそれぞれの特技を活かして，加工室での味噌づくりやヨガ教室等が開催されるようになるなど，地元住民と都市住民との交流は「共生」へと展開してきている．

また，このような活動とも相まって，できるだけ八千代区内で買い物をすることを心がける利用者が増えるなど，市民農園の利用料金にとどまらない経済効果も生まれている[20]．

④フロイデン八千代の成功要因

フロイデン八千代では地元住民と都市住民との交流が活発に行われており，地域活性化に結びついているが，その要因として次の点が挙げられる．

第1に，中山間地域とはいえ，大都市圏からの利便性が比較的よく，立地条件に恵まれていることである．

第2に，住民の意思に基づいて建設地を決定し，集落全戸の合意の下で計画および建設を進めるとともに，開設後も集落全戸からなる管理組合が運営しており，都市住民の受け入れや交流に対する地元住民の意識が高いことである．

第3に，区画数を集落の世帯数とほぼ同数にするなど，地元住民と都市住民が対等の立場で交流できるように計画したことである．

第4に，利用者の組織化を図るとともに，地元住民と都市住民の双方から役員を選出し，議論を繰り返すことによって相互理解と交流活動に関する合意形成を図ったことである．

第5に，地元住民と都市住民が一体となって取り組むことのできるイベントを多数企画したり，普段から親交を深めることのできる機会や場をつくったりするとともに，都市住民に地元の年中行事への参加を認めるなど単なる「交流」にとどまらず，「共生」への展開を図っていることである．

5. まとめ

近年，わが国では多様な形態の市民農園が各地に設置されるようになっている．その多くは都市的地域の地方公共団体が農家から借り受けた農地を貸付方式によって市民に提供するものであり，主に農地の有効利用や都市住民の農業理解の促進等を目的としている．ただし，実際には①農業者との交流がなく，必ずしも農業理解に結びつかない，②利用者の知識・技術の不足や無秩序な利用により景観を損ねる，③相続発生時に相続税納税猶予制度の適用を受けられない，④地方公共団体の管理運営面や財政面の負担が大きいといった課題がある．これに対して，農業者が開設・運営し，その栽培計画・指導の下に，利用者が利用料金を前払いして播種・植え付けから収穫までの農作業体験を行う農業体験農園はこれらの課題をクリアしているだけでなく，都市農業における新たなビジネスモデルとしても注目される．また，そこでの園主と利用者，利用者同士の交流は農業者の営農意欲の向上や農業担い手の確保・育成，コミュニティの形成に寄与しているほか，都市住民が農家の生活や地域の伝統文化を理解するのにも役立っている．さらに，他地域の農業者との交流は都市住民の農村理解にもつながっている．

一方，中山間地域では遊休農地の解消や都市農村交流による地域活性化等を目的として滞在型市民農園を設置する動きがみられる．これらは施設整備に多額の費用を必要とするため，地方公共団体が市民農園整備促進法を適用し，特定農地貸付方式で開園している場合が多く，遊休農地の解消や都市農村交流を通じた地域のイメージアップ，農業・農村の理解促進に寄与している．しかし

その一方で，利用・契約率の低い農園があるだけでなく，地元住民の交流への参加が少なく，地域活性化に対する効果があまりみられない農園も少なくないのが現状である．このような中で，フロイデン八千代では地元住民と都市住民との交流が活発に行われており，地域活性化に結びついている．これは，構想段階から地元住民が参画し，開設後も集落全戸からなる管理組合が運営を行い，利用者を組織化してすべての地元住民と利用者が交流できる場づくりに努めたことが大きい[21]．

わが国の食料・農業・農村の危機を打開するためには，農業者や農村住民と都市住民とが交流を深め，共生する社会を実現することが不可欠であり，農業体験農園や滞在型市民農園をはじめとする市民農園の役割はきわめて重要であるといえよう．

注
1) 廻谷義治『生活の中の市民農園をめざして』1998年，14頁を参照．
2) 内閣府『平成18年版食育白書』時事画報社，2006年，86頁を参照．
3) 東京都練馬区の農業体験農園「緑と農の体験塾」のある利用者が2003年度に30m²の区画における年間の野菜収穫量を計量したところ279kgであり，これを収穫時期のスーパーのチラシ単価により換算すると約9万2千円分であった．また，2006年度に大阪府立食とみどりの総合技術センター（現 大阪府環境農林水産総合研究所）の圃場において農作業経験のほとんどない女性2名を被験者として農業体験農園（1区画30m²）の実証試験を実施したところ，水はけの悪い水稲跡地においても野菜の収穫量は平均93kgであり，収穫時期の生協共同購入の単価により換算すると，約6万3千円分であった．
4) 栽培収穫体験ファームは生産緑地法の改正によって市街化区域内に貸付方式の市民農園を新設しない方針を定めた横浜市が1993年度から開設を支援する新たなタイプの農園利用方式の市民農園であり，農業体験農園の原型といえる．横浜市では開設時に施設整備費の10分の8以内での補助（上限30a）を行うほか，個人利用型の場合，1区画を30m²と定め，管理運営費補助として1区画当たり4千円，区画割りをしない団体利用型と教育・福祉型の場合には開設面積1m²当たり104円をそれぞれ交付している（横浜市「栽培収穫体験ファーム補助金交付要領」参照）．なお，個人利用型の1区画の利用料金（入園料と収穫物代金）は概ね1万6千円～4万円である（2007年2月に実施したヒアリング調査による）．2006年3月現在，開設数79農園，開園面積10.9ha，区画数2,005区画，利用者数5,081人にまで増加している（横浜市環境創造局「平成18年版よこはまの緑」参照）．
5) 当初2万9千円としていたが，2005年度から消費税相当分を値上げ．

第7章　市民農園の展開と都市・農村交流

6) 東京都農業体験農園園主会編『市民参加の経営革命　農業体験農園の開設と運営』全国農業会議所，2005年，22頁参照．
7) 東京都農業会議の資料による．
8) 全国農業委員会都市農政対策協議会編『農のあるまちでスローライフ！第2集』全国農業会議所，2005年，8頁を参照．
9) 利用者の詳細については，後藤光蔵『都市農地の市民的利用』日本経済評論社，2003年，34頁および159頁を参照されたい．
10) 大泉風のがっこうにおける活動の詳細については，白石好孝『都会の百姓です．よろしく』コモンズ，2001年を参照されたい．
11) これらの取り組みもあって東久留米市立第九小学校は2005-06年度に「給食における学校・家庭・地域の連携推進事業」の指定を受けている．
12) カゴメ㈱が全国の小学校等に加工用トマトを寄贈し，食農体験学習を支援する活動の一環として毎年実施している催し．
13) NPOがんばれ農業人2008年11月24日号http://www.ganbare-nougyoujin.org/2008/20081124/special/01.htmlおよびカゴメ㈱のホームページhttp://www.kagome.co.jp/news/2005/images/051101‐2.pdf，http://www.kagome.co.jp/news/2006/061107.htmlを参照．
14) 2006年3月に実施した東京都農業会議へのヒアリング調査による．
15) ㈶都市農山漁村交流活性化機構『やすらぎの提供方策等に関する調査検討』2003年を参照．
16) 牧山正男氏らは，宿泊可能な施設を各区画に備えている滞在型市民農園では交流イベントなど都市農村交流のための仕組みが用意されている場合が多いが，地元側からみて都市農村交流が十分に進んでいるとは言い難い農園がみられることを指摘している（牧山正男・古屋岳彦・北村さやか「滞在型市民農園における都市農村交流の実態」『農業土木学会論文集』No. 241, 2006年，35-43頁）．
17) フロイデン八千代のある俵田地区には64世帯，351人（うち65歳以上：198人，高齢化率：56.4％）が居住しているが，そこには総定員150名超の老人福祉施設がある．
18) 前掲『やすらぎの提供方策等に関する調査検討』2003年を参照．
19) ㈶地域活性化センター『都市と農山漁村の共生・対流2004』2004年，159頁を参照．
20) 経済効果の詳細については，宮崎猛・霜浦森平「兵庫県多可町八千代区のグリーン・ツーリズムによる経済効果」宮崎猛編著『日本とアジアの農業・農村とグリーン・ツーリズム』昭和堂，2006年，78-95頁を参照されたい．
21) 地元住民と都市住民との交流・共生を通じて地域活性化に成功している他の代表的事例として，長野県松本市（旧四賀村）の坊主山クラインガルテンがある．そこでの取り組みとして注目されるのが，利用者1組に地元農家1戸が対応する「田舎の親戚」制度である．詳細については，長谷山俊郎「滞在型クラインガルテン導入の意義——長野県四賀村の取り組みから」『農業および園芸』第71巻第10号，1996年，3-8頁を参照されたい．

第8章　都市・農村交流と農産物直売所

辻　和良・岸上光克・熊本昌平

1. はじめに

　近年，わが国では「物質的な豊かさ」よりも「心の豊かさ」やゆとりある生活，自分にあった個性的な生活を重視する人の割合が高まっている．このような国民のライフスタイルに関する意識の変化が，国民の活動領域を拡大し，道路の整備や自動車の普及等が進んだことと相俟って，都市と農村を近づけた．そして，農村部では農産物直売所や農家レストラン，農家民宿など，様々な都市・農村交流の取り組みが増加し活発化した．

　農産物直売所は都市・農村交流活動のなかでは，利用する消費者が最も多く，また，取り組みに関わる生産者や雇用者も最も多いことから，地域に及ぼす影響が大きい取り組みである．今日，直売所の形態は大小様々なものが各地でみられるが，本章では，和歌山県内の代表的な直売所であるJA紀の里直営の大規模直売所「めっけもん広場」と田辺市上秋津地域が運営している中小規模直売所「きてら」の2つのタイプについて，それぞれの運営の特徴，地域への波及効果，消費者との交流活動などを紹介する．そして，直売所を核とした都市・農村交流活動の課題について検討する．

2. 農産物直売所の成立と動向

(1) 直売所とは

　農産物の直売活動とは，生産者が自家生産物を直接消費者に販売する活動を

指しており，卸売市場等を経由しない市場外流通の一形態で，都市部やその周辺での朝市や振り売り，農家の庭先販売などとして古くから存在した．そのうち，伝統的な朝市や観光地での青空市等における農産物や加工品の販売は，形態を変えながら現在も存続している．また，果樹産地では，現在も収穫期になると生産者や生産者組織による沿道販売や集荷場販売が盛んに行われており，こうした活動が古くから継続されてきた．

かつての直売所の形態は，1週間に1回，あるいは1カ月に1回というように定期的に日時を決めて開設される朝市や青空市，無人直売所等が多くみられたが，最近では販売している農産物等も増加し，毎日開店し販売員をおく常設型の直売所が増えている．しかも，以前は広場などを使った露天での販売が多くみられたが，近年では店舗としての形態に変わってきている．

現在の形態の直売所が増え始めたのは1970年代以降といわれる[1]．80年代に入ると，集落組織，生活研究グループ，農協女性部会等が母体となって設置される新たな農産物直売所が全国各地でみられるようになった．その設立当初は，小規模に栽培した野菜や市場出荷した残りの規格外品を出荷し，無人，または参加農家による当番制で販売・運営していることが多かった．

90年代になると，直売所そのものの増加と規模拡大，同時に各直売所への参加農家数と販売高の増加がみられる．最近の動きで特徴的な点は，農協が運営する直売所が急増していることである[2]．従来，農協では卸売市場出荷を目的として共販に取り組んできた．しかし，農協組織は2000年開催の第22回JA全国大会において，ファーマーズマーケット（農産物直売所）等を通じた地産地消の取り組み強化を決議し，その後開催された第23回（2003年），第24回（2006年）大会においても，直売所を地産地消の拠点と位置づけ推進することを確認している．この他にも，「道の駅」の直売所や女性起業による直売所など，現在では，多種多様な形態の直売所が登場し，施設の改善や運営方法の工夫によって販売高の非常に大きい店舗も現れている．

このようにわが国の農産物直売所は，常設型でありリピーター（固定客）が定着していることから，都市・農村交流の拠点として発展している．ほとんどの直売所では，複数の生産者が栽培した農産物等を共同の施設に持ち寄り，まとめて販売するのが一般的である．また，利用客は多数の生産者の産品を手に

取り，その購入代金を1つの窓口で精算している．直売所の運営は生産者により構成される組織や農協，自治体等の生産者を支援する組織により行われており，程度の差はあるものの，組織運営そのものに生産者の参画がみられる．こうした常設型店舗において複数の生産者が関わって実施されている直売活動は，わが国独自のもので他国にはみられない特徴である[3]．

(2) 全国と和歌山県内の動向

次に，農産物直売所の全国動向をみることにしたい．財団法人都市農山漁村交流活性化機構「都市農村交流に係る市場規模等算定手法確立の調査検討」(2003年)[4]によると，直売所は全国で11,814カ所設置されている．運営主体は個人・グループが多く，大型の施設では農協等が運営していることが多い．ほかに，自治体や第三セクター，民間資本により取り組まれているケースもみられる．

その全国売上額の推計値は2341億円にものぼり，都市・農村交流活動の売上額の半分以上を占めている．また，利用者数の推計値は2億2千万人を超えており，国民が年間2回程度利用していることになる．さらに，直売所施設での雇用者数の推計値は6万5千人で，地域に多くの雇用を生み出している．これら推計値の1施設当たりを算出してみると，年間売上額は1700万円，年間利用者は1万5千人，雇用者は5.3人となる．このように直売所の活動は最も一般的に取り組まれており，わが国の都市・農村交流のなかで欠かせないものとなっている．

和歌山県においても，1980年代後半から県内各地で農産物直売所や朝市が急増し，各地で多彩な展開をみせている[5]．表8-1は和歌山県内の集団で運営している直売所・朝市等の設置状況について1995年と2002年の2時点での調査結果を示している．1995年当時の調査に比べて全体に直売所数が増加するなかで，従来から多くみられた農家グループの小規模な直売所に比べて出荷者が多く販売額も大きい農協直営や市町村・公社等が運営を支援する直売所，民間資本の直売所の設置数が増加している．

表 8-1 和歌山県における農産物直売所等の設置状況

年度	グループ直売所	JA直売所	市町村・公社等支援直売所ほか	小計	朝市	観光農園
1995	41(15)	13	18	72	24	38
2002	45(6)	24	37	106	20	37

資料：1995年は和歌山県農業振興課「今こそ食と農の交流を」(1994) をもとに1995年に行われた農業改良普及センターの調査結果を加えて作成した．
　　　観光農園は1998年調査（農業振興課）の結果である．
　　　2002年は和歌山県経営支援課資料より作成した．2002年12月現在を示す．
注：1) 個人の直売所，イベントでの販売，季節的な果実の販売は除く．
　　2) （ ）内の数値は無人直売所を示す．
　　3) 観光農園は個人経営を含んでいる．

3. 農産物直売所における都市・農村交流の取り組み

次に，農協直営の直売所であるJA紀の里「めっけもん広場」と田辺市上秋津の地域住民で運営している「きてら」について，その取り組みをみることにしたい．

(1) めっけもん広場の取り組み
①施設等の概要と運営の特徴

JA紀の里は和歌山県紀の川市[6]を管内としている広域農協で，1992年10月に旧那賀郡内の5農協が合併して発足した[7]．

管内の耕地面積は5,310ha（2006年）で，そのうち水田が30%，普通畑が3%，樹園地が67%をそれぞれ占めており，樹園地の比率が高い．管内で作付されている主な作物は，水稲1,020ha，タマネギ，キャベツ，ハクサイ，イチゴ，キュウリ，トマト等の野菜413ha，温州ミカン，ハッサク，モモ，カキ，イチジク等の果樹3,430ha，スプレーギク，バラ，緑化木等の花き・花木・種苗が255haであり，この地域の特徴は果樹を中心としながら野菜，花き・花木等の多品目生産が行われている点である．

管内の販売農家数は3,679戸（2005年）で，うち専業農家が33%，第1種兼業農家が24%，第2種兼業農家が43%を占めている．この地域は，和歌山市，大阪府に隣接した都市近郊農業地帯として農家の兼業化，非農家との混住

「めっけもん広場」レジ風景

表 8-2　めっけもん広場の施設・運営の概要

項　目	内　　容
所在地	和歌山県紀の川市豊田（旧　那賀郡打田町）
敷地面積	開設時：6,696 m²，うち駐車場 4,400 m²（普通車 80 台，バス 6 台が駐車可能） 来客の増加により第 2 駐車場 1,673 m²（普通車 62 台駐車可能），第 3 駐車場 4,534 m²（普通車 160 台駐車可能）設置
建物・施設	鉄骨平屋 1 棟（延べ床面積 1,350 m²） 　売場 967 m²，研修室 56 m²，事務室 77 m²，バックヤード 130 m² 　冷蔵庫 21 m²，トイレ 92 m²等 　めっけもんドーム（鉄骨テント型ドーム）374 m²
総投資額	2 億 6 百万円（地域農業基盤確立農業構造改善事業，補助金 99.7 百万円）
営業時間	午前 9 時～午後 5 時，定休日　毎週火曜日（盆・正月休みあり）
委託販売手数料	生産者個人からの委託品 15.5%，選果場からの委託品 10.5% 指定業者 20.0%
従業員体制	正職員 6 人，準職員 4 人，パート 42 人　計 52 人（2007 年 9 月）

資料：JA 紀の里資料より作成した．

化や都市化が進んでいる．

　JA 紀の里管内は都市近郊に位置していることもあって，古くから生産者の直売活動が盛んに行われてきた．現在も JA 紀の里にはめっけもん広場以外に JA 直売所 4 店舗が設置されているほか，管内には多くの生産者グループや個

人の直売所が開設されている．

めっけもん広場の施設の概要は表8-2に示すとおりである．めっけもん広場の特徴の1つは，敷地面積（6,696m^2），売場（967m^2），駐車場等が従来の直売所に比べて非常に広くなっていることである．同表に示す規模の常設型の施設はめっけもん広場が開設されるまで従来の直売所ではみられないものであった．

めっけもん広場の出荷者[8]は，①JA紀の里組合員1,508人（実際に出荷した組合員は1,369人），②組合員が構成員となっている農業生産法人およびグループ4法人，③JA紀の里女性部会「かがやき部会」17グループ，④紀の里農協選果場延べ40，⑤JA紀の里と取引関係のある業者等10業者程度（農協管内の特産品製造業者，農協の出荷する農産物を原料として利用する加工業者等）である．出荷者が千人を超えて多いこともめっけもん広場の特徴の1つである．

めっけもん広場ではPOSシステムが導入されており，出荷した品物の値決め，搬入，バーコードの発行・貼付，陳列，売れ残りの撤去は出荷者が行うこととなっている．そして，めっけもん広場では，POSシステムと連動しリアルタイムで売上情報を生産者に提供することが可能な音声応答システムが稼働していることも大きな特徴の1つである．出荷者は自分の販売量を携帯電話から確認し，販売動向によって生産物を追加搬入することが可能である．小規模な直売所では午前中に売り切れになる品が多く，午後には品不足の状態に陥っている店舗がよくみられるが，めっけもん広場では，この音声応答システムを利用して出荷品の販売状況を確認し，販売状況に応じて追加搬入している出荷者も少なくない[9]．

めっけもん広場では地元で獲れたものを販売することを基本としているが，他地域の農協との連携により品揃えの充実を図っている．現在，岩手県いわて花巻農協（リンゴ，ナガイモ等），鳥取県東伯農協（スイカ，ナシ），滋賀県甲賀郡農協（茶），長野県上伊那農協（シメジ，トウモロコシ等）等の県外農協，わかやま農協（ハクサイ，ニンジン，ショウガ等），ながみね農協等の県内農協，合計16農協との間で産品の交換が行われている．

めっけもん広場は2カ月に1回開かれる運営委員会によって運営されている．

運営委員会は，①農産物販売委託者，共選場代表者20人，②青年部1人・「かがやき部会」2人，③和歌山県那賀振興局1人，④紀の里農協事務局4人の合計28人で構成されている．

②設立の経緯と販売動向

めっけもん広場は2000年11月に開店しているが，その以前には旧打田町に「JA紀の里打田支所ふれあい市場」が設けられていた．旧打田町における生産者の直売活動は1980年代前半から選果場の片隅でトマトや花などを販売したのが始まりであるといわれる．その後，合併前の旧打田町農協は常設型の直売施設ふれあい市場を1986年に開設した．この直売所はJA紀の里合併時には，1億円近い売上をあげていた．

JA紀の里では5農協合併後の1994年に，当時の農協組合長の提案によって第2次長期計画のなかで「農産物の販売ルートの多様化」が打ち出された．1997年には長期計画の見直しが行われ，「市場外流通ルートの開拓」の具体策として，「産直・量販店の販路拡大」，「ファーマーズマーケットの設置」，「高齢者・女性農業の普及・推進（直売所向け組織づくり）」を進めることが取り上げられた．

そして，めっけもん広場は，この長期計画の具体化として2000年11月に開設された．めっけもん広場の開設に伴いふれあい市場は閉店し，また，出荷者も新たに管内全域から募集された．めっけもん広場は開店から2001年3月までの5カ月間に2.6億円を販売し順調なスタートを切った．当時の登録出荷者は約700人であった．その後もめっけもん広場の販売額，利用客，出荷者はともに増加を続け，翌年の2001年度には，販売額で14.0億円，年間延利用客数は61万人，登録出荷者数は1,503人に達した．最近の2007年度では，販売額は25.3億円，年間延利用客数は80万人と，ともに大きく増加している．

めっけもん広場の2007年度の部門別販売高をみると表8-3に示すように，農家や管内業者等の販売委託品と品揃えのための仕入品がみられる．委託品のなかでは野菜の比率が最も大きいが，果実，花き，加工品を含め部門間の片寄りは小さい．仕入品の比率は2007年度で32%（金額ベース）で，上昇傾向にある．仕入品では果実，野菜の比率が高いが，農協間連携で仕入れているもの

表8-3 めっけもん広場の販売状況

(単位:百万円, %)

区分		2001年度		2004年度		2007年度		07/01
		金額	構成比	金額	構成比	金額	構成比	
委託	野菜	287	20.5	546	22.6	523	20.7	1.82
	果実	151	10.8	395	16.3	447	17.7	2.96
	花き	223	15.9	249	10.3	236	9.3	1.06
	加工食品	248	17.7	326	13.5	295	11.7	1.19
	米	—	—	0	0.0	0	0.0	—
	その他	166	11.8	227	9.4	224	8.9	1.35
	計	1,075	76.7	1,743	72.1	1,726	68.2	1.61
仕入	野菜	98	7.0	174	7.2	213	8.4	2.17
	果実	134	9.6	273	11.3	329	13.0	2.46
	花き	13	0.9	48	2.0	43	1.7	3.31
	加工食品	12	0.9	48	2.0	97	3.8	8.08
	米	67	4.8	121	5.0	105	4.2	1.57
	その他	3	0.2	9	0.4	17	0.7	5.67
	計	327	23.3	673	27.9	804	31.8	2.46
合計	野菜	385	27.5	720	29.8	736	29.1	1.91
	果実	285	20.3	668	27.6	776	30.7	2.72
	花き	235	16.8	297	12.3	280	11.1	1.19
	加工食品	260	18.6	374	15.5	392	15.5	1.51
	米	67	4.8	121	5.0	105	4.2	1.57
	その他	169	12.1	237	9.8	241	9.5	1.43
	計	1,401	100.0	2,416	100.0	2,530	100.0	1.81
日平均客数(人)		2,006		2,659		2,584		1.29
客単価(円)		2,290		2,950		3,157		1.38
年間利用客数(人)		611,891		819,072		801,268		1.31

資料:JA紀の里資料より作成した.
注:1) 販売額,客単価は消費税を含む.
　　2) 利用客数はレジ通過人数を示す.
　　3) その他は「民・工芸品」,「資材,その他」を合計している.
　　4) ラウンドの関係で合計は一致しない.

が多くを占めている.また,JA紀の里の共選場から主に果実を仕入れているほか,JA紀の里管内で生産された米を県農業協同組合連合会から仕入れている.このため担当者によると,販売額全体に占めるJA紀の里管内の生産物の比率は80%を上回っているといわれている.また,めっけもん広場では地産地消の取り組みの1つとして,地元の学校や老人ホームへの食材供給を行って

表 8-4 めっけもん広場利用者の評価

(単位:%,人)

項目	和歌山県内	和歌山県外	全体
新鮮	73.8	82.3	78.5
価格が安い	62.1	67.4	65.0
種類が多い	48.3	53.0	50.9
地元の物が多く安心感がある	43.4	50.8	47.5
品質がよい	25.5	37.0	31.9
売り場が広い	9.7	9.9	9.8
自宅または勤め先が近い	18.6	1.1	8.9
駐車場が広い	9.0	7.7	8.3
商品の陳列が見やすい	6.2	9.9	8.3
店員の対応が親切	3.4	7.2	5.5
店までの道順がわかりやすい	5.5	5.5	5.5
店の雰囲気がよい	0.7	5.0	3.1
いろいろな情報がある	0.7	0.6	0.6
その他	1.4	2.8	2.1
回答数	145	181	326

資料:「めっけもん広場の利用に関するアンケート」(2004年9月実施)により作成した.
注:「めっけもん広場」を利用して良いと感じる点をたずねた結果である.

いる[10].

　めっけもん広場の1日当たり利用客数は平均2,500人を上回っており,安定した販売が実現していることを示している.めっけもん広場では,和歌山県北部と大阪府南部地域を中心として遠隔地からの利用者が多く来場している.JA紀の里の資料(表8-3)によると,めっけもん広場利用者の1人1回当たり購入金額(客単価)は開設1年後の2001年度では2,290円であったが,2004年度には2,950円,2007年度には3,157円と増加しており,商圏の拡大とともに客単価の増加がみられる.関係者からのヒアリング調査によると,近隣地域からの利用者では野菜の購入が多いが,遠隔地からの利用者はこれらに加えて果実や加工品等の価格の高いものの購入が多いといわれている.

③地域への波及効果

　前述のとおり年間80万人を超える消費者がめっけもん広場を訪れている.

第8章 都市・農村交流と農産物直売所

　その利用者にめっけもん広場への往復の道中に立ち寄る場所をたずねると，スーパーマーケットやスーパーマーケット以外の商店等の回答が多い[11]．なかには，めっけもん広場以外の直売所に立ち寄る利用者もみられ，「めっけもん広場にない商品を補完的に購入する」，「いろいろな直売所での買い物を楽しみにしている」などの理由があげられた．また，和歌山県外からの利用者の2割近くは，寺や温泉など県内の観光施設にも立ち寄っており，めっけもん広場の地域にもたらす経済効果の大きいことが推察できる．

　表8-4は，消費者にめっけもん広場を利用して良かったと感じていることについて回答を求めた結果[12]を示している．このアンケートの結果にみるように，利用者は「新鮮なこと」と「価格が安いこと」に加えて，「品揃えが豊富なこと」と「地元のものが多く安心感のあること」などをあげている．しかも，これらを回答した比率は，県外から来場した消費者で高くなっている．このように都市からの利用者には「鮮度」「地場もの」「安全性」等を重視するこだわり層が多数存在する．生産者サイドでは，これらの期待に応えていくことが重要である．

　一方，めっけもん広場に出荷している生産者は千人を超えており，他の直売所に比べて非常に多い．しかし，出荷者個々の年間販売額をみると，2006年度では50万円未満の出荷者が57%を占めており，50万〜100万円が17%，100万円以上はわずか26%である．このようにめっけもん広場ではそれぞれの出荷者の販売額は少額であるが，多くの出荷者が交替しながら，また，同じ出荷者であっても品目を変えながら出荷を行っている．

　生産者にめっけもん広場で販売を始めた動機をたずねると，「めっけもん広場ができたから」（回答率62.4%），「新鮮な農産物を消費者に提供したいから」（同41.0%），「市場出荷するほど生産がないから」（同35.8%），「以前からJA直売所に出荷していたから」（同29.7%），「消費者との交流が楽しいから」（同24.0%），「出荷経費がかからないから」（同20.5%）等があげられた[13]．めっけもん広場に出荷する生産者は，同店舗が開設されてから直売を始めた農家が多いが，それまでもJA紀の里管内の直売所に出荷していた生産者も多くみられる．また，出荷者には多品目少量生産者や小規模農家が多いことから，卸売市場へ出荷するほどまとまった生産量がなく，卸売市場へ出荷しても大規模産

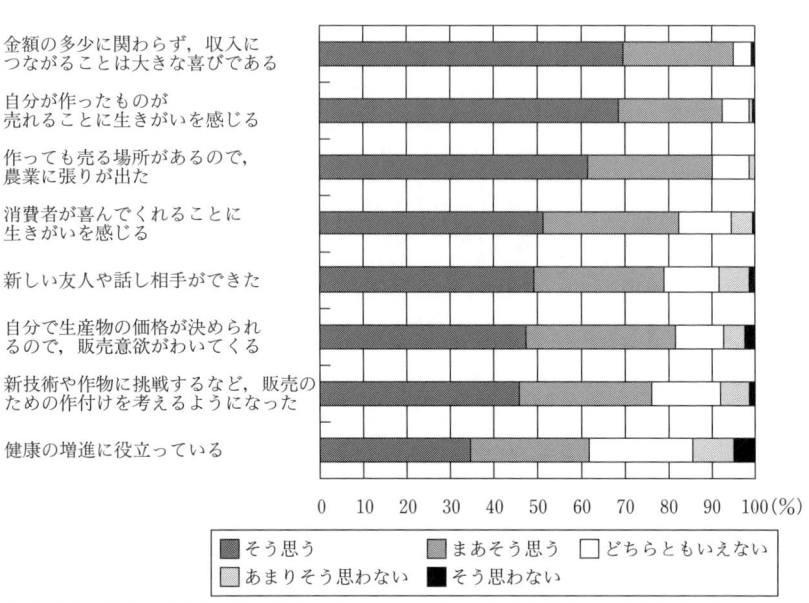

図8-1 めっけもん広場の産地活性化効果

資料:「めっけもん広場出荷者に対するアンケート」(2004年9月実施)により作成した.

地に比べると販売面では不利であるため直売を行っているのである.このようにめっけもん広場は,小規模生産者の販売先を確保し多品目産地を維持する役割を果たしている.

前掲表8-3によると加工食品は総販売額の16%を占めているが,その多くは管内加工業者や女性グループからの委託品である.農協の女性部会である「かがやき部会」のなかで17グループが,漬物,味噌,ジャム等の加工品を出荷販売しており,めっけもん広場はこうした農村の女性起業を育てる役割を果たしている.また,この他にめっけもん広場では,JA紀の里管内の特産品製造業者(加工業者)の販売も認めており地場産業の振興にも貢献している.

④消費者との交流

生産者の交流等に関した意識についてアンケート[14]の調査結果をもとにみることにしたい.

第8章 都市・農村交流と農産物直売所

　直売所に出荷する農家のなかには，農産物直売所への自由な出荷や消費者との交流に「生きがい」や「やりがい」を感じて生産を行うものも多い．図8-1に示すように，「金額の多少に関わらず，収入につながることは大きな喜びである」，「自分が作ったものが売れることに生きがいを感じる」，「作っても売る場所があるので，農業に張りが出た」などに対して「そう思う」，「まあそう思う」との回答が90％を超えている．また，同様に「消費者が喜んでくれることに生きがいを感じる」，「新しい友人や話し相手ができた」などに対して「そう思う」，「まあそう思う」との回答も多い．

　このようにめっけもん広場に出荷している農家のなかには，消費者との交流が「楽しい」，消費者が喜んでくれることに「生きがいを感じる」と回答する生産者も多くみられる．

　これまでJA紀の里は，めっけもん広場を中心に消費者との交流や食農教育，地産地消など「地域住民と消費者を意識した事業展開」を進めてきた．農協担当者によると，めっけもん広場が開設されて以来，これまでにない多くの消費者がめっけもん広場へ訪れるなか，生産者の意識が大きく変わってきたといわれている．その表れの1つが，体験農業部会の設立である[15]．

　「消費者に地域のこと，農業のことをもっと知って欲しい，もっと伝えたい」といった声が，生産者から聞かれるようになった．消費者にもっと農業を知ってもらうために実際に農作業を体験してもらいたいと11人の農家が集まり，2003年12月に体験農業部会を設立した．

　この体験農業部会の目的は，「産地のファンづくりと地域の活性化」であり，同部会では，①本物の農業と地域の魅力を伝えること，②食の重要性を伝えること，③人と人とのふれあいの素晴らしさを伝えることに主眼をおいて活動している．体験農業部会ではこの3つを基本理念として体験農業に取り組んでおり，最終的に消費者に選んでもらえる産地（農産物）は，生産者の顔が浮かぶ産地（農産物）であるとの考えから，農作物ではなく農家の人柄やふれあいを売りにしているのが特色である．このため，訪れた参加者への指導や作業の補助はすべて受入農家が行っている．

　体験農業部会では，現在，ミカンやモモ，カキ，キウイフルーツなどの果樹，タマネギやサツマイモなどの野菜，水稲等の定植（田植え），収穫（稲刈り）

を中心に様々な作業体験を受け入れている．この農作業体験と別に食体験として，モモやミカンのジュース作り，あんぽ柿作り，餅つきなども同時にできるようになっている．

現在の受入農家数は，個人20戸と4団体である．2007年度におけるこれら農作業体験や食体験の開催回数は33回，交流人数は延べ1,885人にのぼっており，開始以来順調に増加してきた．また，この農業体験への参加者には2回以上訪れているリピーターが存在し，新たに家族や友人を連れて訪れている．

こうした農業体験に取り組むことで，生産者と消費者双方に影響が現れている．消費者は農作業を体験することで食べ物の大切さや食の重要性を肌で感じ，生産者は消費者と直接ふれあい指導することで食料生産のプロとしての意識と使命感を高めているといわれる．さらに農作業などを通じた生産者と消費者の交流は，消費者に生産者の顔や地域の農産物をよりはっきりと意識されることとなり，産地のファンを増やすことにつながっている．

(2) きてらの取り組み
①施設等の概要と運営の特徴

和歌山県田辺市は2005年5月に5市町村（田辺市，中辺路町，大塔村，龍神村，本宮町）が合併し誕生した．総面積は県の約22%を占め，近畿最大の面積を有している．人口は約82,500人で県内第2の都市である一方で，中山間地域を多く有し，少子高齢化も進んでいる．

農産物直売所きてらのある上秋津地区は田辺市西部に位置し，人口3,350人の農村地帯である．1980年代半ば以降，旧田辺市の人口が微増減を繰りかえすなかで，同地域の人口は増加傾向にあり，混住化とともに都市化が進展した．

同地域では，地域の全組織が参加する「秋津野塾」[16]（1994年設立）が中心となり，地域の合意形成を図りつつ，生産・生活基盤の整備，担い手の育成，地域内外との交流，地域文化の伝承等の地域づくりに取り組んでいる．秋津野塾の基本理念と目標は「都会にはない香り高い農村文化社会」を実現し，「活力とうるおいのある郷土」をつくることである．コミュニティと経済活動を一体化させた「農」を基本とした地域づくりが高く評価され，1996年度には「第35回農林水産祭表彰・むらづくり部門」で天皇杯を受賞している．

表8-5 きてらの施設・運営の概要

項　目		内　容
所在地		和歌山県田辺市上秋津
施設	1999～2003	売場面積：33 m² 駐車場なし
	2003～現在	売場面積：70 m²，ジュース加工施設：20 m² 駐車場　20 台
施設投資額		県交付金「木の国の事業」：1400 万円 （うち県：400 万円，市：200 万円，地域：700 万円）
営業時間		午前9時～午後5時 年中無休
委託販売手数料		15.0 %
出荷者数		230 人（2008 年度）
従業員体制		パート：8人，アルバイト：5人

資料：きてら提供資料より作成．

　この地域は温暖な気候を生かし，柑橘類やウメ等を生産する果樹産地である．柑橘類では，温州ミカン・伊予柑・清見等の多くの品種が生産されており，1年を通じて出荷が可能となっている．農家の出荷販売先は，農協共販，インターネット等による個人販売，きてらを含む近隣直売所への出荷である．また，この地域の典型的な農業経営の形態はミカン専作経営とミカン・ウメの複合経営である．

　地域が運営する農産物直売所きてらの主な施設は，木造平屋建て店舗（売場面積約70m²），ジュース加工施設（約20m²）であり，近隣に開設されている他の農産物直売所に比べて施設の規模は小さくなっている[17]．

　きてらではPOSシステムが導入されており，出荷品の値決め，搬入，バーコードの発行・貼付，陳列，売れ残りの撤去は出荷者が行う．出荷時間は8～9時が基本となっているが，店員が販売状況に応じて追加搬入の依頼をする．手数料は一律15%となっており，各農家の年間売上高に応じて年会費（6段階）を徴収している．

　きてらでは，柑橘類を中心に野菜，花，加工品等で年間約200種類の品目を取り扱っている．その大半は地元産であるが，同地域の特徴である「地域づく

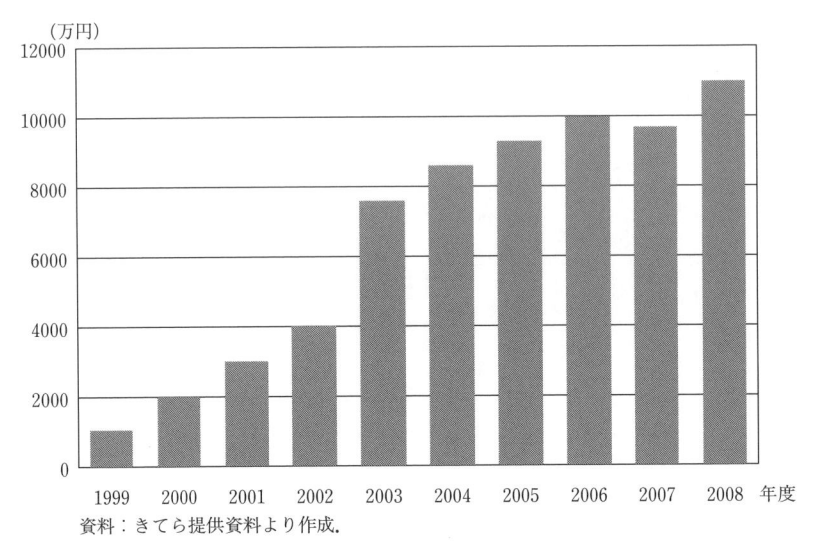

図 8-2　きてらの売上高推移

資料：きてら提供資料より作成.

り」というキーワードで考えが一致する3つの地域（北海道長沼町のジャガイモ，和歌山県印南町のスイカ，長野県飯田市のリンゴ）との産品交換を行っている．また，東京や大阪等5カ所でのアンテナショップ販売も行っている[18]．

きてらの役員体制は，代表取締役社長，副社長，専務が各1人で計3人，監査役が2人，取締役が各地区から1人ずつの計11人となっており，年1回株主総会が開催される．販売員は2人で，パート（アルバイト）を雇用している（表8-5参照）．

②設立の経緯と販売動向

南紀熊野体験博（1999年）[19]を契機として，農家が「自分のつくったものに自分で値段をつけて消費者に買って喜んでもらう」，「新鮮で安心なものを安く買ってもらいたい」という思いを持ち，それを実現させるためにきてらを開設した．きてらは地域住民による自主的な地域活性化のための拠点施設であり，出資者が農家だけでなく，商業関係者，サラリーマン等地域住民の有志31人であることも特徴的である．

きてらは1999年から約30m²のプレハブ（駐車場はなし）で営業を開始したが，開設当初，地域としては初めての取り組みであることも影響して売上は思うように伸びなかった．しかし，地域の農産物を詰め合わせにした「きてらセット」や「俺ん家ジュース（ミカンジュース）」等の創意工夫を凝らした取り組みにより，売上を伸ばしてきた．2003年度には県の補助事業「木の国の事業」を導入して直売所店舗，2004年度には自己資金で加工施設と倉庫を新築している．

開設当初の出荷者は約70人，売上高は約1000万円であったが，2008年現在，出荷者は約230人，売上高は約1億円[20]とともに右肩上がりとなっている（図8-2参照）．また，年間の来客数（レジ通過者）は約5万人である．

2004年には，これまでJA経由でジュース工場に納入していたミカンの格外品を，無添加，無調整の果汁ジュースとして商品化する計画が持ち上がり，農産物加工施設の設置とともに，「俺ん家ジュース倶楽部」が結成された．現在では，ジュースの販売が売上高の約15%を占め，店舗販売とともに宅配も行われており，順調に売上を伸ばしている．

現在，多くの農産物直売所が他地域からの仕入れ等によって品揃えに重点を置くなかで，きてらは柑橘類を中心とした地元農産物の取り扱いで売上を伸ばしている．

③地域への波及効果

きてら開設以前の上秋津地域における農家の出荷販売方法をみると，農協共販が中心であり，消費者への個人販売は少なかった[21]．きてらが開設されて以降，生産者は自分で価格を決めること，消費者の生の声が聞けること等によって，「作ればいい」という意識から「消費者を意識した生産」への意識が高まった．

きてらの開設によって農協や卸売市場出荷への対応が不向きであった小規模農家や兼業農家の出荷先確保が実現するとともに，きてらへの出荷が「生きがい」となっている高齢者も多い．また，「俺ん家ジュース倶楽部」では，農家からの買入価格が農協に比べて比較的高いことから農家所得の向上に繋がっている．

人気商品「俺ん家ジュース」（きてら）

地域の農産物を詰め合わせた「きてらセット」の考案，規格外品の有効利用を目的とした「俺ん家ジュース倶楽部」の結成等の取り組みから，農家に「行動」すれば「成果」は必ずついてくるという自信が芽生え，現在では出荷・販売を含めて地域活性化の方向性について自主的に考える農家が多くなったといわれている．

きてら開設や「俺ん家ジュース倶楽部」結成によって，農家の意識改革，兼業・高齢農家の出荷先の確保（所得向上），地域の女性に対する新たな就労機会の創出等が実現しており，地域全体への波及効果も発生している．

④消費者との交流

きてらでは，消費者との交流，収穫・加工体験，学校給食への食材供給[22]等の取り組みも積極的に進めている．

2003年にはきてらの経営を安定化させるとともに，都市・農村交流を進めることを目的としたきてらの応援団である「一家倶楽部（いっけくらぶ）」が結成された．会員数は21人であり，会員へはきてらセットや情報誌が送付されるとともに，地域での交流会も開催されている．

きてらではこれらの取り組みとともに「ミカン収穫体験」，「ウメ加工体験」を実施しており，その参加者は2003年度では約100人であったが，2008年度は約2,000人と大幅に増加している[23]．きてらが申し込みを受け付け，出荷農家に受け入れを要請し，参加者への指導や作業補助はすべて受入農家が行っている．

2008年11月に都市・農村交流施設「秋津野ガルテン」[24]が開設された．「ミカン収穫体験」や「ジュースづくり体験」等の体験メニューについては，きてらと「秋津野ガルテン」の両方で受け付けている．「秋津野ガルテン」の主な事業は，農家レストラン事業（2008年11月～2009年3月の利用実績：約17,000人），宿泊事業（同：約680人），ミカンの木オーナー制度（同：30人），市民農園事業（同：34区画）等である．

今後，きてらは農産物直売所，「秋津野ガルテン」は都市・農村交流拠点としての役割を担い，地域内で連携を図りつつ，都市・農村交流に取り組んでいく．

4. 農産物直売所を核とした交流活動の課題

農産物直売所はこれまでみてきたように，都市・農村交流の活動を通じて，生産者の所得向上とともに生きがいを創出し，地域を活性化する役割を果たしている．

しかし，こうした都市・農村交流はニッチ市場であるといわれ，消費者に飽きられやすい欠点があり，市場規模が小さいため競争者が現れるとすぐに市場が飽和状態になる性質を有している[25]．近年，直売所が増加し直売所間の競合が発生している．これを回避するには，地域の特色ある農産物や加工品を開発・販売するとともに直売所の活動の多様化を図ることが必要である．例えば，栽培品目・品種の多様化や加工・販売品目の多様化，農業・農産加工体験などの多彩なイベントの開催である．

めっけもん広場では，直売を目的とした生産者組織や加工グループの育成，地元加工業者との連携を進めている．また最近では，2009年4月から店内に地元の食材を使ったイートイン（軽食コーナー）が営業を開始しており，直売所活動の更なる多様化が図られている．また，めっけもん広場では，体験農業部会による農業体験実施のほかに，消費者と生産者が交流する多彩なイベントを開催しており，消費者が生産現場をみて農業を体験することで地域の農産物に対して一層の愛着と安心感が生まれるほか，地域の魅力の理解促進にもつながっている．こうした活動はきてらにおいても同様に取り組まれており，取り

組みを重ねながら直売所の活動を多様なものとしていくことで，消費者を地域へのリピーターとして確保することが可能となっていると考えられる．

　直売所の利用者には，「地場もの」，「鮮度」，「安全性」を重視する消費者が多い．このような消費者にとって直売所を利用する魅力として，地場産農産物やその加工品の存在とともに，都市から農村を訪れて買い物をするという安心感・充足感があげられる．これらを考えると，直売所では品揃えを目的に地域外の産品をむやみに増やすのではなく，地域の特色ある農産物や加工品を開発・販売することが大切であるといえる．きてらでは地場農産物の詰め合わせ「きてらセット」や「俺ん家ジュース」が売上を伸ばしており，こうした地域独自の産品開発が重要であることを示している．

　これからの産地では，単に野菜や果実，花などを生産するだけでなく，消費者を身近に受け入れて，農産物直売所，観光農園，農作業や加工体験等の多様な交流活動を展開することが必要である．そして，集客力が大きい直売所等を中心として，地域内の交流活動に取り組む多くの組織の連携を図ることで，産地全体の都市・農村交流活動を多様なものへと変えていくのである．農産物直売所の今後の展開に期待したい．

注
1) こうした直売所の成立・展開については，飯坂正弘『農産物直売所の情報戦略と活動展開』星雲社，2007年，19-22頁を参照されたい．
2) 内藤重之「地産地消運動の展開と意義」，橋本・大西・藤田・内藤編『食と農の経済学』第2版，ミネルヴァ書房，2006年，47-59頁．
3) こうしたわが国の直売活動の組織性については，櫻井清一『農産物産地をめぐる関係性マーケティング分析』農林統計協会，2008年，33-50頁を参照されたい．
4) 財団法人都市農山漁村交流活性化機構『都市農村交流に係る市場規模等算定手法確立の調査検討』，2003年，1-5頁を参照されたい．なお，2005年農林業センサスにおける農産物直売所の設置数は全国の13,538施設で，利用者は2億3千万人と報告されている．
5) 和歌山県における農産物直売所の最近の動向については，辻和良・西岡晋作・山本茂晴「大規模農産物直売所における消費者の購買行動──紀の里農業協同組合「めっけもん広場」を事例として」，和歌山県農林水産総合技術センター研究報告第5号，2004年，125-136頁を参照されたい．
6) 那賀郡打田町，粉河町，那賀町，桃山町，貴志川町の5町は，2005年11月に合併し新たに紀の川市が誕生している．ここでは調査時点の旧町名を用いている．

第 8 章　都市・農村交流と農産物直売所

7) その後，JA 紀の里は 2008 年 4 月に JA 岩出市と合併している．ここで用いた耕地面積や農家数等のデータは JA 岩出市との合併前の数値を示している．
8) 出荷者数等は 2005 年 3 月現在のものである．
9) 2004 年 8 月〜9 月に実施した出荷者アンケートによると，88％ の生産者が音声応答システムを利用していると回答している．ちなみに同調査によると，1 日の利用回数は平均 1.9 回で，多い日には平均 3.5 回も利用していた．
10) 2007 年 4 月から 12 月までの学校給食と老人ホームへの販売高は 735 万円で，地場産の比率は 63.7％ であった．第 7 回めっけもん広場出荷者大会資料（2008 年 2 月）による．
11) 調査は 2004 年 9 月に行った消費者アンケート回答者のうち，那賀郡外に住む回答者を対象として行った．調査票をめっけもん広場で配布し，帰宅後に回答することを求め郵送にて回収した．配布数は 220，うち有効回答数は 121 であった．
12) 「めっけもん広場の利用に関するアンケート」は 2004 年 9 月（有効回答数 336）に実施し，すべてその場で記入を求め調査票を回収した．
13) 出荷者へのアンケートは 2004 年 8 月〜9 月に実施した．調査票をめっけもん広場にて出荷者に配布し，同事務所にて回収した．配布数は 530，有効回答数は 235 であった．
14) 注 13 に同じ．
15) 体験農業部会の詳しい取り組みは，西岡理恵「JA 紀の里における体験農業部会の取り組み」『果実日本』第 62 巻第 7 号，2007 年，60-62 頁を参照されたい．
16) 「秋津野塾」には町内会，上秋津女性の会，老人会，公民館，消防団，小中学校の育友会・PTA，商工会，上秋津を考える会等 24 の団体が加盟している．地域では様々な問題が発生するが，それらを住民みずからが考え，ひとつひとつ解決することで，快適かつ安全で健康に安心して暮らすことのできる，生き生きとした地域の実現を目指している．この組織の特徴は，①地域にあるすべての団体が加盟し，タテ・ヨコに統合された組織であること，②地域の全住民の幅広い合意形成を図る場であること，③各団体が連携共同しながら，「地域力」を高めることなどである．
17) 近隣には，農協直営と民間経営の大規模直売所が存在する．
18) 「産品交換」については，それぞれの農産物を仕入品として販売し，印南町と飯田市には柑橘を販売している．また，「アンテナショップ」については，民間スーパーや和歌山県が運営するわかやま喜集館等である．
19) 南紀熊野体験博は従来のパビリオン中心の博覧会ではなく，和歌山県南部の 16 市町村（当時）が南紀熊野の魅力を全国に PR する博覧会であった．キーワードは「体験」であり，自然・歴史・文化等を生かした体験プログラムを提供し，144 日間で 300 万人を超える人々が訪れた．
20) 売上高のうち，俺ん家ジュースの売上額が 1500 万円，アンテナショップでの売上額が 500 万円，他地域との産品交換分が 40 万円となっている．
21) 「上秋津マスタープラン（素案）及びマスタープラン策定基礎調査報告」（2002 年 10 月）によると，農産物の販売方法について「全てあるいはほとんどが農協共販」との回答の比率は，温州ミカンで全農家の 60.3％，中晩柑類で 45.4％，青ウメ 67.3％

となっており，農協共販が農産物販売の主流を占めている．
22) 2003～06年度において，ミカン等について学校給食への食材提供を行っていたが，2007年度以降は学校給食調達構造の変化（「自校方式」から「センター方式」へ）により供給を行っていない．
23) 2008年度の約2,000人については「きてら」と「秋津野ガルテン」両施設での受入合計人数である．
24) 上秋津地区では2007年に「農とグリーン・ツーリズムを活かした地域づくり」を目的とした「農業法人株式会社秋津野」（資本金4180万円，株主数489人）を設立した．その事業内容は，「農業体験学習」「みかんの樹オーナー制度」，「市民農園（「日帰り型」と「滞在型」）」，「農家レストラン」，「宿泊滞在施設（秋津野ガルテン）」と多岐にわたる．木造廃校舎を利用した「秋津野ガルテン」は交流の拠点施設である．
25) 大江は都市農村交流を財の特性から評価し，ニッチ市場としての性格が強い財であることを指摘している．大江靖雄『農業と農村多角化の経済分析』農林統計協会，2003年，146-153頁を参照されたい．また，藤本は奈良県内における事例研究からニッチ・マーケティングの課題を整理している．藤本高志「農山村におけるニッチ・マーケティングの課題」奈良県農業試験場研究報告第30号，1999年，1-10頁を参照されたい．

第9章　学校給食にみる都市農村交流

片　岡　美　喜

1.　はじめに

　近年，学校教育の現場では，学校給食とそこから派生した食と農に関する体験活動が全国的に広がっている．それは，学校給食が教育の一環として法的に位置づけられ高い普及率[1]であることを背景に，学校給食での地場産食材の利用[2]や，農業や食の体験が政策的に推進されたことに由来している．だが，政策的な推進が見られた以上に，子ども達や農家など地域住民間の交流が親睦以上の効果を生み出しているという現場からの報告が，なによりの広がりの根拠となっていよう．

　関係者の期待を受けて全国展開が見られる一方で，児童・生徒をとりまく食の問題が依然として山積する現状を鑑みると，期待に対して実際の取り組みはどうであったのか，いまいちど検討する必要があるだろう．

　そこで本章では，学校給食における都市農村交流の広がりをふり返り，取り組みが有効に機能するための条件を考えたい．まず，学校給食が地産地消や農業体験の実践の場として注目されるようになった政策的な背景や経緯を整理する．次に，学校給食における都市農村交流の手法を類型化して，有効な実践方策のあり方を考察する．

2.　学校給食制度における食と農の接点

　学校給食が政策により計画的に導入されたのは，第2次世界大戦後のことで

ある．戦後の困窮する食糧事情の下で，児童・生徒の健全な成長のため，栄養補完を図ることを目的に開始された．

1954年に学校給食法が成立して以降は，児童への栄養補完の役割から，学校教育活動の一環として位置付けられるようになった．たとえば，同法の第2条「学校給食の目標」[3]では，「4　食料の生産，配分及び消費について，正しい理解に導くこと」が挙げられ，食という直接的な機会を通じた産業教育や消費者教育の観点が盛り込まれている．

では，学校給食は"食料の生産，配分及び消費について，正しい理解に導く"という教育目標を達成してきたのだろうか．以下では，給食用食材の流通経路にみる食と農の接点と，それに関わる政策展開を見ていきたい．

(1) 給食用食材の流通の問題

学校給食の普及と食材流通網の形成には，学校給食会の設置と全国組織化が大きな役割を果たした．1955年に日本学校給食会法が公布されてからの5年間で47都道府県すべてに学校給食会が設置されている．特殊法人日本学校給食会（現(独)日本スポーツ振興センター）を基幹とする組織網が形成されたことで，給食用物資の全国的な流通システムが整備されるに至った．

図9-1は，学校給食の組織システムを食材の流通経路の視点から整理したものである．I型の経路では，日本学校給食会が定めた学校給食用食材である「指定物資（文部科学大臣が指定した小麦，米，脱脂粉乳，牛肉など原材料とその加工品等）」と，「承認物資（文部大臣の認可を得て取り扱う，加工食品，冷凍食品など大量購入して保存が可能なもの）」が供給された．このルートでは，主にアメリカからの輸入品や大手企業の加工品などが取り扱われ，給食用物資供給に大きな比重を占めたと同時に，寡占的ともいえる給食市場が形成された．

青果物，加工食品，調味料などの食材は，II型の県学校給食会，III型の市町村学校給食会など，各自治体による調達が行われている．II・III型の場合，各自治体の給食会とそこに登録された業者との取引が中心である．IV型のように，中間経路をはさまない調理場と供給側の直接的な取引は全体に占める割合としては小さく，市町村単位の学校給食会を持たずに教育委員会が給食業務

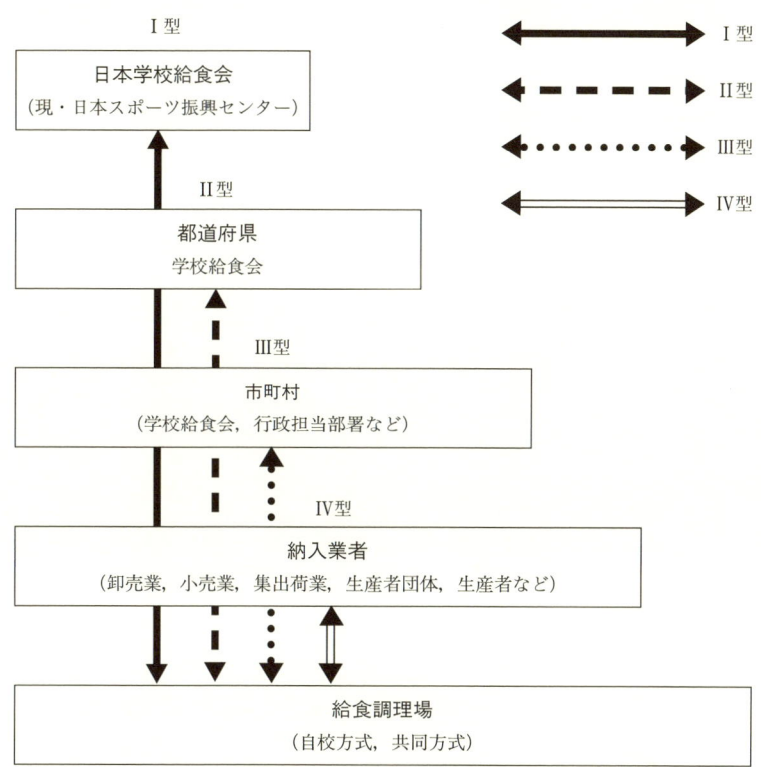

図 9-1 学校給食用食材の流通系統

出所：『平成十三年版学校給食要覧』日本体育・学校健康センター，2002年を元に加筆・修正．

を代行する場合などに見られる．

　1990年代後半までは，Ⅰ～Ⅲ型を中心とした食材流通の整備によって物資の共同購入が行われてきた．これにより，調理方式の大規模化・合理化に対応した食材の安定供給対策が徹底された．そして，給食経営等に関する方針および事務処理系統の一元化が図られ，給食内容の均質化をもたらした．

　しかしながら，同一規格品を大量に一括購入する傾向は，地域で農業生産が行われているにもかかわらず，地場産農産物の利用が極めて少ない状況を形成することになった．

(2) 学校給食における地産地消運動の萌芽

　学校給食の食材流通網が政策的に規定される一方で，安全な給食用食材の確保，児童・生徒への教育的効果，流通経路の多様化，地域運動等の観点から，自治体等へ地場産農産物の導入を働きかける運動が萌芽した．

　早い時期に行われた実践事例には，1950年代に日本で最初の米飯給食の導入と地域からの食生活改善運動として行われた京都府久美浜町[4]（現京丹後市）の川上小学校や，1980年代から市民運動により自校調理方式と地場産有機農産物の食材供給を実現してきた愛媛県今治市[5]などが挙げられる．これら先駆的に取り組んだ地域内では教育面や地域づくりに多様な効果をもたらした．

　住民運動が起点となる取り組みが多いなかで，行政主導で自校調理方式と地場産農産物を導入し，学校給食の個性化を図った事例には群馬県高崎市がある．同市では，県費雇用にくわえて市費で雇用した栄養士を市内全校に配属して食教育の充実と自校方式化に伴う地場産農産物の活用を行っている．同市では，当時の文部省から出されたセンター方式を推進する旨の合理化通知に対して，高崎市の学校給食の方針として自校方式を選択することを打ち出した（1982年）．同市の方針は，学校給食の充実，教育的活用等の観点から選択されたもので，以後この方針を堅持している．1994年頃からは，さらに学校給食の合理化が進められるなかで，「1校1栄養士による自校方式の学校給食」を存続するために独自性をうちだす必要があり，その中で市内の一部の学校から地場産農産物の食材利用が開始された．その後も栄養士と地元農協による「高崎しょうゆ（2002年）」，「高崎ソース（2004年）」の開発が行われるなど地域農業との結びついた展開が見られている．

　しかしながら，こうした取り組みは一部，とりわけ小規模に留まり，1990年代後半まで大きな広がりは見られなかった．広がりを見せなかった要因は，食材の流通経路の選択は学校給食会の方針によって強く規定される場合が多く，流通ルートの変更には，食材納入業者の既得権益の問題等があるからである．また，食材購入に係る補助は，図9-1に挙げたⅠ型Ⅱ型の取り扱う範囲を対象に行われてきたため，地場産農産物など補助の対象外である経路は選択されにくい状況があった．その結果，学校給食会を中心とした今日までの食材供給体制は，量の確保，コストの面から納入業者との計画的な大口取引が主体とな

(参考1) 高崎市の自校方式学校給食
この日のメニュー「ジャージャー麺」は，地元JA直売所から購入した野菜や，同JA開発の市内産小麦の麺が使用されている．その他，県の品種であるゴロピカリを50%使用した米粉パンと市内産ブルーベリーを使用したジャムが出されるなど，加工品においても地場産品の利用が重視されている．

り，季節性のある小口の地場産農産物の納入が困難であった．

　先に挙げた給食食材独自の流通問題だけではなく，国内の農産物流通構造や態様も少なからず影響している．野菜生産出荷安定法（1966年）や卸売市場法（1971年）に伴う流通の広域化により，卸売市場では地場産農産物の取引が減退した．こうした傾向から，納入業者が仕入れを決定する際，学校給食会から受注した数量と価格が合致しない場合が多い地場産農産物は選択されにくかった．

　しかし，近年の制度変化に伴い，これまで国庫補助に依拠してきた食材供給体制は変化している．1997年に閣議決定された「特殊法人の整理合理化について」という通達に基づき，日本学校給食会（現(独)日本スポーツ振興センター）は食材供給業務を縮小して，各自治体給食会に食材供給業務を委譲した．新たな事業として「学校給食における地場産物活用事業」（2002年）を開始し，情報提供などの支援業務を行うようになった．このような近年の給食用食材流通をとりまく環境変化は，自治体ごとに個性が生まれる契機となり，特色のある給食づくりを推進する要因となった．

(3)　政策による食育の推進と学校給食法の改正

　1990年代以降，地場産農産物[6]を活用した学校給食は，「地産地消」[7]の実践のみならず，食と農に関連づけた体験が組み合わされた形で広がっている．

　行政による農業体験学習が推進され始めたのは，1998年が1つの節目と見ることができる．同年，農林水産省[8]は農政改革大綱において，農山漁村を活

動の場とした体験学習の充実と推進を図るとの方向性を示した．文部省では，中央教育審議会の答申にて，「生きる力」の涵養には自然体験や農業体験が必要であると指摘している．

民間組織の動きとしては「田んぼの学校」「メダカの学校」などによる積極的な働きかけ（2000年）が見られ，2002年から開始された「総合的な学習の時間」では，学校教育の範囲内で農業体験学習が注目されるようになった．

さらに，学校給食における地場産率の向上と農業体験の推進傾向が見られはじめたのは，食育問題が広範に論議され，国政レベル[9]で重視されるようになったことによる[10]．文部科学省では，地場産農産物を食材とする学校給食を積極的に推進する方向を示し（2002年）[11]，食材選定や検査体制の調査を主軸としたモデル事業（2003年）において，安全な食材確保策として地場産農産物の利用を推進している．これによって，食材供給先の農家との交流や，地場産農産物を活用した教育実践が進んだ．

2004年には，学校栄養士に教諭資格を付与する栄養教諭制度が開始されたことで，給食運営だけではなく，専門性に基づいた食に関する指導の強化が図られた．翌年の2005年には，国民の心身の健康に寄与するとした「食育」の推進を目的に食育基本法が制定された．これらの動向は，食への安全・安心志向の高まりと相まって，メディア等を通じて注目を集め，一般に知られることにつながった．

そして，教育基本法や学校教育法など重要な教育法規が改正されるなかで，食育基本法の制定に伴い，制定から半世紀以上経過した学校給食法についても，2008年に大幅な改正が行われた．

改正された学校給食法（以下，改正基本法）では，食育基本法に連動する形で，法律目的と学校給食の目標について，新たな条文が付け加えられている．改正基本法の第一条を見ると，学校における食育の推進を図ることが新たに目的として加えられたほか，学校給食の目標（第二条）では，従来の4項目から7項目に増え，条文の四項以下では食育基本法を受けた内容が見られる．

参考2に挙げた改正基本法を見ると，改正前に見られた「食料の生産，流通及び消費について，正しい理解に導くこと」に加え，その理解や態度について具体的な指針が示されている．ここでは学校給食を通じて，「我が国や各地域

第9章　学校給食にみる都市農村交流

> （参考2）学校給食法　第二条　学校給食の目標　四項から七項
> 四　食生活は自然の恩恵の上に成り立つものであることについての理解を深め，生命及び自然を尊重する精神並びに環境の保全に寄与する態度を養うこと．
> 五　食生活が食にかかわる人々の様々な活動に支えられていることについての理解を深め，勤労を重んずる態度を養うこと．
> 六　我が国や各地域の優れた伝統的な食文化についての理解を深めること．
> 七　食料の生産，流通及び消費について，正しい理解に導くこと．
> （学校給食法・2008年　改正版より抜粋）

の優れた伝統的な食文化（六）」や「食生活は自然の恩恵の上に成り立（四）」っているとし，「食にかかわる人々の様々な活動に支えられ（五）」ているものであるとの視点に立って，食料の生産，流通，消費について「正しい理解」に導くことを目標に掲げている．

改正基本法で新たに加えられた条文は，これまでの学校給食の均質化・合理化の方針がともすればなおざりにしてきた地域性を踏まえた食生活や，農業・農村環境とそれに付随する活動に焦点を充てたものである．一方で，伝統の理解，精神性・勤労観の醸成など，家庭や地域で教育されてきたことを，食育として国の意志を盛り込んだ形で法制化し，学校給食等教育体系のなかで「教育」することについては議論が分かれるだろう．

3. 都市農村交流の取り組み類型とその効果

（1）学校給食における食と農の接点

先述した政策変化に伴い，地場産農産物を給食用食材として利用するだけではなく，農村の人的・生活文化的な資源や農業の特質を「活きた教材」として活用する取り組みが見られている．以下では，学校給食から派生した取り組みが，都市農村交流の実践として効果を現すための要素を考察したい．

図9-2において，学校給食における食と農の接点を模式的に表した．学校給食として児童らの口に入るまでの一連の流れは，①農産物の生産段階，②供給段階，③調理段階を経ており一般的なフードシステムと大きな差異はない．学

```
┌─────────────────┐   ┌─────────────────┐   ┌─────────┐   ┌④給食段階──┐
│①農産物の生産段階│   │②農産物の供給段階│   │③調理段階│   │┌──┐┌──┐│
│1．地元農家      │→ │1．生産者から直接納入│→│自校方式 │→││学││児││
│2．農家以外の地域内│  │2．直売所，農協等が │  │         │  ││校││童││
│   生産組織      │   │   取りまとめて納品 │  ├─────────┤  ││給││・││
│3．他地域農家    │   │3．市場，業者を介して│  │センター │  ││食││生││
│4．学校内で生産  │   │   納入            │   │方式     │   ││  ││徒││
└─────────────────┘   └─────────────────┘   └─────────┘   │└──┘└──┘│
                                                            └─────────┘
```

←──────────────────→ 食と農の「つながり」づくりの基本的条件 ←──────────────────→
                    (1)物理的・心理的距離の近さ
                    (2)食までの段階と関連性をいかに理解させるか

出所：筆者作成．

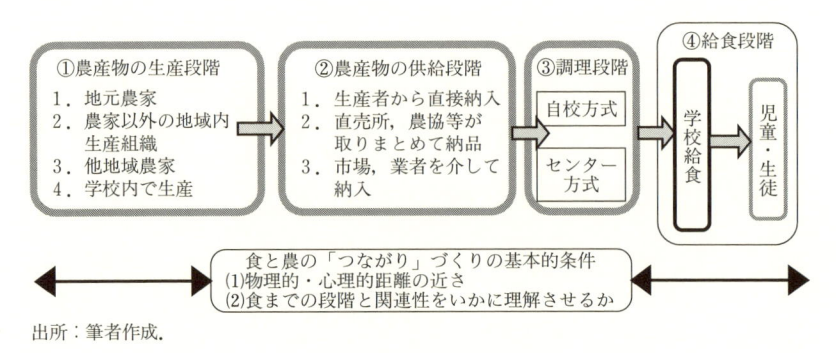

図 9-2　学校給食における食と農の接点（模式図）

校給食における都市農村交流の実践は，一連のフードシステムを活かすために，給食用食材を媒介とした取り組みを行うのが一般的である．

　ここで重要なことは，ただ農産物を供給するのみの一方向の関係では，交流や体験活動として成立しにくいだけでなく，効果的な活動に発展しえないことである．食材供給をするときにお互いの「顔」が見えない関係であると，実質的に関係性が断絶されている状況にある．これでは，児童・生徒と農家らが学校給食を通じた「受け手」と「送り手」であることが自覚できず「交流」できない．とりわけ，卸売市場等を介して農産物が供給される場合，生産者と児童・生徒の双方は，互いの「顔」が見えないため，学校給食を介して互いの関係を知ることは少ない．また，環境的な近さがあっても，地元農家が「学校給食へ供給する農産物を生産している」という意識がなく，児童・生徒らも自分たちが食べる給食の食材が地元産だと知らない場合は関係性が成立しにくいのである．

　したがって，遠方の産地等と交流の機会を持たない学校が多い現状では，「環境的な遠さ」は，「関係性の遠さ」とイコールの関係と考えられるだろう．たとえば，地場産農産物を給食用食材に利用している場合には，作り手である地元農家と地理的環境や関係性の面で「近い」ため，交流の場面が設けやすい．児童・生徒らの住む地域の人や彼らの祖父母など，身近な人が関わる場合には，体験・交流活動への協力が仰ぎやすい環境にあるだけではなく，より密接な関係性を持てるなどの利点がある．

表 9-1　学校給食における都市農村交流の取り組み類型

交流方法	取り組み内容	具体例
1. 農産物の生産段階での交流	・生産現場の見学	・給食用農産物の生産農家へ訪問など
2. 農産物の供給段階での交流	1) 生産者からの直接的な食材供給 2) 地域内組織からの食材供給 3) 農産物直売所等を通じた食材供給 4) 他校および他地域との食材交流 5) 取引業者へ地場産農産物の集荷を依頼	・農家から給食調理場へ直接搬入 ・市民農園グループ(今治市)，福祉施設(高崎市)など ・直売所や農協が取りまとめ給食調理場へ搬入 ・県外校と手紙や特産品を送りあう等の交流 ・調理場への地場産農産物の供給に止まる
3. 給食時間を通じた交流	1) 校内放送 2) 交流給食	・農業や食に関する事柄や生産者情報の伝達 ・農家や地域関係者を招く特別給食など
4. 授業時間を通じた交流	1) 栄養士，教師等による体験指導・授業 2) 外部講師による体験指導・授業	・教師と栄養士(栄養教諭)のチームティーチングなど ・農業者，調理師，地元住民，行政担当者などが指導 ・地元食材の活用した郷土料理づくりなどの調理体験 ・給食用味噌や茶葉など加工品の製造体験 ・学校農園を利用した生産体験と食材利用
5. 家庭段階での交流	1) 給食だより等配布物 2) 給食試食会 3) 保護者を含めた農作業体験 4) 保護者を含めた調理体験	・生産者情報や農業に関する情報の記載 ・保護者を対象に直接学校給食を ・親子米作り教室(南国市)など ・PTA活動の一環など

出所：筆者作成．

　環境的な遠さがありながらも，直接的な交流を行う可能性もある．群馬県嬬恋村では，キャベツ等の供給先である東京都内の学校の生徒が，行事を通じて同地域を訪問し，農業体験を行うなどの交流を重ねている．同地域の取り組みは，農家にとっては消費者との交流による営農意欲の向上，都市部の児童らにとっては農業・農村を知る機会となっている．嬬恋地域の例から得られる示唆として，互いの「顔」を双方が意識している場合は，遠方であっても交流を行う可能性があるということだろう．

(2)　学校給食を通じた取り組み類型

　学校給食を通じた都市農村交流のあり方には具体的にどのようなものがある

かについて，学校給食のフードシステムの各段階と児童・生徒らが関わる場面ごとにまとめたものが表9-1である．食材の産地や生産者が明らかであり関係性が築ける場合は，その利点を活かした活動がみられる．

「2. 食材供給を通じた交流」では，学校給食の食材を供給することで，児童・生徒の口に入るなど，給食の本来的な役割としての接点を持つが，物を介した間接的な交流に止まっている．だが，食材供給の接点があることは，「1. 農産物の生産段階での交流」「3. 給食時間を通じた交流」「4. 授業時間を通じた交流」「5. 家庭段階の交流」など直接的な交流の機会に発展が可能になる．農家の指導による農業体験・調理体験や，行事時に生産者と児童・生徒が一緒に給食を食べる「交流給食」などは，食材供給が日常的に行われていることで初めて成立するものだろう．これらの取り組みでは，「給食の野菜を作っている人や場所」という認識が，子どもたちの動機づけとして機能すると考えられる．

食材供給から直接的な農業体験・調理体験へ発展した例として，高知県南国市を挙げたい．同市では，1996年頃より地元の中山間地域の棚田米を家庭用炊飯器で炊き，アツアツのご飯が給食に登場している．「山で採れた米をお家の炊飯器で炊く」という「物語性」を持たせたことで，米飯を美味しく提供できるとともに，生産から消費の過程を子供達に伝えることにつながった．棚田米の供給から発展して，棚田米生産者や地元農協職員，栄養職員ら取り組みに関わる人々が講師となり，教室だけではなく生産の場をフィールドとした食育および地域教育が行われた．市内の小学校5年生を対象に，親子で給食用の棚田で米作り体験を行い，収穫後は学校へ生産者を招待して交流給食をとる機会を設けている．同事例からも，顔が見える形で地場産農産物の供給によって，その地域の特色を引き出した効果的な活動に派生していることがわかる．

(3) 交流による効果の発現とは

以上までの検討を踏まえ，学校給食における都市農村交流の実践を行う際に重要な要素として，児童・生徒らへの体験の質と取り組み頻度についても言及しておきたい．図9-3に学校給食からの派生的取り組みと取り組み効果について，子どもの体験活動の関与度合いと取り組み頻度の概念図を示した．

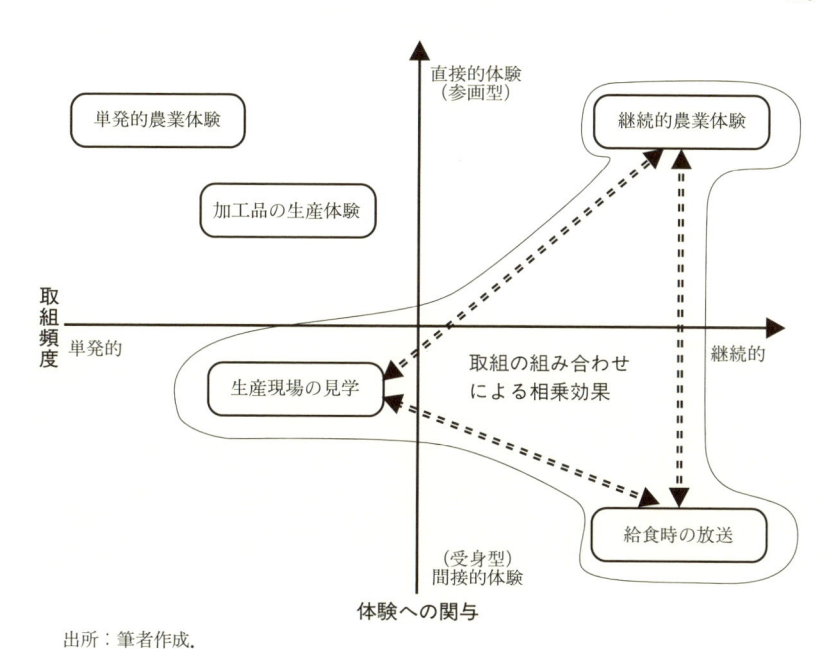

図内ラベル:
- 縦軸: 取組頻度（単発的 ↔ 継続的）
- 横軸: 体験への関与（(受身型)間接的体験 ↔ 直接的体験(参画型)）
- 単発的農業体験
- 加工品の生産体験
- 継続的農業体験
- 生産現場の見学
- 取組の組み合わせによる相乗効果
- 給食時の放送

出所：筆者作成．

図 9-3　学校給食からの派生的取組と効果概念図（一例）

　まず，「給食時の放送」で生産者情報を伝える取り組みは，児童・生徒らは間接的な情報を受けるだけで，その意味や価値が実感を伴って理解できないものである．だが，「生産現場の見学」や「農業体験」を通じた直接的な交流がある場合には，「給食時の放送」で生産者の名前と農産物の情報を知らせると「あのとき米作りを教えてくれたおじさんだ」などと児童らが体験を思い出し，実感を伴った理解や日常的なつながりを感じさせる機会となりうるだろう．

　逆に，直接的な体験であるが単発的な交流の場合，先に挙げた間接的な交流の方法を行うことで，関係の連続性を保つことができると考えられる．米作り体験を例にすると，ある学校で稲の定植と刈り取り体験の年間2回の活動を行った場合，児童らと農家の直接的な交流の機会はきわめて限られたものである．しかし，生活科等の時間を通じて生産現場へ見学に出かけることや，給食時の放送で農業指導してくれた農家の名前や農産物等の情報を耳にすることで「つながり」を意識し，直接的な機会の少なさを補完することができよう．そのた

め，図9-3に示したように，学校給食における都市農村交流には，食材の「送り手」「受け手」の関係づくりをしたうえで，取り組みを組み合わせ，それぞれの特徴を活かした形で相乗効果を図りながら交流することが肝要である．

そして，教育効果を期待するのであれば，学校給食の中で農産物を通じて，なにを伝えたいかを考え，地域の「農」と「食」に向かい合った取り組みを段階的・継続的に実施することが求められる．また，食材供給を通じた交流では，給食用食材の性質と地域性，生産者と児童・生徒らとの関わり方によって，交流による効果が変化することも加味せねばならない．

4. むすびにかえて

戦後，経済発展とともに食・農システムの複雑化・高度化・外部化が急速に推し進められ，人々の生活環境も大きく変化した．人間の生存に不可欠な要素である食と農は，経済効率性の追求やグローバル化した市場原理によって分断され，有機的な連関で捉えられにくい現状にある．また，物流や消費生活の現状だけでなく，食と農を通じて家庭や地域がつむぎ上げてきた技術や知恵も若い世代と分断された状況にある．

たとえば，食に対する感謝やマナーなど行動規範となる認識に加え，加工調理や農業生産，年中行事と食の関わりなどの知恵，技術が伝達されていないことに現れている．これらの状況は，社会的背景が密接に絡み合い，家庭そして地域社会へ構造的な影響を及ぼした結果と見ることができるだろう．

このような現状に対して，児童・生徒に対して農業体験や食体験の機会を提供できる都市農村交流の実践が注目されているのは，主に2つの視点に起因している．1つは，前述の児童・生徒をとりまく食に係わる現状に対して，有効な教育手法として注目されている点である．もう1つは，地域社会や行政の立場からは，過疎・高齢化する農山村地域および希薄になった地域コミュニティの活性化，農産物活用策の1つとして期待する視点である．

いずれの視点おいても，都市農村交流によって，様々な年代や立場が連携することや，ふれあいの機会を作ることは，都市・農村の二項軸から化学変化にも似た影響をもたらす場合があることは共通的に認識されている．学校給食を

通じた取り組みにおいても，地道に取り組んできた市町村の実践は，食育や学校給食による地産地消が政策的に推進される現在にあって，これらの政策を先導するものとなった．

近年，政策的な推進傾向が見られたことと，各地での取り組みが散見されるなかで，次の論点を提示しておきたい．現状のように政策に規定され「義務化された交流」から，児童・生徒を対象にした都市農村交流の未来を切り拓けるのか，ということだ．

本来，「交流」とは強制されて行うものではなく，人と人との結びつきによって行われ，時間を重ねながら関係性を築き上げてゆくものである．また，地域の培ってきた知恵や技術は，家族や地域の大人との関わりを，好む好まないにかかわらず日常生活の中で体験を重ねることで伝承されてきた．

学校給食を核とした活動も含め，児童・生徒を対象とした都市農村交流が行われているにもかかわらず生活技術や知恵の伝承が果たせていない現状には，児童・生徒と地域の大人らと活動したり，コミュニケーションを図ったりするには充分な時間や内容ではなく，表層部分を撫でる程度の交流や体験が多いためだ．したがって，生活規範や意識への働きかけにまで至らないのである．

そして，政策的な枠組みのなかで農業体験や交流を「強制」された場合，すでにそれは「交流」の関係性にはない．「強制」の関係からは，「交流」を目的とした活動が希求する，地域住民の自発性に基づいた活動が有効に機能しないことや，政策転換により実施の義務や支援がなくなると，活動そのものが終了する可能性も指摘できるだろう．

現状の政策による体験・交流活動の推進が必ずしも有効ではない例として，食育推進の担い手として期待される栄養教諭による教育効果が見られていないことが挙げられる．2005年の(独)日本スポーツ振興センターの児童生徒の食生活等実態調査によると，栄養教諭配置校と未配置校で児童生徒の食品のはたらきに関する知識や学級担任の意識に対して大きな差が見られていないという結果が示された．これには栄養教諭制度だけはなく，教員の取り組み意識や時間数の課題もあるだろう．

また，農業体験の取り組み主体や指導者として農業者の活躍が期待される一方で，彼らの多くは自身に期待されている役割を明確に意識してない状況もあ

る．片岡[12]が特定単位農協生産者に行った食農教育への参画意識と取り組み状況のアンケートでは，9割強の農家が学童への農作業指導など食農教育の取り組みに参加したことがなく，このうち7割の農家は今後も食農教育に参加するつもりはないと意思表明をした．これらの実態からは，取り組みの義務化やルーティン化することは，寄せられる期待と取り組み主体である大人の意識が乖離していると見ることができよう．

　学校給食を通じた都市農村交流が，規定された枠組みから地域の自発性を促した交流へ発展するには，地域農業の実態を含め，その地域の特性を実践の基軸を据えること，取り組み主体の明確な課題意識と実践への行動力を持つことが重要である．また，子どもたちの健康な成長への願いだけではなく，教員，保護者，農業者らが食と農の問題に関わる当事者意識を持つことは，学校給食における都市農村交流を考える上で最も重要なキーポイントになるものと思われる．今後は，先進的に取り組んできた地域での努力を踏まえ，一方向に止まらない交流のあり方を模索することが求められる．

注
1) 2008年度現在，国公立校における完全給食の普及率は，小学校で99.2％，中学校で75.6％の割合に至り，世界的にみても高い給食実施率を実現している．学校給食に関する統計資料は，日本体育・学校健康センター『学校給食要覧』および文部科学省体育局「学校給食実施状況調査」に詳しい．
2) これらの動向を反映して，学校給食に関する報道や調査研究が多数見られるようになった．例えば根岸は，学校給食による食嗜好への影響を分析し，食材供給に果たす農業関係者の役割の重要性を指摘した（根岸久子「ライフスタイルの転換と食―農との新しい結びつき」『農林業問題研究』地域農林経済学会，第145号，2002年，177-186頁）．中村・秋永は，学校給食用食材に占める「地場産自給率」の低さと地場産農産物導入の関係を実態調査に基づいて考察し，多くの課題点を提起している（中村修・秋永優子・田中理恵・辻林英高・川口進「学校給食の地場産自給率に関する研究」『長崎大学総合環境研究』長崎大学環境科学部，第6巻第1号，2003年，89-112頁）．片岡・胡は，高知県南国市の取り組みから地場産農産物を導入した学校給食の取り組みに対する評価と課題を示し，学校給食における地産地消を「地域内の人・物の対流により，市場経済で評価されない価値（農業の多面的機能，教育的効果など）が生まれる」とし，それらの取り組みは「地域のムーブメント」であると位置付けた（片岡美喜・胡柏「農と食をつなぐ学校給食の取組と効果―高知県南国市を事例として―」『愛媛大学農学部紀要』愛媛大学農学部，第47号，2002年，21-28頁）．続い

て胡・片岡は，学校給食における地場産農産物の利用と有機農業運動との関係を分析し，地産地消を基本とした学校給食の拡大を目指すには，「有機」などのコンセプトを明示的に示す必要があることを明らかにした（胡柏・片岡美喜「学校給食における有機農業と地産地消の世界―愛媛県今治市の取組みを中心として―」『農林統計調査』(財)農林統計協会，3月号，2003年，9-16頁）．
3) 学校給食法の第2条において，次の4点の目標達成に努めることを示している．個人の食習慣やマナーに関わる内容は，「1 日常生活における食事について，正しい理解と望ましい習慣を養うこと」「3 食生活の合理化，栄養改善及び健康の増進を図ること」が掲げられている．学校生活による社会性の涵養に関わる事項として「2 学校生活を豊かにし，明るい社交性を養うこと」，社会および産業理解や消費者教育として「4 食料の生産，配分及び消費について，正しい理解に導くこと」が挙げられている．
4) 朝日新聞「戦後50年 学校給食の歩み（語り合うページ）」1994年9月16日，産経新聞大阪朝刊「消えた日本人再発見の旅 日本の改善運動（2-1）」2004年1月17日を参照．
5) 片岡美喜「農協における教育活動への対応と地域波及効果の実態考察」『協同組合奨励研究報告第三十三輯』全国農業協同組合中央会，家の光出版，2007年を参照．
6) 「地場産」とはどの範囲を指すのか，しばしば議論になる．藤島・山本らは，小規模野菜生産地の流通問題の観点から，地場流通は流通の拠点となる卸売市場を中心に半径50～60kmの範囲で生産され，その域内へ仕向けられる流通および，生産者グループなどによる地域の自主的流通を指している（藤島廣二・山本勝成『小規模野菜産地のための地域流通システム』(財)富民協会，2000年，9-11頁）．中村は，学校給食での地場産食材率向上の観点から，自治体（市町村）内部で生産された農産物を指している．先達の地場産の定義を踏まえ，本稿における地場産の範囲は，「学校給食の実施主体である当該学校給食会の範囲で生産される農産物」と定義する（前掲，中村ら「学校給食の地場産自給率に関する研究」）．
7) 一般的に「地産地消」とは，「地場生産―地場消費」を意味する略語である．その意義として，①流通コストの削減，②消費者，生産者の相互理解，③遠隔輸送により発生する環境負荷の軽減，④地域内自給率の向上，⑤農業生産維持・向上による環境保全効果，⑥地域内コンセンサスの醸成などが挙げられる．
8) 農林水産省では，食育基本法が策定される以前，児童・生徒らと農業・農村との交流・体験活動の基本概念として「食農教育」を挙げていた．その後，「食育」という語に変わりながらも農業体験活動の促進がさらに強まるようになった．食農教育の概念が生成された背景と，農水省において取り組まれた経緯については，清水悟「農文協の出版・文化活動における「食農教育」の取組みとその背景」『村落社会研究』(通号42)，日本村落研究学会，2006年，141-178頁が詳しい．
9) 政治の動きとしては，第159回通常国会首相施政方針演説の中で，教育の柱に「知育・体育・徳育」の3領域に加え，「食育」の推進を表明したことに加え，自民党で食育調査会が編成され，学校給食における地場産食材の使用割合の数値目標を設定している．

10) 「食育基本法計画に目標値」『日本農業新聞』2004年1月31日を参照.
11) 「学校給食食材を安全に」『日本農業新聞』2002年9月8日を参照.
12) 前掲片岡論文, 286-291頁.

第10章　農家レストランにおける都市・農村交流

岸　上　光　克

1. はじめに

　食育基本法の制定など国民の「食」に関する関心は高まりつつあるが,「食」への関心の高さに比べて，その根源ともいうべき「農業（農村）」への理解・関心が充分とは言い難い．しかし，食料自給率の向上や食の安全・安心を求める声の増大，地産地消やスローフード運動の広がりなどのなかで，日本農業に対する期待や農業・農村のもつ多面的な機能に対する評価は高まりつつある．

　このような状況のもと，農村活性化の一手法として，グリーン・ツーリズムや都市農村交流が広がり始めている．近年，これらは多様な事業展開をみせているが，大別すると①農家民泊にみられる宿泊，②農産物直売所にみられる直売，③農家レストランにみられる飲食，④農作業体験にみられる体験の4つに分類できる．なかでも，地域の食材を提供する「農家レストラン」は，女性の起業，中山間地域の活性化など様々な視点から注目を集めている．また，消費者（都市住民）に対するアンケート調査でも農山漁村に旅行に行く場合にしたい過ごし方と体験で「おいしい食を楽しむ」が1位になるなどそのニーズは高い[1]．

　本章では，農家レストランの動向を整理するとともに，「生産者の顔がみえる」また「地域で複合的な展開をみせる」農家レストランとして，大阪府枚方市の「農園　杉・五兵衛」と和歌山県田辺市の「みかん畑」を取り上げ，農家レストランの実態を把握するとともに，その意義について明らかにする．

2. 農家レストランの現状

(1) 農家レストランの定義

「農家レストラン」は農家や農村地域の女性(グループ)が運営・経営するレストラン・飲食店・食堂などと解釈されるが,明確な定義はない.例えば,農林水産省の農林業センサスなどでの用語解説によると,「農業を営む者が食品衛生法に基づき,都道府県知事の許可を得て,不特定の者に,使用割合の多少にかかわらず自ら生産した農産物や地域の食材を用いた料理を提供し,代金を得ているもの」とされている.

本章では,(財)都市農山漁村交流活性化機構の定義する「農家自ら又は農家との密接な連携の下で,その農家が生産した食材,または地域の食材を使って料理・提供している,当該地域に立地するレストラン」とする[2].

(2) データからみる農家レストランの特徴

少し古いデータであるが,(財)都市農山漁村交流活性化機構のアンケート調査から全国的な農家レストランの特徴を把握する[3].アンケート調査結果をみると,立地条件では,80%程度が「都市から離れた山間部」となっており,その7割程度が「観光ルートからはずれている」となっている.また,約20%が公共施設(道の駅,公共施設内)に併設されており,約90%が直売施設,農産加工施設,体験・交流施設を保有していることから,他の関連施設(事業)との結びつきで都市と農村の交流拠点施設としての役割を果たしている.

運営主体をみると,農家グループが37%,農家が25%,農業生産法人が6%となっている.つまり,生産者が直接運営主体であるものが70%となっており,残り30%が第三セクター,農協,市町村によるものである.

年間売上をみると,個人経営では1000万円未満が過半数を占めており,農家グループでは500～3000万円,法人組織では1000～5000万円となっており,農家副業的なものから企業的なものまで幅広い展開がみられる.顧客単価は,運営主体を問わず500～1500円である.年間客数は,個人経営1万人,農家グ

ループ2万人,法人組織3万人となっている．経営収支をみると,個人経営では70%,農家グループでは80%,法人組織では60%が黒字経営となっている．また,客層は女性が多く,中年・熟年層が中心となっており,集客方法は「口コミ」が中心となっている．

このアンケート調査では,農家レストランを「地域経営型グリーン・ツーリズム」の一環として位置づけている．「地域経営型グリーン・ツーリズム」とは,地域の個性的条件に即したグリーン・ツーリズムの推進に必要な関連条件の整備,ビジネスの起業化・事業運営・マーケティングなど,その推進のために必要な取り組みに地域が一体となって,組織的に取り組んでいる地域体制である．つまり,農家レストランは単に地域の食材を活かした「食」を提供する場として単体で存立するのではなく,都市農村交流・連携を目的とした総合的なグリーン・ツーリズムの推進のための一手段であり,生産現場や農産物直売所など地域資源との連携によりその役割を果たすものと考えられる．

(3) 農家レストランの変遷と分類

グリーン・ツーリズムの発展段階として,第1段階が農村景観・環境整備,第2段階が農産物直売所,第3段階が農業・農村体験や農産物加工・販売,第4段階が農家レストラン,第5段階が農家民泊と考えられている[4]．つまり,農家レストランはグリーン・ツーリズムを展開する上で比較的難易度が高い．そのため農家レストランが増え始めたのは,1990年代後半と比較的新しいものの,2005年農林業センサスでは826件となり,2009年の(財)都市農山漁村交流活性化機構のホームページでは1,200件を超えている．

これほどまでに多くの農家レストランが開設される背景には,都市農村交流政策が推進されたことがあげられる．70～80年代には観光農業などが推進され,消費者が自らの手で収穫し食べるという形態が一般的であり,非常に広い意味ではこれも農家レストランともいえるが,現在のような施設を備えたものは90年代の農産物直売所の設置とともに,拡大していく[5]．また,農村地域における食文化の伝承(地域資源の活用)や地域経済の活性化(女性起業)を目的とした農産加工品の提供を契機として,現在では多様な展開をみせている[6]．

現在の農家レストランは,以下のように分類できると考えられる．①個人や

グループ経営による特定メニューや郷土料理などの提供，②個人やグループ経営による地域食材を活用した料理の提供，③「道の駅」などにおけるファミレス風の料理提供，である．

以上のような特徴をもつ農家レストランではあるが，近年ではその位置づけ（消費者が求めるもの）が変化をみせている．かつては，安全・安心な地場農産物を提供することを目的としていたが，近年ではその生産現場もしくは生産現場を有する地域全体をみせるということに重点が置かれつつある．農家レストランにおける都市農村交流が「食べる」だけにとどまらず「生産現場・地域を味わう」という新たな方向で展開しつつあることは注目すべき動きといえよう．

そこで，本章では，自家農園で生産した農産物を原材料として料理を提供する「農園 杉・五兵衛」と，地域をあげて都市農村交流に取り組む「農業法人株式会社秋津野」の「みかん畑」の取り組みをみることにしたい．

3. 都市農村交流拠点としての農家レストラン

(1) 「農園 杉・五兵衛」の取り組み
①取り組み経緯

「農園 杉・五兵衛」は，園内で栽培・収穫した季節の野菜・山菜・果物などを中心とした農園料理を提供する農家レストランである．「農園 杉・五兵衛」のある大阪府枚方市は府東北部に位置しており，京都府と奈良県に接している．人口約40万人，面積約60km^{2}の都市的農村地帯である．高度経済成長期以降，都市化が進展し，農業の衰退が顕著となった．

今から40年前，園主は農業の価値（重要さ）について考え，「農業の価値は，単に食料の生産だけでなく，その育てる過程に重要さがある」，「仮に食料は海外から輸入できたとしても，育てるという行為は輸入できない」という結論に至った．また，当時から「食農教育」や「農業の6次産業化」などについても重要であると考えた結果，農家レストランへの取り組みを始めた．園主は農家レストランを単に「食事の場」と考えるのではなく，「食農教育の場」，「農産物の販売所」と位置づけている．

「農園 杉・五兵衛」本館

　1971年，園主自らが6畳2間という規模で農家レストランを開設し，提供する食事は「おにぎり・芋・柿」のみであった．本人も不安を抱えての開設であったが，地域の子ども会や婦人会等の利用で連日賑わいをみせた．このことから農家レストランに対する消費者ニーズを確信し，本格的に店舗を構え営業することとなった．

②現状の取り組み
　園内には農園料理を提供する農家レストラン（「本館」と「テラスハウス」），パン・ケーキの工房と販売所，喫茶スペースがある．そこでは，正社員10人，地域からのパート・アルバイトを含めると約50人を雇用している．正社員は若年層を中心に全国から雇用しており，作業分担は行わず，生産から販売まで園内のすべての作業を行っている．農家レストランの営業時間は11〜21時，年間利用者は4〜5万人程度であり，将来の目標は10万人としている．
　農家レストランをみると，本館とテラスハウスあわせて約300人が収容可能で，ランチタイム（大人2,000円）とディナータイム（予約制で大人3,500円〜）で営業している．農家レストランの料金には園内散策料が含まれており，園内では四季折々の農産物や花々が鑑賞できるとともに，ロバ等の家畜とのふれあいを楽しむこともできる．

「にしめ方式」のランチバイキング

　農家レストランを核とする農園は約6haあり，年間を通じて野菜・果樹等を生産しており，提供される料理の素材は園内で生産された農産物が基本となっている．園主は，「料理をするために生産しているのではなく，生産されたものを料理する」という考えであり，料理に使用する野菜は100％自家生産であり，仕入れ商品についても国産のみを取り扱うようにしている．

　ランチタイムの提供方法は，一般的な「バイキング方式」ではなく，独自の「にしめ方式」である．バイキング方式では，利用者の好みが優先されてしまい「個食」による栄養バランスも懸念される．そこで，来客者1人ひとりにまずは食べてもらいたい旬の料理を提供し，それを食べ終わるとバイキング形式となる「にしめ方式」を採用している．

　ディナータイムでは，自家製野菜，山菜，川魚等を料理した「農園会席」，こだわり地鶏のすき風鍋「山菜よせ鍋」，陶板焼「野菜と牛肉のほうらく焼き」，山菜よせなべ付き会席「特別おすすめ献立」等を提供している．

　農家レストランでは，料理の原材料となっている農産物の直売も行っている．一方で，料理の食べ残しなどは，園内の家畜の飼料にするといった仕組みで「園内の物質循環」を実現させている．

第10章　農家レストランにおける都市・農村交流

③農家レストランを核とした多様な取り組み

園内では農家レストランとともに,「食農体験塾」や「農業体験農園」などにも取り組んでいる.

「食農体験塾」の内容は,地元農家の指導による農業体験,収穫した野菜の料理講習会,農家レストランでの食事などであり,年間30人程度を受け入れている.1回(1日)で,「農作業」,「収穫」,「加工」といった一連の農作業体験ができ,1日体験コース(6,000円),半年コース(5,000円×7回＝35,000円),通年コース(5,000円×14回＝70,000円)が用意されている.

「農業体験農園」は,年間利用料金50,000円(指導料,種,苗,肥料,農機具使用料を含む)の市民農園である.1区画20m^{2}で50区画を募集しており,現在35区画の利用がある.

さらに,「収穫体験(年間利用者2,000人程度)」,「大豆トラスト運動(1区画5,000円で40人が参加)」,「野菜と大豆育てスクール(2009年度より開始)」など多様な都市農村交流・連携への取り組みを展開している.

(2)「みかん畑」の取り組み
①取り組み経緯

「みかん畑」は,地域の女性が運営する「地産地消・スローフード・郷土料理」をキーワードとした農家レストランである.

「みかん畑」のある和歌山県田辺市上秋津は田辺市西部に位置し,人口3,350人の農村地域である.1980年代半ば以降,同地域の人口は増加傾向にあり,混住化とともに都市化が進展した.そのような状況のもと,コミュニティと経済活動を一体化させた農を基本とした地域づくりが高く評価され,1996年度に「第35回農林水産祭表彰・村づくり部門」で天皇杯を受賞している.

「みかん畑」開設の契機は「農業法人 株式会社秋津野」の結成である.地元木造小学校移転が決定した状況のもと,2003年に木造廃校舎利用の方向性や基本的な考えを地域で検討した結果,「教育・体験・交流・宿泊・地域」がキーワードであるという結論に至り,地域資源を活かし,地域づくりと経済活動の両立を目指す事業を展開することとなった.地域を支えてきた農業が大きな転機を迎えており,農業への不安が拡がりつつあるなかで,その解決策の1つ

農家レストラン「みかん畑」　　　　　　　　地産地消ランチバイキング

としてグリーン・ツーリズムに取り組む必要があると考えたのである．

　2008年,「きてら」,「俺ん家ジュース倶楽部」の事業を段階的に展開してきた上秋津地域は新たに地域内外からの出資を募り，農とグリーン・ツーリズムを活かした地域づくりを目的とした「農業法人　株式会社秋津野」（資本金4180万円，株主数489人）を設立した．「みかん畑」は都市農村交流施設である「秋津野ガルテン」に開設された[7]．

②現状の取り組み

　「みかん畑」は，地域の女性（約30人）によって運営されており，農家女性を中心としつつ非農家の女性も参加している点が特徴的である．営業時間は平日11時30分〜14時，土日祝日11時〜14時となっているが，料理がなくなり次第営業を終了している．来客は当初予想の年間9,700人を大きく上回り，2008年11月〜2009年3月の5カ月間で約17,000人となっており，連日賑わいをみせている．売り上げは月平均300万円程度となっている

　ランチタイムの「みかん畑」はバイキング形式で約30種類の野菜を中心とした地産地消メニュー（大人900円）を提供している[8]．店内のテーブルに約20人を収容するほか，混雑状況や天候事情に応じて，中庭のテーブルや宿泊棟等の和室も利用される．また，宿泊者の朝食（紀州の茶がゆモーニング600円）や夕食（1,500円）とともに，パーティーなどの対応も行っている．さら

に，2010年8月からは農産加工体験施設兼地元特産のミカンを活用したスイーツ販売店舗として「バレンシア畑」を開設し，さらなる展開をみせている．

原材料の調達はチーフを含め3人で行っており，「きてら」を中心に近隣の農産物直売所等から購入している．開設当初，野菜中心のメニュー構成に対して不満を漏らす来客者の声もあり，運営方針に苦悩した時期もあったが，現在では野菜中心のヘルシーメニューこそが「みかん畑」の最大の特徴であると胸を張っている．

③農家レストランを核とした多様な取り組み

「農業法人 株式会社秋津野」の事業内容は，「みかん畑」のほか「農業体験学習」，「みかんの樹オーナー制度」，「市民農園（「日帰り型」と「滞在型」）」，「宿泊滞在施設（秋津野ガルテン）」と多岐にわたる．今後，「みかん畑」は農家レストラン，「きてら」は農産物直売所，「秋津野ガルテン」は都市農村交流拠点としての役割を担い，地域内で連携を図りつつ，都市農村交流に取り組んでいくことが確認されている．

また，同地域では，全国から農山村地域の問題解決に意欲のある人材を集め，「秋津野地域づくり学校」を開設している．この事業の目的は，地域活性化のマネージメント・プロデュースができる人材を育てるとともに，彼らが相互にネットワークを構築することである．参加者が各地域における取り組みの経験や成果を発信しあい，相互に学習しながら地域活性化に向けて交流・連携を進めることは重要である．

4. 農家レストランの意義

都市住民の食の安全・安心，スローフード，郷土料理などへの関心の高まりを背景に，今日の農家レストランは都市農村交流・連携の拠点として重要な役割を果たしている．

農家レストランの意義として，以下の3点が考えられる．1つ目は，農家ないしは地域経済の活性化を実現するとともに，若年層や女性を中心として，新たな雇用機会を創出していることである．「農園 杉・五兵衛」では若年層を中

心に約50人,「みかん畑」では地域の女性約30人を雇用しており,非農家が中心となっていることが特徴的である．また,経済面での活性化に加え,地域内での情報交換や交流が生じ,精神面での充実・活性化も味わっている．

2つ目は,地産地消の推進が実現するとともに,「食」を通じた総合的な都市農村交流の場が提供されていることである．「食」を切り口として,その根源である農業・農村の活性化などについても考えるきっかけとなっている．両事例とも,単に農家レストランを経営しているのではなく,地域農業振興や地域活性化を実現させるための一手段としてそれを位置づけており,農産物直売所などを併設し複合的かつ多様な展開をしている．

3つ目は,「食農教育(食育)」の場が提供されていることである．「食」と「農」の乖離が大きな問題となっている昨今では,農家レストランが「食」を通じた食育や農業理解の促進を担うことは重要である．

これからの農家レストランでは,単に「食」を提供する場にとどまらず,農産物直売所,農作業や加工体験などの多様な交流活動を自らもしくは地域で展開することが必要である．その結果,地域全体の都市農村交流・連携が多様化し,より活発化すると考えられる．

全国各地に農家レストランが存在し,今後も増える傾向であると考えられるなかで,各地域の農産物を利用した郷土色豊かなメニューを提供することは重要である．また,「食農教育」の実践を通じてこそ食を支える「農業」への理解が深まる．単なる「交流・連携」にとどまらず,都市住民を巻き込み地域農業振興や農村地域の活性化を実現させるために農家レストランは必要不可欠なものであるといえよう．

注
1) (財)都市農山漁村交流活性化機構『数字でわかるグリーン・ツーリズム2010』,第Ⅲ章グリーン・ツーリズムへの消費者ニーズ(71-74頁)を参照．
2) (財)都市農山漁村交流活性化機構編著『きらめく農家レストラン』,2007年．
3) (財)都市農山漁村交流活性化機構編『農家レストランとグリーン・ツーリズム』2001年を参考にされたい．当時の有効回答件数は,全国30県,278件となっている．また,詳細については,井上和衛『都市農村交流ビジネス 現状と課題』筑波書房ブックレット,2004年を参照されたい．
4) グリーン・ツーリズムの発展段階については,多方一成著『スローライフ・スロー

第 10 章　農家レストランにおける都市・農村交流　　　　　　　　　　　*179*

　　フードとグリーン・ツーリズム』東海大学出版会，2006 年，高桑隆『幸せレストラ
　　ン農家レストラン―農家レストランの開業と経営手法―』同友館，2010 年，関満
　　博・松永桂子編『中山間地域の「自立」と農商工連携』新評論，2009 年，佐藤誠・
　　篠原徹・山崎光博編著『グリーンライフ入門』農山漁村文化協会，2005 年を参考に
　　されたい．
5)　飯澤は「農家レストランといえば，明確な施設を整えたもののみを連想しがちであ
　　るが，決してそうではなく，求めるものによって直売所や観光農園なども立派な農家
　　レストラン」としている（飯澤理一郎「農家レストランに学ぶ「スローフード」の精
　　神」『農業と経済』昭和堂，2003 年 1 月）．また，その後の展開については，宮崎猛
　　編著『これからのグリーンツーリズム』家の光協会，2002 年，段野貴子「農家レス
　　トランへの期待」『農業と経済』第 67 巻第 9 号，昭和堂，2001 年，井上和衛・中村
　　攻・宮崎猛・山崎光博著『地域経営型グリーンツーリズム』都市文化社，1999 年，
　　21 ふるさと京都塾編『人と地域をいかすグリーン・ツーリズム』学芸出版社，1998
　　年を参照されたい．
6)　澤野久美「農村女性起業としての農家レストランの役割に関する研究―東北地方を
　　事例として―」『農村生活研究』第 50 巻第 2 号，2006 年 12 月．
7)　「秋津野ガルテン」の取り組みについては，岸上光克・藤田武弘「農村"大学"の
　　試みとスモールビジネスの創造」『農業と経済』2008 年 11 月号を参考にされたい．
　　また，これまでの地域づくりの系譜については，鈴木裕範編著『秋津野塾未来への挑
　　戦』きのくに活性化センター，2004 年に詳しい．
8)　予約では「秋津野松花堂弁当」（1,500 円），「スローフード弁当」（900 円）などの
　　対応も行っている．

第11章 体験教育旅行を通じた都市・農村交流

藤田 武弘

1. はじめに

　近年,都市部の小・中学校および高校において,農山漁村での滞在を目的とする「体験教育旅行」を導入する動きが拡がりをみせており,しかもその際には,農林漁家に宿泊し農作業や農山漁村での暮らしなどを体験することのできる「農林漁家民泊」(以下,農家民泊)に対して期待が高まっている.また,後述の「子ども農山漁村交流プロジェクト(2008年～,以下「子どもプロジェクト」)」においても受け入れ地域における農家民泊の受け皿拡大を推進しており,各地で取り組みが加速しつつある.
　受け入れ地域においては,副収入増加等の経済的効果はもちろん,高齢者の生き甲斐創出やコミュニティ活動が活性化する等の社会的効果の存在が指摘されているが,加えて受け入れの中心となる農林漁家女性の"個"としての自立化を促進する契機としても重要な意味を持ちつつある.一方で,参加者にとっては,1泊あるいは2泊程度の短期的な滞在期間とはいっても,農林漁家の"暮らしとこころ"がみえる都会では得難い体験交流の場として高く評価されており,なかには事前・事後の教科学習と効果的に組み合わせることによって高い教育効果を挙げている事例も見受けられる.長期滞在が一般的とはいえ,「B&B(朝食のみ提供)」あるいは「Self Catering(自家炊事)」を基本とする西欧諸国でのファームステイと比較して,日本独特の交流スタイルの1つと言えよう.
　以下では,農山漁村を舞台とする体験教育旅行の拡がりについて概観した後,

「子どもプロジェクト」に対する取り組み（実績・評価・課題）について整理する．さらには，和歌山県の体験教育旅行への取り組みを事例に，「子どもプロジェクト」導入後の農家民泊の普及推進に関わる問題点や課題を指摘するとともに，体験教育旅行の受け入れを通じた都市・農村交流の課題を考察する．

2. 農山村を舞台とする体験教育旅行

（1） 学校教育における体験学習の位置づけの変化

近年，子どもたちをめぐる様々な課題が指摘されている．①自然や地域社会と深く関わる機会が減少し，人間関係をうまく取り結べない，②集団活動への参加機会が不足し，集団生活に適応できない，③いじめの陰湿化等に代表される規範意識の低下，④物事を探索・吟味する機会が減少し，創意を持って取り組むという意欲が欠如している，⑤地域や家庭における教育力の低下等々がそれである．

このような現状を踏まえて，文部科学省では，変化の激しい社会の中で必要となる"生きる力（自律性，協調性，豊かな人間性）"の育成を推奨しており，2008年度からは，小学校において農山漁村での"ふるさと生活体験（農山漁村において，農林漁家に最低1泊することを含む原則4泊5日以上の長期宿泊体験を行うもの）"を推進している．

この体験は，子どもたちが自然と地域社会のなかで，子ども同士の集団活動，達成感のある体験活動，農林漁家をはじめとする異世代との交流などを経験することができる取り組みである．とりわけ，長期宿泊体験による活動を伴うことから，①集団生活の中で協調性・自律性が育まれる，②「知」を総合化し，課題発見能力や問題解決能力を高める，③農山漁村固有の地域資源や人材を活用した体験プログラムを通して"学び"への意欲が促進される，④保護者や教員以外の幅広い年齢層の大人との交流機会が得られる，など多くの教育効果の発揮が期待されている[1]．

例えば，自然体験の多い子どもの中には「道徳観・正義感」のある子どもが多いとの報告[2]や，自然に触れる体験をしたあと勉強に対してやる気が出る子どもが増えるといった成果[3]も報告されている．実際に，農林漁家泊のお別れ

の日には,児童と受り入れ農林漁家の双方が涙を流して別れを惜しむなどの姿も各地で散見される.

なお,「新しい学習指導要領(2008年改訂)」においても,以下に見るように農山漁村におけるふるさと生活体験に関する記載を盛り込んでいる.

○「道徳教育を進めるに当たっては,(中略)集団宿泊活動やボランティア活動,自然体験活動などの豊かな体験を通して児童の内面に根ざした道徳性の育成が図られるように配慮しなければならない」(小学校学習指導要領「第1章 総則」「第1-2 教育課程編成の一般方針」)

○「自然の中での集団宿泊体験活動などの平素と異なる生活環境にあって,見聞を広め,自然や文化などに親しむとともに,人間関係などの集団生活の在り方や公衆道徳などについての望ましい体験を積むことができるような活動をすること」(同上「第6章 特別活動」「第2-2-(4) 学校行事の内容／遠足・集団宿泊的行事」)

○「宿泊を伴う行事を実施する場合は,通常の学校生活で行うことのできる教育活動はできるだけ除き,その環境でしか実施できない教育活動を豊富に取り入れる.望ましい人間関係を築く態度の形成などの教育的な意義が一層深まるとともに,高い教育効果が期待できるなどから,学校の実態や児童の発達の段階を考慮しつつ,一定期間(例えば1週間(5日間)程度)にわたって行うことが望まれる」(同上解説書(抜粋)の(カ))

(2) 小・中学校における体験教育旅行の取り組み状況

文部科学省の定義によれば,体験教育旅行は「都市部に暮らす小中学生や高校生等が,農山漁村での滞在を通じて,農山漁村での農林漁業,自然,生活文化等の各種体験学習が行えるような体験型の修学旅行など」を指す.

ここで,修学旅行における各種体験学習の導入状況をみると,小学校の場合,体験学習実施率が48.5%で,その内容は「農山漁村体験(酪農・植林・農産物収穫等)」は7.2%(内数)と必ずしも多くないが,「料理体験(そば打ち,ジャムづくり等)」が19.3%,「自然体験(環境観察,洞窟体験等)」が7.8%などのように,農山漁村を主たる舞台とする体験学習が全体の約35%を占める[4].しかし,中学校では,体験学習実施率が63.0%と高いものの,「伝統工

小学生の体験学習「川遊びと生物観察」(日高川町)

表 11-1 取り組みの多い体験学習の実施内容(2007 年度実施)

	小学校(n＝321)	中学校(n＝1017)
伝統工芸等のものづくり体験	12.5％	19.9％
陶芸・絵付け体験	25.2％	9.1％
料理体験	19.3％	16.1％
農山漁村体験	7.2％	7.3％
自然体験	7.8％	4.3％
スポーツ体験	6.5％	15.7％

資料:財団法人日本修学旅行協会「教育旅行白書」2009 年より作成.

芸等ものづくり体験」19.9％や「スポーツ体験」15.7％に比して,農山漁村を主たる舞台とする「体験学習(上述の農山漁村体験,料理体験,自然体験)」の割合は約 28％ に留まっていた(表 11-1 参照).

一方,財団法人都市農山漁村交流活性化機構の調査から,受け入れ市町村の動向を見ると,体験教育旅行の受け入れに対する回答のうち,「実施中」が 16.5％,「実施予定」が 2.2％,「検討中」が 16.0％ となっており,受け入れに前向きな市町村が約 35％ を占めている[5].また,同調査から,滞在施設の利用形態をみると,「公的宿泊施設」27.5％,「民間宿泊施設」45.0％,「登録体験民宿(農山漁村余暇法準拠)」20.8％,「農家民泊」35.8％ と,農家での生活体験の場を提供することに対する関心の高さが窺える.

なお，受け入れ実績のある77市町村に限ると，平均受け入れ人数850名，平均年間受け入れ学校数8校であるが，なかでも長野県飯田市の取り組みが突出していることがわかる（受け入れ人数：17,000名，受け入れ学校：109校，民間宿泊施設：30軒，農家民泊：470軒）[6]．

3. 農山漁村における「子ども農山漁村交流プロジェクト」

(1) 「子どもプロジェクト」の事業目的と推進体制

「子どもプロジェクト」は，農林水産省・文部科学省・総務省が連携し，学ぶ意欲や自立心，思いやりの心，規範意識などを育み，力強い子どもの成長を支える教育活動として，小学校における農山漁村での長期宿泊体験活動を推進するものである．全国2万2千校の小学校（5年生1学年約120万人）で体験活動を展開することを目指し，小学校における長期宿泊体験活動の取り組みの推進，農山漁村における宿泊体験の受け入れ体制の整備，地域の活力を創造する取り組みへのサポートを2008年度から実施している（図11-1参照）．

3省の関わり方についてみると，総務省は，地域の活力を創造する観点等から，当該プロジェクト推進のために，受け入れ地域の体制整備，小学校による活動，都道府県協議会による活動を支援する特別交付税の交付を実施している．文部科学省は，豊かな人間性や社会性の育成を目的に，全国の小学校の参加を目指して，取り組みに参画する小学校を「農山漁村におけるふるさと生活体験推進校（モデル校）」として指定し，活動費の支援を実施している．

そして，農林水産省は，地域一体による安全・安心な受け入れ体制の整備を全国的に図っていくために，「受入モデル地域」を核とした受け入れ農山漁村の整備（農林漁家泊や体験等の手配から実施までを支援する「受入地域協議会」の設立など）に向けた総合的な支援，受け入れ推進体制の整備等を実施している[7]．

(2) 全国における「子どもプロジェクト」の取り組み状況

2010年3月末現在，同プロジェクトによる「受入モデル地域（2008年度，2009年度計）」は，「先導型地域」[8]が16地域，「体制整備型地域」[9]が74地域，

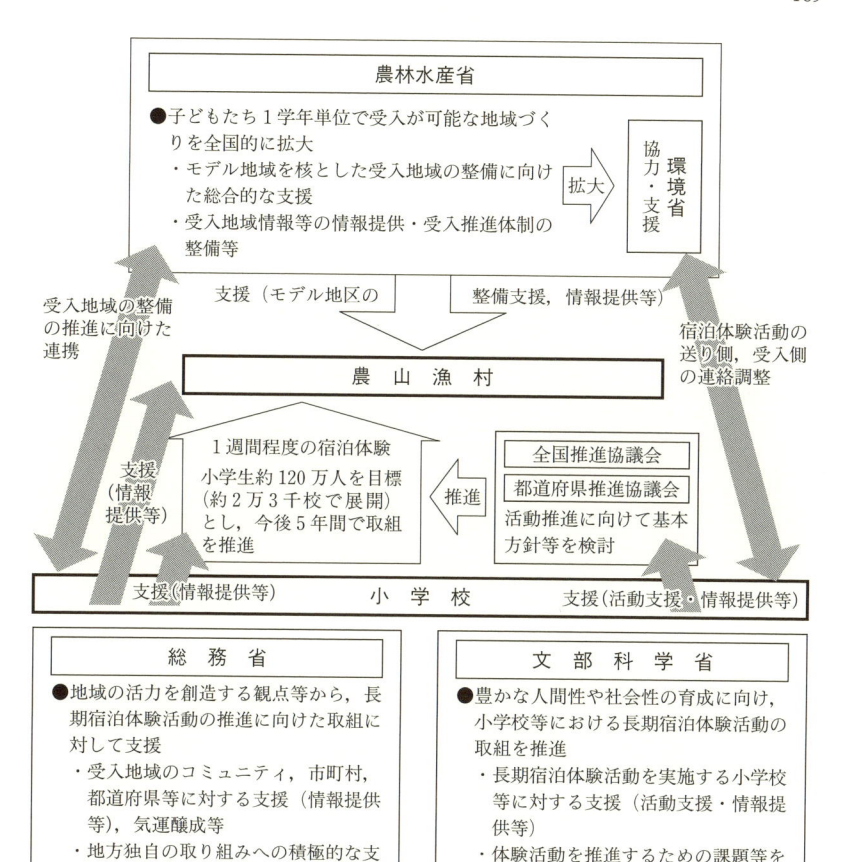

```
┌─────────────────────────────────────────────┐
│              農林水産省                      │         ┌─────┐
│ ●子どもたち1学年単位で受入が可能な地域づく  │         │ 環  │
│   りを全国的に拡大                          │         │ 境 協│
│  ・モデル地域を核とした受入地域の整備に向け │ 拡大⇒   │ 省 力│
│    た総合的な支援                           │         │   ・│
│  ・受入地域情報等の情報提供・受入推進体制の │         │   支│
│    整備等                                   │         │   援│
└─────────────────────────────────────────────┘         └─────┘
```

受入地域の整備   支援（モデル地区の   整備支援，情報提供等）   宿泊体験活動の
の推進に向けた   送り側，受入側
連携   の連絡調整

```
                    農 山 漁 村
```

```
            1週間程度の宿泊体験          ┌──────────────┐
支援        小学生約120万人を目標        │ 全国推進協議会│
（情報      （約2万3千校で展開）  ⇐推進  │ 都道府県推進協議会│
提供等）    とし，今後5年間で取組        │ 活動推進に向けて基本│
            を推進                       │ 方針等を検討 │
                                         └──────────────┘
```

支援（情報提供等）   小 学 校   支援（活動支援・情報提供等）

```
┌─────────────────────────────────┐  ┌─────────────────────────────────┐
│          総 務 省               │  │         文 部 科 学 省          │
│●地域の活力を創造する観点等から， │  │●豊かな人間性や社会性の育成に向け，│
│  長期宿泊体験活動の推進に向けた │  │  小学校等における長期宿泊体験活動の│
│  取組に対して支援               │  │  取組を推進                     │
│ ・受入地域のコミュニティ，市町村，│  │ ・長期宿泊体験活動を実施する小学校│
│   都道府県等に対する支援（情報提供│  │   等に対する支援（活動支援・情報提│
│   等），気運醸成等              │  │   供等）                        │
│ ・地方独自の取り組みへの積極的な │  │ ・体験活動を推進するための課題等を│
│   支援                          │  │   検討                          │
│【都市・農山漁村の教育交流による地 │  │【農山漁村におけるふるさと生活体験│
│ 域活性化推進等事業】【特別交付税 │  │ 推進校】                        │
│ 措置】                          │  │                                 │
└─────────────────────────────────┘  └─────────────────────────────────┘
```

資料：農林水産省「子ども農山漁村交流プロジェクトについて」資料より転載.

図 11-1　子ども農山漁村交流プロジェクトの推進体制

合計 90 地域が指定を受けている（表 11-2 参照）．なお，「受入モデル地域」では，プロジェクト対策交付金を活用した以下の事業推進が可能である．

　①受入モデル地域体制整備事業：話し合いやワークショップ等を通じて地域全体の整備や受入計画作成の推進を図る

　②連携活動等強化促進事業等：受入地域と小学校とが連携して実施する受入

表11-2 子ども農山漁村交流プロジェクト「受入モデル地域」の指定状況

区 分	2008年度	2009年度	累 計
先導型地域	14地域	2地域	16地域
体制整備型地域	39地域	35地域	74地域
合 計	53地域	37地域	90地域

資料：農林水産省．

相談活動や連絡推進会議の開催等を推進する／子どもの安全な活動を保証するための安全管理対策についての点検調査を実施する

③地域リーダー等育成事業等：地域コーディネーターやインストラクター等の人材を育成するための研修を実施する／教育的効果の高い体験活動プログラムを開発しマニュアル化を図りその活用に関する受入地域の指導・助言を行う

④農業体験活動周年化モデル構築事業等：農山漁村での長期宿泊体験活動と都市部での農業体験活動をあわせて実施する周年化モデルの構築／中学・高校・大学等を対象として新たなグリーン・ツーリズムの展開を図る

(3) 受け入れ地域・学校において期待されるプロジェクトの導入効果

受け入れモデル地域である農山漁村において期待される効果として，経済的効果・社会的効果の2つが指摘されている．農林水産省農林水産政策研究所の調べ[10]によれば，農家民宿の場合，「重要な収入源」25％，「家計の一助」48％と高い経済的効果を実感しているのに対して，農家民泊の場合には，「家計の一助」10％，「小遣い程度」61％と位置づけが低くなる傾向にある．しかし一方では，「受入を契機に地域行事への参加が増加した」，「関係農家が講師となった講習会が増えた」のほか，「高齢者が多く生きがい対策として大きな効果がある」などの経済面以外の社会的効果を指摘する回答が半数以上の地域から寄せられていることは注目に値する．

また，財団法人都市農山漁村交流活性化機構の調査[11]によれば，「訪問した小学校が開催するイベント等に参加し，地域の農産物の販売等を実施した」，あるいは「受入協議会のある地域の小学校が，宿泊体験活動に来訪した小学校を訪問した」など，プロジェクトを契機として新たな地域間交流が開始された事例も少なくない．一方，農林水産省農林水産政策研究所の調べ[12]によれば，

宿泊体験活動をおこなった小学生を対象に，プロジェクトの効果を検証したところ，宿泊数が多くなるほど教育効果が高く，とくに3泊以上の体験児童に「挨拶やお礼ができるようになる」，「生命の大切さへの関心が高まる」等の効果が飛躍的に高まる傾向が確認されている．また，農家民泊（4～5人程度）の場合には，「生命の大切さへの関心が高まる」，「任意活動に積極的に参加するようになる」等の効果をはじめとする教育効果が総じて高いことも確認された．

(4) 農山漁村におけるプロジェクト推進上の課題

以上のように，プロジェクト導入当初に想定された受け入れ地域・学校における効果は，期待以上の形で顕在化しつつあり，今後の事業推進に際して大きなインセンティブを与えている．しかし，その一方で，受け入れ側の農山漁村においてプロジェクトを持続的に推進する上での課題も指摘されている．

いま，受け入れ側の農山漁村において課題となっているのは，体験教育旅行の目玉として最も教育効果が期待される農林漁家での宿泊体験ができる民泊先をどう確保するかという点である．これについては，①農林漁家の意識改革，②民泊開業に伴う制度的保証，③事業導入に対する地域の理解醸成がポイントとなる．

①農林漁家の意識改革：一般に，冬場の農閑期を利用して農家副業としてのスキー民宿などに取り組んだ経験を持つ一部の地域を別とすれば，多くの農山漁村では居宅に見ず知らずの都会の子どもたちを受け入れて宿泊させるということに，当然のことながら大きな抵抗感がある．しかし，この点については，受け入れに際して最も負担が大きいとされる食事の提供等を主として担う受け入れ家庭の女性の意識が鍵を握る場合が多い．実際に，近年都市農村交流が幅広い進展をみせるなかで，農産物直売所の運営，農産加工品の開発，農家レストラン等の事業展開の経験を通じて，農林漁家女性の"個"としての自立化が急速に促進されていることから，先発的に取り組んだ農林漁家の経験を，女性の視点でいかに幅広く浸透させることができるかが重要である[13]．

②民泊開業に伴う制度的保証：従来，農林漁家が副業として宿泊業に取り組む場合には，旅館業法や食品衛生法上の営業許可が必要とされており，新規参

入する際の障壁は必ずしも低くはなかった．2003年以降は，国および県レベルで農山漁村での民泊開業を促進するための規制緩和措置が順次導入されており，現在ではそれらを適用する形で，民泊の受け皿拡大が進みつつある[14]．しかし，都道府県における取り組みの"温度差"は依然として大きいことから，先述した民泊の効果に関する普及啓発と併せて，制度適用に向けて足並みを揃えた取り組みが必要とされている．

③事業導入に対する地域の理解醸成：受け入れに際しては，宿泊先である農林漁家のみならず，地域が一体となって協力することが必要となるが，実際にはたやすいことではない．例えば「泊食分離（夕食のみ地域の食事施設で摂る）」については，受け入れ家庭の負担軽減に繋がるというメリットもさることながら，経済効果が地域全体に波及する，あるいは交流や連携の幅が拡がるなど，事業導入に対する地域での一体感を醸成する上で寄与するところが大きいとされる．受け皿を拡大するに際して柔軟に導入することも検討の余地があろう．

4. 和歌山県における体験教育旅行の取り組みと課題

(1) 県内農山漁村における体験教育旅行の受け入れ状況

和歌山県では，全国に先駆けて"体験観光プログラム"の開発に取り組み，2002年度以降「ほんまもん体験（県内の豊かな自然や文化資源，農林漁業などの地域資源を，そこに暮らす人々とのふれあいの中で体験・体感してもらおうとするもの）」として提供している．各地域の協力のもと，体験プログラムは年々増加し，2002年当時97であったプログラム数は，2010年現在337にまで増加している．また，それに比例して体験型観光の入り込み客数も年々増加しており，2002年当時には約10万人であったものが2008年には約29万人と大きな伸びを示している．

これらの取り組みの成果を踏まえて，2005年度からは「ほんまもん体験」プログラムを活用した修学旅行の誘致に向けて本格的な取り組みを開始した．これは，先に指摘した学校教育における体験学習の導入の動向に照らして時宜に適った取り組みであったといえる．2005年度当初はわずか1校であった修

学旅行の誘致校も 2009 年度には 15 校にまで増加しているのである[15]．

ところで，「ほんまもん体験」の中でも，とくに人気を集めてきたのが農林漁家での民泊体験（ホームステイ）を含む「田舎暮らし体験」である．①豊かな自然と気さくな家庭での"田舎暮らし"の提供，②一緒に料理を作ったり，お国自慢など家庭の団らんを実感できる，③入村式から対面式，退村式まで，全ての行事を各受け入れ団体が実施する等をコンセプトに拡がった「田舎暮らし（民泊）体験」は，主として県南部（串本町・白浜町日置川エリア）で受け入れ体制の整備が図られた．

とりわけ串本町では，2004 年に県内初の「教育旅行誘致推進協議会（民間，観光協会，漁協，商工会，NPO 等で構成）」を発足させた．現在に至るまで，町や県の事業支援を活用しながら，首都・関西・中京圏の学校関係者や旅行業者を対象とした修学旅行誘致のための各種セミナーの開催や誘致キャラバンによる直接訪問活動，さらには受け入れ地域の整備を図るため，2007 年には「民泊出前講座（県観光交流課と共催）」を開催している[16]．

これらの取り組みは，主として学齢期の子どもたちを農山漁村へ誘致するという点で，その後の「子どもプロジェクト（2008 年度～）」の受け入れ体制整備の基礎となるものであった．しかし，後述するように農林漁家での「民泊」推進事業に対する各地域の取り組みに温度差をもたらし，利用者からみた場合の"分かりにくさ"を生む一因ともなった．今後，学校・保護者や旅行業者など利用者の視点に立って，関係者間の認識共有化が求められる．

(2) 「子どもプロジェクト」への取り組み状況

「子どもプロジェクト」の推進に際して，和歌山県では，県推進本部（県庁内横断組織）や県推進協議会（県・市町村・受け入れ協議会組織）を設置し，安全面や衛生面に配慮した質の高い受け入れ体制の整備を進めている（図 11-2）．とりわけ，国のモデルとは別に，県が独自に受け入れ地域を指定し，事業を支援していることが特徴である（「子ども農山漁村南北交流推進事業」）．

2009 年度末現在の県内の受け入れ地域は，「紀の川市子ども農山漁村受入協議会（紀の川市）」，「かつらぎ町ふるさと発見推進協議会（かつらぎ町）」，「高野ほんまもん体験協議会（高野町・2009 年度国モデル指定）」，「ゆめ倶楽部

```
○子ども農山漁村交流プロジェクト
　全国推進協議会

・各省連携を強化し,
　各省の施策の調整
・都道府県推進協議会,
　受入地域協議会の指導
・プロジェクトの普及推進のための
　シンポジウムを開催　他
```
　　　　　　　　　　　　　　　受入体制整備のための指導

連携

```
○県推進本部（庁内横断的組織）

【構成】副知事, 関係課（8課）
　　　　事務局：地域交流課・
　　　　関係課室間の連絡調整
・県推進協議会・受入地域協
　議会への指導・助言
・宿泊体験活動を実施する学
　校への指導・助言
・普及・推進のための研修等
　の開催
・国及び県外との情報の受発
　信
　構成　副知事, 関係課（8課）
　事務局：地域交流課
```
　　　　　　　　　指導・助言

```
○受入地域

『紀の川市子ども農山漁村受入協議会
　（紀の川市）』
『かつらぎ町ふるさと発見推進協議会
　（かつらぎ町）』
『高野ほんまもん体験協議会（高野町）』
『ゆめ倶楽部２１（日高川町）』
『印南町生活・営農生活改善グループ
　連絡協議会（印南町）』
『田辺市子ども農山漁村交流受入地域
　協議会（田辺市）』
『大好き日置川の会（白浜町）』
『すさみ町子ども農山漁村交流受入地
　域協議会（すさみ町）』
```

受入体制整備のための指導

指導・助言　　　　情報共有　　地域情報提供　　宿泊体験活動の受入

```
○県推進協議会

【構成】　学識経験者
　　　　受入地域, 市町村, 県
　　　　事務局：地域交流課
・子ども農山漁村交流プロジェクトの普及・啓発
・県内南北交流の普及・啓発
・受入体制整備のための研修会等の開催
・会員相互の情報交換
```
　　　　　　　　　　　　　　情報提供
　　　　　　　　　　　　　　PR　　　　　　　小学校

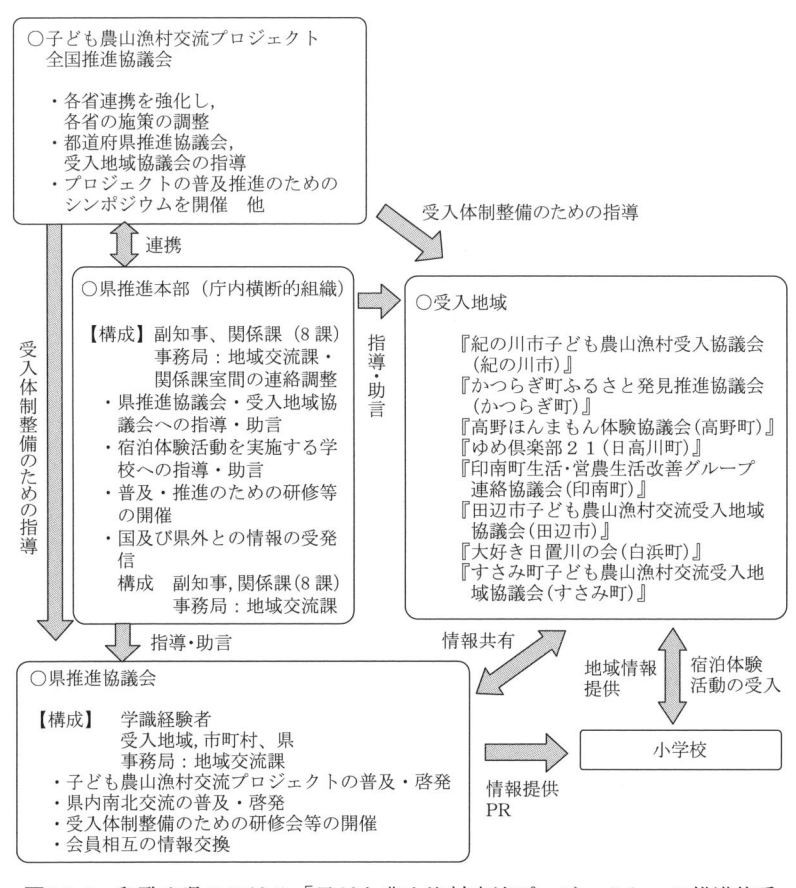

図 11-2　和歌山県における「子ども農山漁村交流プロジェクト」の推進体系

21（日高川町・2009年度国モデル指定）」,「印南町生活・営農生活改善グループ連絡協議会（印南町）」,「田辺市子ども農山漁村交流受入地域協議会（田辺市）」,「大好き日置川の会（白浜町・2008年度国モデル指定）」,「すさみ町子ども農山漁村交流受入地域協議会（すさみ町）」の8つである.

　なお,8地域の受け入れ実績をみると,2008年度は8校252人,2009年度は24校674人であり,県内約280校の公立小学校のうちおよそ10%の学校がプロジェクトの導入に関わっていることになる[17].

(3) 県アンケート調査からみたプロジェクトへの期待と評価

ここで，和歌山県が「子どもプロジェクト（2009年度）」の実施学校および受け入れ地域・関係者を対象として事後的に実施したアンケート調査結果の概要を紹介しておきたい[18]．

①実施学校に対するアンケート調査（回答数13）の結果概要

取り組みの契機（複数回答）についての回答では，「教育的効果がある」が92％と最も多く，次いで「補助金がある」（62％），「教育委員会からの薦め」（62％）が続いている．また，受け入れ地域選定の決め手については，「受入協議会のパンフレット」（23％），「他校の先生からの口コミ」（15％）のほか，「過去に実施実績があり理念や取組体制に信頼感がある」といった回答も寄せられた．

また，実施までの問題点（自由記述）については，「連絡調整が遅い（民泊先の決定が遅れると手紙の交換など事前学習に支障がある／長期休暇を控えて保護者への民泊先の連絡が困難となる）」，あるいは「受入地域側と学校側とのあいだでコンセプトの共有化が図られていない」等が指摘されている．さらに，実施時までに学校側への提供が必要な情報として，「全体の動きが分かる行程表」，「各種体験の実施場所，民泊家庭の場所・部屋の配置図」，「体験内容に関する詳細な資料（とくに食事関係はアレルギー対応）」，「携帯電話の可聴域に関する情報（どのメーカーはどこで繋がる等）」等が挙げられている．

一方で，実施後における体験児童の家庭での変化（保護者・自由記述）について，「家庭での手伝いを積極的にするようになった」，「食べ物の好き嫌いが減った」，「家庭内での親子間の会話が増えた」，「（金銭的負担が少ないにもかかわらず）心豊かな体験活動ができた」等の教育的効果を認める回答が多く寄せられていることは注目される．実際にそれは，受け入れ地域の対応に関して，「事前来校による詳細な説明，現地下見の際の丁寧な応対が見事だった」，「民泊家庭での心温まる対応に子どもたちの満足感・充実感が大きい」，「実施後のフォローアップに心がこもっていた（写真や体験作品を丁寧に学校に届けてくれた）」などの肯定的な評価（自由記述）が与えられていることからも窺える．

②受け入れ地域・関係者に対するアンケート調査（回答数27）の結果概要

回答者の属性は「民泊家庭」（44％），「体験インストラクター」（11％），「受

入組織担当者・行政など」（45％）である．子どもたちを受け入れた感想については，「責任はあるが楽しい」が大多数（89％）を占める一方で，「大変であった（終始子どもたちに気を遣うので疲れる／民泊家庭での時間が少なく子ども達とのふれあいが不充分ではと心配／夏場の農作業は厳しいので子どもたちには難しい）」（11％）等の問題点も指摘されている．また，今後の受け入れに関する意向については，「受け入れたい」（81％）が多数を占める一方で，高齢者が多い民泊受け入れ農家の負担増加を心配する声も寄せられている．

ところで，学校側に対しては「（民泊家庭を信頼して頂けたので）自分の子ども同様に接することができた」，「事前学習も十分で学校側の力の入れようが伝わった」等の好意的な評価の一方で，「先生方にも子ども達を長い目で褒めて育てる視点が必要ではないか」，「遊びに来る感覚の学校もあったので事前学習を徹底してほしい」，「子ども達のその後の変化を知らせてほしい（アンケート・事後学習等）」等の注文も寄せられている．

翻ってこれらの意見は，受け入れ地域・関係者が，体験教育旅行への取り組みを単なる地域活性化の梃子としてのみ捉えていないことの表れでもあろう．実際に，子どもの受け入れに対する総合的な評価（自由記述）をみると，「受入を機に夫婦あるいは近所同士の会話の中に子ども達の話題が上るなど会話が増えた」，「副収入など経済効果はもちろんだが，それ以上に子ども達から"元気"をもらって地域が活性化したように感じる」，「保護者の方からお礼の便りが届き，逆に励まされた」，「他人の子どもを預かるのが大変でないといえば嘘になるが，受入後の子ども達の生き生きした表情に触れるとやって良かったと充実感がある」，「集落内には小さな子どもが居ないので，笑い声や走り回る姿に触れて，こちらまで元気になれる」，「子ども達の反応を通じて，都会の生活に欠けている豊かさが自分たちの日常の暮らしの中にあるということを再発見できた」等の充実感に満ちあふれている．

(4) 県「農家民泊制度」の導入と取り組み上の課題

以上みたように，"暮らしとこころ"がみえる農林漁家民泊に対する学校・保護者側の期待は大きく，受け入れ地域においては「子どもプロジェクト」推進上の必須条件として，農林漁家民泊の受け皿整備（民泊家庭の確保）に注力

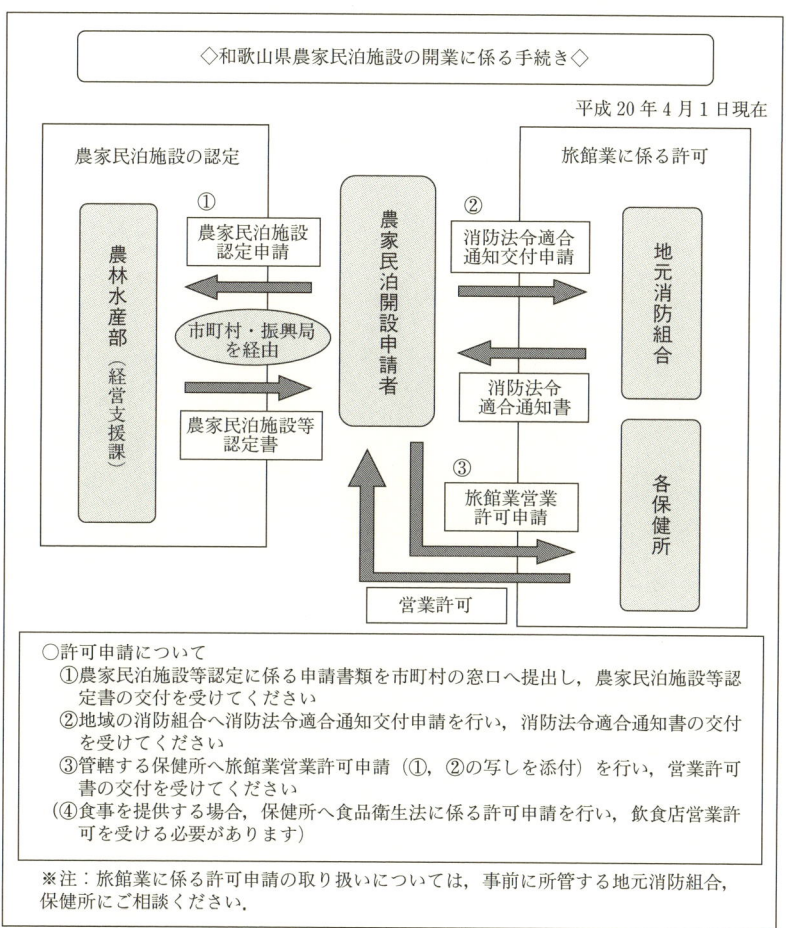

```
┌─────────────────────────────────────────────────────────────┐
│          ◇和歌山県農家民泊施設の開業に係る手続き◇             │
│                                        平成20年4月1日現在    │
│  農家民泊施設の認定                  旅館業に係る許可         │
│                     ①                  ②                    │
│  農        農家民泊施設    農      消防法令適合    地        │
│  林        認定申請        家      通知交付申請    元        │
│  水      ←───────         民    ───────→        消        │
│  産      市町村・振興局    泊                      防        │
│  部      を経由            開      ←───────        組        │
│  （経      ───────→       設      消防法令        合        │
│  営        農家民泊施設等  申      適合通知書                │
│  支        認定書          請                                │
│  援                        者      ③                        │
│  課）                              旅館業営業    各          │
│                              ↑    許可申請      保          │
│                              │    ───────→     健          │
│                              └──────            所          │
│                              営業許可                        │
│                                                              │
│ ○許可申請について                                           │
│  ①農家民泊施設等認定に係る申請書類を市町村の窓口へ提出し，農家民泊施設等認 │
│   定書の交付を受けてください                                 │
│  ②地域の消防組合へ消防法令適合通知交付申請を行い，消防法令適合通知書の交付 │
│   を受けてください                                           │
│  ③管轄する保健所へ旅館業営業許可申請（①，②の写しを添付）を行い，営業許可 │
│   書の交付を受けてください                                   │
│  ④食事を提供する場合，保健所へ食品衛生法に係る許可申請を行い，飲食店営業許 │
│   可を受ける必要があります）                                 │
│                                                              │
│ ※注：旅館業に係る許可申請の取り扱いについては，事前に所管する地元消防組合， │
│ 保健所にご相談ください．                                     │
└─────────────────────────────────────────────────────────────┘
```

資料：和歌山県農林水産部農業生産局経営支援課作成パンフレットより．

図11-3　和歌山県における「農家民泊認証」に関わる仕組み

している．そのようなもとで，和歌山県では，農家民泊への取り組みを積極的に支援する目的から，民泊開設時に旅館業法や食品衛生法などの法規制に対する緩和措置が受けられる「農家民泊認定制度」を導入している（図11-3）．

農家民泊の認定要件は，①宿泊定員が概ね5名程度の小規模な宿泊施設であること，②農林漁業体験メニューが整備され宿泊者に提供できること，③年1

回,農家民泊施設の利用実績を県に報告すること,等である.認定を受けると,食品衛生法上の規制緩和(宿泊客専用調理場の設置免除,食器洗浄機の導入により二槽シンクの整備が省略可,調理場の床と内壁の耐水性素材の敷設が不要),および旅館業法の規制緩和($33m^2$ 未満の農家民泊については客専用便所の設置義務を免除)等が適用され,一般の民宿と比較して初期投資が大幅に軽減できるメリットがある[19].2010年3月の認定件数は,合計71戸(白浜町20戸,田辺市15戸,かつらぎ町14戸,日高川町11戸,古座川町・紀の川市各3戸,串本町2戸,有田川町・上富田町・那智勝浦町各1戸)である.

ところで,県内の中心的な受け入れ地域についてみると,最大の受け入れ実績を誇る「大好き日置川の会(白浜町)」の場合,"宿泊体験"が可能な農林漁家民泊家庭が60戸確保されているが,県「農家民泊制度」の認証取得家庭は3分の1の20戸に過ぎない.一方,「ゆめ倶楽部21(日高川町)」では,農林漁家民泊可能な15戸のうちの11戸,「高野ほんまもん体験協議会(高野町)」でも,農林漁家民泊が可能な19戸(近接町含む)のうちの14戸というように,それぞれ約70%の受け入れ家庭が県「農家民泊制度」の認証を受けている.

現在,県内の体験教育旅行受け入れの先発地域では,その実績・信用力を背景として農林漁家民泊(ホームステイ)に取り組んできたことから,ともすれば新たな制度を導入することの必要性に対する認識が乏しい.しかし近年では,旅行業者が農林漁家民泊に関する統一的なガイドラインの有無を地域選定の基準とするような傾向も見受けられるようになった[20].実際に,参加する学校・保護者に対して,"一国二制度"的な不明瞭な印象を与えてしまいかねないことも得策ではなかろう.農林漁家民泊の経験は,体験教育旅行のなかでも最も教育効果が期待されているだけに,制度の啓発・普及が急がれるところである.

また,体験教育旅行を含めた都市農村交流を"地域ぐるみ"で推進するという視点からは,農家認定基準を満たさないIターン家庭を受け入れの担い手として支援できるような仕組みづくりも急務であろう.

5. まとめ

　日本型グリーン・ツーリズムは，長期有給休暇制度を活用して拡がった西欧諸国の滞在型ツーリズムとは性格を異にするが，"身の丈"に合った小規模ながらも質の高い交流を特徴とする．とりわけ，農林漁家に宿泊し，農作業や農山漁村での暮らしなどを体験する中で心のふれ合いが期待できる「農林漁家民泊」は，小・中学校における体験教育旅行への関心の高まりを背景に注目されている．

　本章では，2008年度から開始された「子どもプロジェクト」の事業推進を通じて，受け入れ側の農山漁村地域（とりわけ民泊受け入れ家庭）においていかなる変化が生じているのかを実証的に明らかにすることに努めた．その結果，受け入れを経験した農山漁村の側では，副業収入確保等の経済的効果に留まらず，むしろ子どもの教育に関わることへの喜びや生き甲斐の創出，さらには地域内での話し合いや連携が深まるなど，都市化と少子高齢化が進行するもとでいまや喪われつつある相互扶助的な農山漁村固有の集落コミュニティの再生という社会的効果が確認された．

　和歌山県の場合，一部の先発地域では「ほんまもん体験（2002年～）」を活用した教育旅行の誘致に努めてきた経験を有するが，後発の多くの農山漁村地域では，子どもたちの受け入れを通じて，その一歩先にどのような地域を目指すのかに関する明確なビジョンを必ずしも持ち合わせていない状態にあるといっても過言ではない．着地型の交流プログラムを担う人材育成の立ち後れや受け入れ体制の未整備，さらには地域資源を見直し活用することに対する認識不足など，解決すべき課題も多い．また，体験教育旅行の受け皿として期待を集める「農林漁家民泊」の受け入れ家庭を確保すること自体に困難を抱える地域も実際に見受けられる．その場合には，まず子どもを受け入れることの意義（必要性）に関する地域内でのコンセンサスを得るための工夫と努力，さらには行政からの効果的な普及・啓発の取り組みが必要である．

　以下では，体験教育旅行の受け入れを契機とした農山漁村地域活性化の課題について，主として農山漁村での各種体験学習をより高い教育効果が期待され

るものにブラッシュアップするとともに，都市と農山漁村との"絆"をより一層深める上で必要と考えられる点について指摘しておきたい．

まず第1は，最も教育効果が高いとされる「3泊」以上の体験活動プログラムを充実させることである．子どもの変化に必要なのは，短時間で完結させることを前提とした慌ただしい"疑似生業体験"を多数用意することではなく，最低でも半日単位，場合によっては複数日をかけて農山漁村での生業や営みを体験し，それを通じて受け入れ家庭の大人や他の参加児童との人間的な繋がりを深めるための時間である．連泊等に伴う受け入れ地域の負担軽減については，民泊（個人学習の機会）と施設泊（集団学習の機会）とを組み合わせたプログラムの開発が急務である．もちろん，学校教職員の多忙化や保護者の費用負担を軽減することへの配慮は必要であるが，質の高い体験が子どもたちを変えるということに学校側が確信を持てる場合には，時間や費用には代え難い機会としての農山漁村における体験学習の意味を再認識することも可能であろう．ただしその際には，事前に受け入れ地域と学校との間で体験活動の目的・コンセプトに関する十分な意思疎通を図ることが肝要である．

第2は，各種の体験プログラムを，学校での事前・事後における教科学習や特別活動，さらには「総合的な学習の時間」等の課題との関連づけを図り，充実させることである[21]．そのためには，受け入れ地域協議会組織に教育課程に対する十分な理解をもつ関係者を迎え入れる（あるいはアドバイザリースタッフとして意見を求める）取り組みが不可欠である．一般に，体験教育旅行受け入れの目的が，受け入れ家庭の副収入増加や農山漁村への経済波及効果への期待のみに留まっている場合には，いくら3省連携事業とはいっても学校や教育委員会側から事業推進に対する充分な理解を得られないことが多い．日常から離れてこそ得られる非日常の体験を通常の教科教育にいかに活かすことができるかなど「知」の総合化を図るような気概あるプログラムの開発が期待される．

第3は，学校を"受け入れる"という一方通行に留まらない，双方向型の新たな地域間交流へと発展させる意識を持つことである．例えば，運動会や文化祭など体験活動を受け入れた小学校が開催する行事に地域から参加し，受け入れ当日の様子や地域が受けた感想等の展示発表と併せて，地域の特産品販売を

実施するなどの取り組みは有効である．参加児童の保護者や旅行に同行しなかった教職員を対象に事後的なフォローアップに努めることで，プロジェクト存続の有無に左右されない強固な関係性を構築することも可能となろう．

最後に，民泊受け入れの対象を子どもに限定せず，大人も含めたワーキングホリデーの参加者を受け入れるなど，都市農村交流を進展させる手法として確立しておくことが，プロジェクトの事業存続等に左右されない最も有効な方法であることも付言しておきたい[22]．

注
1) 文部科学省『体験活動事例集—体験のススメ（2005・2006年度豊かな体験活動推進事業より）』2008年．
2) 国立青少年教育振興機構「青少年の自然体験活動等に関する実態調査」2005年．
3) 文部科学省委嘱研究「学習に関する調査研究」2002年．
4) 財団法人日本修学旅行協会「教育旅行白書」2009年．
5) (財)都市農山漁村交流活性化機構が，全国の市町村（1,834）および都道府県（47）を対象として実施した調査（回収率58％）による（「滞在型グリーン・ツーリズム等振興調査報告書」2007年）．
6) 長野県飯田市の体験教育旅行受け入れに関しては，藤田武弘「地域食材の優位性を活かした滞在型グリーン・ツーリズムの課題」『和歌山大学観光学部設置記念論集』，2009年，237-262頁を参照のこと．
7) 2010年度の子ども農山漁村交流プロジェクト対策交付金については，政府の事業仕分けにより予算執行の効率化・合理化が求められ，2009年度事業予算（6.4億円）から4割縮減の3.9億円となった．
8) 都道府県においてプロジェクトの普及推進の先導的役割を担う地域として，既に子どもの受け入れに相当の実績を有するとともに，農林水産省農村振興局長が別に定める要件を満たしているとして指定を受けた地域．
9) プロジェクトの受入活動に高い意欲を持ち，今後受入体制整備を図りつつ本事業に取り組むこととして指定を受けた地域．
10) 農林水産省農林水産政策研究所が受入モデル地域を対象として実施したアンケート調査（2008年度）による．
11) 同機構が，2008年度の受入モデル地域に選定した53地域を対象に実施したアンケート調査（回収率：84％）による．
12) 文部科学省が2008年度モデル校に対して実施した体験前後における児童生徒の変化に関するアンケート調査を，農林水産省農林水産政策研究所が因子分析したもの．
13) この点については，宮城道子「グリーン・ツーリズムの主体としての農家女性」（『グリーン・ツーリズムの新展開—農村再生戦略としての都市・農村交流の課題—』〔年報・村落社会研究43所収〕農山漁村文化協会，2008年を参照のこと．

14) 規制緩和を活用した農林漁家民宿の開業は，2003年度108軒に対して，2007年には1,443軒と急増した．新規開業が増えた上位県は，長野県：283軒，長崎県：275軒，青森県：253軒，北海道：191軒，大分県：152軒（農林水産省農村振興局：2008年）．
15) 県の修学旅行誘致活動の主な内容は以下の通り．①修学旅行セミナーの開催（学校関係者や旅行会社を対象に，修学旅行誘致のための説明会・商談会を首都圏・中京圏・関西圏において開催），②誘致キャラバン活動（修学旅行誘致拡大に向けたアピールキャラバン活動として，職員等が各旅行会社や過去の来県校等を直接訪問），③民泊による受入地域の整備（都市部の高等学校においてとくに需要が高い民泊による修学旅行受入地域の整備を進めるために民泊出前講座を開催）．
16) 同町の修学旅行受け入れは，取り組み時の2校（2005年度）から13校（2008年度）へと拡大したが，うち11校は県外の高等学校が占める．受け入れ生徒数は1,813人，民泊（主として漁家）での宿泊数は2,396に及ぶ．
17) 2009年度実績の内訳は，国事業「農山漁村におけるふるさと生活体験推進校」が16校（492人），県単独事業「子ども農山漁村南北交流推進事業校」が8校（182人）である．うち，「大好き日置川の会（白浜町）」での受け入れ児童数は全体の67.5％を占める．
18) 詳しくは，『体験教育旅行の受入を契機とした食育推進と農山村地域活性化の課題（研究代表者：大橋昭一，和歌山大学観光学部）』財団法人江頭ホスピタリティ事業振興財団2009年度研究開発助成事業成果報告書を参照のこと．
19) ただし，認定を受けることができるのは，当該市町村に住所を有する者で，農業者の場合には，経営耕作面積（借地面積を含む）10a以上を耕作している世帯，または過去1年間における農畜産物の販売金額が15万円以上あった世帯において農業に従事する者．林業者の場合は，1ha以上の山林を所有（共同保有地の持ち分面積を含む），借入等により保有し，森林施業を行う権原を有する者．漁業者の場合は，当該市町村内の漁業協同組合の組合員資格を有する者とされている．
20) 財団法人都市農山漁村交流活性化機構へのヒアリング（2010年3月）による．
21) 受け入れ地域と学校側とが事業推進に対する充分なコンセプトを共有し，事前・事後のフォローアップを通じて日常の教科教育との連携・接続が充分に図られる場合には，農山漁村での体験学習に対する高い教育効果についての共通認識が生まれ，結果として取り組みの継続性を大きく左右することも明らかである．兵庫県「自然学校」の取り組みが参考になる（注18の文献参照のこと）．
22) 「農家民泊」によるワーキングホリデーの事業効果については，注6の論文参照のこと．

第12章 「参加・協働」の森づくり

大浦 由美

1. はじめに

　農山村地域を，地域資源を活用したレクリエーション（人間再生）の場として活用し，都市住民のふるさとや豊かな自然を求める動きに対応すると同時に農山村地域の活性化に資するとする「都市農山村交流」が政策に登場したのは1970年代のことである．高度成長期を経て顕在化した都市の過密，生活環境の悪化などの問題を背景とし，都市農山村交流は過疎化が深刻化しつつあった農山村地域の活性化策として位置づけられた．換言すれば，この時期から，農山村地域は木材や食料の安定供給，農地や森林の保全による水資源かん養の提供などに加えて，「都市住民を中心とする大多数の国民に緑と憩いの場を提供する」[1]役割も果たすように新たに要請されたのである[2]．

　その後，1991年を境とするバブル経済の崩壊によって，四全総・総合保養地域整備法（1987年）下に大々的に推進された「民活型」大規模リゾート開発の破綻が明らかになると，今度は農村生活体験や比較的安価な宿泊滞在施設の整備などを内容とする「農村型リゾート」へと政策的な転換が図られた．また，1980年代後半以降に進行する経済社会のグローバル化とわが国の「経済構造調整」・「市場開放」政策の下，ガット・ウルグアイラウンド受け入れを踏まえた「新しい食料・農業・農村政策の方向（新政策）」（1992年）と一連の中山間地域対策において，グリーン・ツーリズムの推進が農政においても重要な政策の柱として位置づけられることになった．

　このように，都市農山村交流は，一面では主として都市サイドからの欲求を

きっかけとして国家政策に位置づけられ，官主導で展開されてきたという性格を強く持っている．しかし，そのような性格を与えられながらも，都市農山村交流が，基本的に農山村地域の基幹産業である農林業，それによって特徴づけられてきた景観，農林業体験等を通じた都市住民と農山村住民との交流などを主な構成要素として展開する活動であることから，地域資源を活用した有効な地域活性化策になりうる可能性も有しているといえる．同時に，国内農林業あるいは農山村の存在意義を支持する市民セクターの形成にも大きな役割を果たしうる．

　こうした中で，近年，森林・林業分野において，森林ボランティアなど，森林の管理や利用への多様な主体の「参加・協働」の広がりが注目されている．

　従来，基本的には農林家（森林所有者）および林業関係者によって担われてきた森林整備に対して，都市住民等の「参加」が政策的にクローズアップされるようになったのは1980年代後半のことである．輸出型工業の偏重と都市化，その一方での農林産物輸入自由化による国内農林業の縮小・切り捨てといった一連の経済政策は，農山村の産業基盤を弱体化させ，農林業経営を危機的状況に追いやってきた．その結果，まだ育成途上にある人工林の手入れ不足による荒廃や，農業的利用から切り離されて「無用」と化した雑木林の管理放棄による荒廃などの問題が既に顕在化しつつあった．さらに，林業労働者の減少と高齢化の進行に加え，農林家の後継者確保の目途も立たないなど，今後の森林管理の担い手の存立基盤そのものが危ぶまれる状況が明らかとなっていた．

　その一方で，都市化の進行に伴う緑・自然の喪失，深刻な公害問題や開発による自然破壊問題の惹起などの経験を通じて，都市住民を中心に環境への意識が高まりつつあり，森林に対しても，木材生産重視の森林政策への批判とともに，環境資源やレクリエーションの場としての機能など，多面的な役割の発揮が要請されるようになった．

　こうした状況を背景として，農林家と林業関係者のみを主体とする従来の政策体系を抜本的に見直し，社会的な環境意識の高まりと，森林に対する要請の多様化にも対応しうる新たな森林管理の枠組みの創出が，政府および市民の双方から必要であると認識され，行動されるようになった．その前者からの取り組みが「国民参加の森づくり」の推進であり，後者からの取り組みが市民運動

としての森林ボランティア活動である．

そこで本章では，都市・農村交流の全体的な流れの中で，主として1980年代後半以降の森づくりをめぐる「参加・協働」の展開を，「国民参加の森づくり」を中心とする政策的展開と，市民運動としての森林ボランティア活動の展開の双方の視点を中心に整理し，その到達点と課題を検討する．また近年，政策的にも実態的にも進展しつつある企業との協働による森づくりについても言及しておく．

2. 森づくりをめぐる「参加・協働」の展開過程

(1) 「森林の総合利用」から「国民参加の森づくり」へ

森林をめぐる都市農山村交流の展開については，1970年代に本格化する保健休養の場の整備を目的とした「森林の総合利用」，そして，1980年代中葉から登場する国民に森づくりへの理解と協力を普及啓発し，資金面あるいはボランタリーな協力を要請する「国民参加の森づくり」の2つに整理できる（以下，表12-1参照のこと）．

前者は林業者あるいは農山村住民の所得機会の確保といった定住条件整備の一環として，国有林野事業においては「レクリエーションの森制度」，民有林においては第二次林業構造改善事業の中に森林総合利用促進事業として登場し[3]，スキー場，キャンプ場などのレジャー施設や自然休養林等森林公園などの基盤整備，交流拠点の施設整備が進められた．

こうしたなかで，1980年代からの「臨調行革」下において，グローバル化に対応したわが国農林業の再編・縮小路線が決定づけられる一方で，国内の森林資源については2つの方向性が示された．1つは，「森林の総合利用」のさらなる展開であり，もう1つは「国民参加による森づくり」の推進である．林業の収益性の著しい低下が見込まれるなかで，一方では森林資源をリゾート開発の場として整備することで資本に新たな投資の場を提供し，他方では森林の有する国土保全・環境保全的機能を前面に強調しつつ，これを「国民共通の財産」として位置づけ，都市域の自治体や都市住民を含めて「受益者負担」すなわち森林整備資金の国民負担の方向が構想されたのである[4]．

表 12-1 「参加・協働」の森づくりおよび森林ボランティア関連年表

年次	項　目
1984	国有林「緑のオーナー制度」(分収育林制度拡充)
1985	FAO「国際森林年」
	林業白書に「国民参加による森林整備」登場
	21世紀の森林づくり委員会「21世紀へ―国民参加の森林づくりを」
1987	四全総「国民参加の森づくり」
1988	「緑と水の森林基金」発足
1990	経団連「地球環境憲章」
1992	国連「地球サミット」
	国有林「法人の森制度」
1995	阪神・淡路大震災（ボランティア活動への社会的認知の拡がり）
	緑の募金による森林整備等の推進に関する法律（緑の募金法）制定
	「森づくりフォーラム」発足
1996	林野庁「国民参加の森づくり推進事業」
	森づくりフォーラムによる森林ボランティア保険の整備
	国有林「ファミリー・フォレスト・ガーデン事業」
	「第1回森林と市民を結ぶ全国の集い」の開催
1997	地球温暖化防止京都会議
	林野庁「森林林業市民参加促進対策―森林・林業サポート促進事業」
	「森づくり市民政策研究会」による政策提言活動の開始
	中部森林管理局名古屋分局「シティフォレスター事業」
	林政審議会「林政の基本方向と国有林野事業の抜本的改革」（最終報告）
1998	国有林野事業の改革のための特別措置法制定
1999	国有林「ふれあいの森制度」
2000	森づくりフォーラムのNPO法人化
2001	森林・林業基本法制定
	大阪府「大阪府森林プラン」（森づくりサポート協議会の設置）
	NPO法人緑の列島ネットワーク「近くの山の木で家をつくる運動」
	内山節編著『森の列島に暮らす―森林ボランティアからの政策提言―』
2002	和歌山県「企業の森事業」
	「森林施業計画制度」の改正（認定請求資格者にNPO等追加）
	「地球温暖化防止森林吸収源10ヶ年対策」
2003	高知県「森林環境税」導入
2004	国有林「モデルプロジェクト」開始（群馬県・赤谷プロジェクト）
	森林法の一部改正（施業実施協定の改正）
	長野県「ふるさとの森林づくり条例」（地域森林委員会の設置）
2005	国有林「綾の照葉樹林プロジェクト」開始
	矢作川水系森林ボランティア協議会「森林の健康診断」実施（市民協働の森林調査活動）
2006	NPO法人森づくりフォーラム「森林づくり安全技術・技能全国推進協議会」設立
	NPO法人森づくりフォーラム「森林施業ガイドライン」
2007	林野庁「美しい森づくり推進国民運動」，「美しい森林づくり全国推進会議」設立
	「森林づくりコミッション」創設
	愛知県豊田市「豊田市森づくり条例」（森づくり会議の設置）
2010	和歌山県「企業のふるさと事業」

資料：木俣知大「『市民参加の森づくり』活動の近年の動向と今後の方向性」『山林』No.1481，2007年，52-61頁，依光良三『森と環境の世紀―住民参加型システムを考える』日本経済評論社，1999年，238-249頁を参考に作成．

このことは，当時の国有林野事業の経営悪化に伴う「改善計画」路線を色濃く反映したものでもあった．1984年の第二次「国有林野事業の改善に関する計画」では，森林レクリエーション事業の推進を自己収入確保策の中に初めて位置づけ，民間活力を積極的に導入してこれを行い，土地使用料収入の増大に資するとした．また，「緑資源に対する国民的要請への対応」として「分収育林制度」を創設し，「緑のオーナー制度」として都市住民からの「投資」を集める仕組みを整備した．そして1987年には国有林版「民活型」大規模リゾート開発事業である「ヒューマン・グリーン・プラン（森林空間総合利用整備事業）」をスタートさせ，当時のリゾート開発政策と完全に連動する形で展開されたのである．

これらの方向性は1987年の四全総にも取り入れられ，「民活型」大規模リゾート開発の国有林野の活用とともに，「林業・山村の活力再生の力とするための，都市からの資金導入やボランタリーな協力のしくみを拡充する」，「森林を守り育てようという国民意識の高揚を図り，森林管理の国民参加を進めるための試みを国民運動的に展開する」といった「国民参加の森づくり」が国土政策の一環として組み込まれた[5]．しかし，1990年代初頭以降，ハード事業としての「森林の総合利用」そのものに対しては政策的にはあまり重点が置かれなくなり，代わって「国民参加の森づくり」の方向が森林をめぐる都市農山村交流の政策的な主流となり，「森林の総合利用」もこの方向に沿ったものへと転換した．

「国民参加の森づくり」の推進については，（社）国土緑化推進機構が運動推進の中核を担っている．1988年に（社）国土緑化推進機構内に創設された「緑と水の森林基金」を足掛かりに，国民の森林の理解と協力を得るための普及啓発や小中学生を対象とした森林環境教育，市民参加の森づくりイベントや森林ボランティアの育成・支援などの事業が林野行政とも連動して積極的に展開されるようになった．1991年からは，法人，任意団体および個人が行う調査研究や普及啓発に関する活動に対して，公募による助成を開始し，市民の自発的な活動を支援する体制も整えられた．また1995年には「緑の募金による森林整備等の推進に関する法律（緑の募金法）」が制定され，（社）国土緑化推進機構や各都道府県緑化推進委員会を通じて，市民による森づくり活動を支援

する仕組みがさらに拡充された．

林野行政においては，1996年に「国民参加の森林づくり推進事業」，翌1997年には「森林林業市民参加促進対策」が実施され，都道府県行政を通じた森林ボランティア育成支援の取り組みが活発化することとなった．また，国有林のレクリエーション施策においても，森林環境教育推進の対応として「森の学校総合整備事業」（1993年），一般市民に定点的な森づくり活動の場を提供する「ファミリー・フォレスト・ガーデン事業」（1996年），「ふれあいの森事業」（1999年）など，市民の森づくり活動等の受け入れ拠点整備が行われると同時に，国有林をフィールドに森林ボランティアの育成を図る「シティフォレスター事業」（1997年）などの試みが開始された．

(2) 森林ボランティア活動の台頭と展開

以上のような「国民参加の森づくり」政策のもとでの行政的支援の拡充に加え，1992年の「地球サミット」開催よる地球環境問題への市民の関心の高まりや，1995年の阪神・淡路大震災をきっかけとするボランティア活動への社会的認知の拡がりなどを背景に，市民による森林ボランティア活動は全国各地で活発に展開されるようになった．その量的な拡大に大きな役割を果たしたのが，都道府県などによる「行政主導型森林ボランティア」の取り組みであった[6]．行政側が「森林ボランティア団体をオーガナイズし，作業用具，作業対象地，交通手段，広報などの準備を整えて」[7]行われるこうした取り組みは，本来市民運動が備えるべき自主性・自立性という面での未成熟さはあるものの，一般市民が参加しやすく，また，活動も継続しやすいため，森林を取り巻く諸問題を普及・啓発する役割としては非常に大きかった．また，多くの取り組みは数年の期間を経た後に，徐々に事務局機能を市民側に委ねるなど，市民主導型の活動へと移行が図られたのであり，森林ボランティアとしての市民の力量を高めることにもつながった[8]．

一方，このような政策的展開とは別に，例えば富山県の「草刈り十字軍」[9]（1974年発足）や後述する東京都西多摩地域を中心とするグループなど，構造的な森林荒廃問題と向き合う市民運動としての森林ボランティア活動もまた，1990年代以前に萌芽がみられつつあった．これらの活動は，従来の自然保護

第12章 「参加・協働」の森づくり

運動に象徴されるような「反対・抵抗・告発型」の市民運動に留まらない，森林や農山村が抱える問題に対して「農山村サイドと協力して森林管理に参加しようとする『新しいタイプの市民活動』」[10]として，その後の森林ボランティア活動の発展に大きな影響を与えている．なかでも特に注目すべきは，1995年の「森づくりフォーラム」の設立と森林ボランティア活動団体の全国規模でのネットワーク化，そして市民からの政策提言の動きである[11]．

青梅林業地として知られる東京都西多摩地域では，1986年の大雪害の発生をきっかけに，被害跡地の片付けや再造林などを目的とする森林ボランティア団体が多数設立され，早くから活発な活動が展開されてきた．当初は雪害対策が活動の中心であったが，次第に，森林ボランティア活動だけでは人工林の手入れ不足問題は解決できず，より多くの人々に人工林保全の重要性について普及啓発する必要があると認識されるようになった．また，森林内での作業には常に危険が伴うことから，保険制度や技術の向上を図る研修制度の確立など，個々の団体だけでは対応困難な課題も浮かび上がってきた．そこで，こうした課題に対応すべく，東京都内の主要な森林ボランティア団体，森林所有者，行政関係者の有志が連携し，1993年に「森林づくりフォーラム実行委員会」が組織され，「市民参加の森林づくり」を掲げてシンポジウムや下刈り大会などのイベントを次々と開催し，情報の共有やネットワークの拡大を進めていった．そして1995年に「森林・林業に関心をもつ市民がイニシアティヴをとって，林業関係者や行政担当者とともに共通して抱える課題を模索し，解決すること」[12]を活動目標とする「森づくりフォーラム」が設立され，まずは関東圏の森林ボランティア団体を中心にネットワーク化が図られたのである．同時に，同年に（社）国土緑化推進機構の主催で開催された「第1回森林と市民を結ぶ全国の集い」にも森づくりフォーラムは実行委員として参画し，全国的なネットワーク形成にも着手しはじめた．以降，この集会は毎年開催地を移動しつつ継続されており，各地での準備・実施のプロセスを通じて，各地の森林ボランティア団体のネットワーク化を促進した．

こうした動きとともに，1996年には「森林ボランティア保険（現・グリーンボランティア保険）」の包括契約を保険会社と締結し，個人や団体が森づくりフォーラムに入会または登録していればこれを利用できるような仕組みを整

えた．また，1997年には約4.5haの国有林をフィールドに「フォレスト21・さがみの森」として自主的な森林管理を実践するとともに，イベント等の開催によってより多くの市民に森づくり活動の機会を提供する取り組みを開始した．

さらに，森づくりフォーラムのメンバーを中心とする「森づくり政策市民研究会」が1996年に発足し，2000年までに4回の政策提言を行ってきた．その内容としては，まず，従来の森林政策の問題点の検討を踏まえ，「これからの森林政策を創造するに当たっては，私たち市民がこれまで十分に森林に貢献できなかったことをふくめて，国，自治体，森林組合，森林所有者等すべての森林にかかわってきた人々が，これまでの問題点を公表し，全国民的な開かれた議論をまきおこす必要がある」[13]との認識に立ち，①所有権をこえた総合的な森林政策およびそのための地域からの積み上げによる分権的な森林管理の必要性，②森林に関する地域の中心的機関としての「地域森林委員会」およびその協議機関としての「流域森林委員会」の創設，③森林所有者の責任の明確化と地域住民，流域市民が積極的に森林の維持にかかわるシステムの必要性，④官民一体の「国有林管理委員会」および官民一体の「森林官制度」の創設，⑤新たな森林保全財源として，市民の側からの「森林・水源税」の創設，などを骨子としている．従来の政策に対して，市民の立場からの幅広い視点で具体的な提起をしているこの提言は，市民および森づくりにかかわってきた多くの関係者の共感を得て，森林ボランティア活動だけでなく，その後の新たな政策形成にも大きな影響を与えている[14]．

このように，各地の草の根的な活動から始まった森林ボランティア活動は，1990年代における先進的な活動の成熟とそのリーダーシップによる全国的なネットワーク形成を通じて，互いの経験を共有し，共通の課題の解決を目指すと同時に，同じ市民の立場からより多くの市民に向けて，森林・林業問題を普及啓発し，森づくりへの参加を呼びかけ，あるいは政策提言としてこれからの森林政策のあり方を広く社会に問う市民活動へと発展し，森づくりに関する市民セクターの形成に向けた第一歩を踏み出したといえよう．

3. 森づくりの現段階

(1) 基本法林政の転換と森づくりをめぐる「参加・協働」

2000年を前後してわが国森林・林業政策にとって大きな転換が相次いだ．国有林野事業の経営破たんと抜本的改革（1998年），そして森林・林業基本法（以下，新基本法）への転換（2001年）である．進展するグローバル化・自由化のもとでの農林業の危機的構造を背景とするこれらの政策転換の方向は，環境重視の国際的潮流と国民ニーズの多様化を背景として標榜する多面的機能重視への転換，その一方での木材生産機能の縮小，そして森林を社会全体で支える機運を醸成するための一層の「国民参加の森づくり」の推進という点にまとめることができる．

こうした中での森林をめぐる「参加・協働」の森づくりについて整理すれば次の通りである．

1998年の「国有林野事業の改革のための特別措置法」の施行により，「国有林を名実ともに『国民の森林』とする」[15]ことを理念とするいわゆる「抜本的改革」がスタートし，国有林野事業における「参加・協働」の受入体制整備が飛躍的に進展した．このうち，特に市民等の活動に関連する取り組みとしては，先述の「法人の森」や「ふれあいの森」の拡充が積極的に図られたことに加え，国立公園や自然休養林，登山道沿いなど，観光客の利用が多い場所での市民グループや自然保護を目的とする団体との「森林パトロールボランティア」協定の締結や「保護巡視員」の委嘱など，森林保全管理活動において地方自治体および市民と連携する動きがみられ始めた．さらに，2004年からは数千から1万haにおよぶ広大な国有林野を対象に，国有林当局，地元市町村，地元住民組織，自然保護や森づくりを目的とする市民団体等との協働による共同管理を目指す「モデルプロジェクト」が始動し，「国民の森」あるいは「地域の森」としての新たな国有林管理を模索する試みが始まった[16]．

次に，森林・林業基本法においては，森林の有する多面的機能の発揮に対して林業が重要な役割を果たしていること（第3条），そして「森林の適正な整備及び保全を図るに当たっては，山村において林業生産活動が継続的に行われ

ることが重要」(第2条2)であること,また,そのためには「森林所有者等が山村地域に定住することが重要」(第15条)であることから,定住促進等による山村の振興を図り,「地域特産物の生産及び販売等を通じた産業の振興による就業機会の増大,生活環境の整備」(第15条)等の施策を講じるとして,森林の多面的機能の発揮に対して山村の果たしている役割の重要性および山村地域における定住促進施策の必要性を新たに位置づけた.さらに,第16条では「国民等の自発的な活動の促進」,第17条では「国民の森林及び林業に対する理解と関心を深めるとともに,健康的でゆとりのある生活に資するため,都市と山村との間の交流の促進,公衆の保健又は教育のための森林の利用の促進」など,「国民参加の森づくり」,「都市と山村の交流」および「森林の総合利用」についても条文化され,森林・林業政策の重要なパートとして位置づけられたのである.さらに,2002年の「森林施業計画制度」の改正や2004年の「森林法」の一部改正によって,森林ボランティア活動で行う森林保全・整備活動であっても,国庫補助事業と認定され,資金的な支援を受けられる途が拓かれた.

また,2003年に高知県で初めて「森林環境税」が導入されて以降,森林整備を目的とする独自課税を導入する取り組みが全国の都道府県に拡がりつつある.これらは森林整備の財源として活用されるとともに,県民への普及啓発事業の一環として,多くの県で森林環境教育や森林ボランティア活動を支援する事業が実施されている.

以上のような「国民参加の森づくり」に関する取り組みは,近年において新たな展開がみられている.すなわち,「美しい森林づくり推進国民運動」の開始である.わが国の温室効果ガス排出削減数値目標である6%のうち,3.8%相当を森林等吸収源によって吸収量を確保するとし,2002年に「地球温暖化防止森林吸収源10ヶ年対策」が策定され,間伐等の森林整備を推進してきた.しかし,2005年の林野庁による調査の結果,当時の森林整備のペースでは目標達成が不可能であることが明らかとなり,2007年から2012年まで毎年20万haの追加的間伐が必要であるとの試算が示された[17].こうした状況に鑑みて政府は,「京都議定書」の数値目標の達成(間伐のさらなる推進)と「森の循環の形成」(国民参加の森づくりと間伐材等木材の有効利用)を目的として,

「美しい森林づくり推進国民運動」を 2007 年にスタートさせた．運動の内容としては，①民間企業に対する協力の呼びかけや，NPO と連携した取り組み，農山村住民への働きかけなど，より幅広い国民参加の促進，②森林所有者（不在村者含む）への間伐促進の呼びかけ（自分の山再発見運動），③国産材利用の拡大（木づかい運動）の 3 点が掲げられている．これらを政府一体の取り組みとして展開するために閣僚会合や関連府省庁の連絡会議，および農林水産省「美しい森林づくり推進国民運動」推進本部が設置される一方，官民一体となった運動推進のために民間主導による組織として，経済界，NPO 等市民団体，地方自治体，農林水産業界などの代表からなる「美しい森林づくり全国推進会議」，さらに各地方推進組織が設立された．このように，「国民参加の森づくり」は，地球温暖化防止対策とも連動し，また，後述のような CSR 活動，あるいは温暖化ガス排出量削減の自主的対策としての森づくりへの企業の関心を取り込みつつ，これまで以上に幅広い森づくりへの「参加・協働」を呼びかける運動として推進されている[18]．

(2) 森林ボランティア活動の多様な展開

以上のような政策的展開の下，市民による森林ボランティア活動もさらに多様に展開している．こうした先進事例を紹介する前に，森林ボランティア団体の現状について，林野庁による調査を基に概況を確認しておくこととする．

林野庁は，1997 年より 3 年毎に，「都道府県において把握している森林づくり活動を自発的に行う団体」に対して「森林づくり活動についてのアンケート調査」を実施し，ホームページにて公表している．その結果によれば，2010年に調査対象として捕捉された森林ボランティア団体数は 2,677 団体であった．前回調査時までと比較すると多少鈍化したものの，2007 年の 1,863 団体から約 1.4 倍となっており，依然として増加の傾向にある．これらの団体に所属する会員数は合計で約 16 万人と推計されている．組織形態としては，「任意団体」が 65% と最も多いが，近年では「NPO 法人」が増加しつつある．会員数は「10 人以上～50 人未満」が 57% と最も多く，比較的小規模な団体が増加する傾向にある．また，活動年数をみると，6 年以上の団体が 59% と過半を占め，さらに 11 年以上の団体も 3 割近くまで拡大してきていることから，概ね継続

的に活動が行われていることが示唆される．

会員の年齢層については，50歳以上が46%と過半を占めるが，30歳未満も34%に達しており，若年層の参加も決して少なくない．会員の職業別割合をみると，最も多いのが「会社員（パート含む）」で39%，次いで「定年退職者」が19%，「小，中，高校生」が11%となっている．

森林づくり活動の概要をみると，各団体の主たる活動場所（複数回答）は，「個人有林」（50%）と「市町村有林」（43%）が中心であり，特に前者が増加する傾向にある．森づくり活動の主な内容，目的（複数回答）については，1団体あたり平均で4項目の回答があり，多い順に「里山等身近な森林の整備・保全」，「環境教育」，「社会貢献活動」，「森林に関する普及啓発」，「手入れの遅れている人工林の整備・保全」，「地域づくり・山村と都市の交流」，「竹林の整備」という結果であった．具体的に実施された作業（複数回答）をみると「下刈り」が67%と最も多く，次いで「環境教育」，「植え付け」，「間伐」の順である．活動対象森林面積は「3ha未満」が36%と小規模であるが，単に森林の整備・保全活動を行うというだけでなく，環境教育や地域づくりなど，複数の目的を併せ持つ多面的な活動が行われていることがわかる．なお活動頻度は，「月1回」以下が46%と最も多いが，「月に5日以上」も約1割存在する．

森づくり活動における課題としては，「資金の確保」を挙げている団体が極めて多く，次いで「指導者の養成・確保」，「スタッフの確保」，「参加者の確保」の順となっている．外部のサポートが必要な点についても，「活動資金の助成」が最も多く回答されており，これに関連して「支援制度や各種手続き等の情報提供」，「助成制度の紹介・あっせん」が必要であるとの回答が多かった．その他，必要なサポートとしては，「技術向上に関する研修・マニュアル」，「安全確保に関する研修・マニュアル」，「会員や参加者募集のための情報発信の場の提供」などが挙げられていた．

このうち，安全技術・技能習得については，（社）国土緑化推進機構と森づくりフォーラムが呼びかけ人となり，全国の市民団体へのアンケート調査を元に，3年間の議論を経て，2006年に「森づくり安全技術・技能全国推進協議会」が設立され，5段階のランキングによる「森づくり安全技術・技能習得制度」が整備された．また，2010年の段階で「地域推進協議会」が6地域に設

立されており，各地でこの制度の普及に努め，各ボランティア団体のニーズに応えている．また，2000年代以降，「森林ボランティアが下刈りや間伐といった個別の作業を担うだけでなく，森づくり全体へのかかわりを求められるケースが次第に増えてきている」[19]ことから，森林の将来像まで含めた明確な目標と計画の立案をサポートするための「市民参加の森づくり活動における『森林施業ガイドライン』」が整備され，各地で活用されている．

こうした森林ボランティア活動の発展とともに，多様な主体の協働による森づくり，地域づくりの取り組みが各地でみられるようになっている．たとえば，大阪府や愛知県豊田市で進められている多様な主体の協働による森林保全・管理の取り組みや，「近くの山の木で家をつくる運動」などの森林所有者と都市住民を中心とする消費者を結ぶ仕組みづくり，森林ボランティア活動をきっかけとする地域住民との交流を通じて地域コミュニティ支援の取り組みが芽生えている和歌山県九度山町の事例，UJIターン者等の新たな主体の登場をきっかけに多様な主体による地域づくりが発展しつつある北海道下川町や宮崎県諸塚村の事例などである[20]．森林ボランティア活動を通じて地域の森林・林業問題を認識し，森林所有者等と連携しつつ新たな都市と農山村との関係の再構築を模索しつつある市民やUJIターン者の新たな視点を活かした「参加・協働の森づくり」の取り組みは，厳しい状況にある山村・林業の危機打開策としても大きく注目されている．

(3) 企業との協働による森づくり

市民との「参加・協働」による森づくりとともに，近年注目されているのが企業との協働による森づくりである．こうした取り組みが多くの企業に広がり始めたのは1990年代初頭からである．当時の好況のもとで，企業によるメセナ活動やフィランソロフィー活動がブームになっていたこと，そして，1992年の「地球サミット」前後から地球環境問題への関心が高まり，「持続可能な発展」の実現に向けて企業の責任も問われる中で，財界もこれを無視できなくなり，環境問題への何らかの対応が必要であるとの機運が高まっていたことがその背景として挙げられる．そこで，予てからの「国民参加の森づくり」政策の一環として，企業の森づくりへの参加も促進すべく，まずはその受け皿とし

て 1992 年に国有林において分収造林・育林制度を活用した「法人の森林」制度が創設され，社会貢献・環境貢献としての企業の森づくり活動が徐々に広がり始めた．

そして 2000 年代に入ると，企業の社会的責任（CSR）への関心が高まるとともに，特に地球温暖化対策との関連から，森林整備・保全活動にますます幅広い業種・業態の企業から注目が集まるようになった．その一方で，財政悪化に悩む地方自治体の側からも，企業に対して森づくりへの参加を期待する動きが出始め，和歌山県「企業の森事業」（2002 年）を先駆けに，都道府県レベルにおいても企業の森づくり活動を受入れ，支援する体制の整備が急速に進められた．その結果，2008 年における「企業の森」等の設定件数は 947 件となっており，5 年前からほぼ倍増している．なかでも民有林の設定件数は 2004 年の 94 件から 2008 年では 472 件と 5 倍にも達しており，この間の受入体制の進捗を反映しているといえよう．

こうした企業，地域，行政などからの様々なニーズの高まりを受け，林野庁はこれらの連携の場づくりとして，企業と森林所有者，地域関係者や NPO を結ぶ支援組織として新たに「森づくりコミッション」の創設を提唱し，翌 2007 年から全国組織としての「森づくりコミッション全国協議会」，および各都道府県レベルの「森づくりコミッション」の設置が進められた．ここでは，森づくりへの参加を希望する企業や団体・個人を対象に，受入希望団体や地域とのマッチングを図るといった森づくりの相談窓口としての役割から具体的な森づくり活動等の企画・立案までをサポートする組織として活動を行っており，「美しい森林づくり推進国民運動」の一翼を担っている．

4. まとめ

このように，現段階における都市農山村交流および「参加・協働」の森づくりは，一方でグローバル化・自由化の流れに連動した，国内農林業の縮小再編を内容とする国家政策を色濃く反映した展開方向にあるが，他方では，具体的に森づくりにかかわることや地域との顔のみえる交流を通じて，国内農林業や農山村の存在意義を見出し，豊かな森づくりを可能とする社会を目指す市民の

行動と，そこに地域再生の活路を見出した農山村地域との協働という発展の方向をみることができる．

また，今後も拡大が予想される企業の森づくりへの参加は，一面では将来的な環境税課税や温室効果ガス排出削減量の事業者への義務づけを避けたい財界側の意向の影響があることは否めないものの，近年では多くの企業において「環境貢献」だけでなく「社会貢献」として位置づけられていることから，活動の内容についても市民による森林ボランティア活動や地域コミュニティとの協働，地元の子ども達への森林環境教育あるいは林業体験の場の提供など，地域社会への貢献を意識せざるを得ないようになっている[21]．こうした状況を地域や市民セクターがうまく活用し，森づくりからさらに地域支援へとつながるような協働関係が構築できれば，厳しさを増す農山村社会の再生に一層役立てることが可能となろう．

注
1) 依光良三・栗栖裕子『グリーン・ツーリズムの可能性』日本経済評論社，1996年，182頁．
2) 古川彰，松田素二『観光と環境の社会学』新曜社，2003年，12頁．
3) 野口俊邦「現代林政における森林総合利用の意味」『林業経済』No.539，1993年，1-8頁．
4) 21世紀の森林づくり委員会『21世紀へ―国民参加の森林づくりを』，1985年．
5) 国土庁『第四次全国総合開発計画』1987年，33-34頁．
6) 「行政主導型森林ボランティア」については，山本信次「人工林保全ボランティア活動の展開」山本信次編著『森林ボランティア論』日本林業調査会，2003年，113-128頁に詳しい．
7) 同上書，125頁．
8) 佐藤岳晴「都道府県の森林ボランティア支援政策―1998年のアンケート調査結果から―」同上書，53-69頁．
9) 「草刈り十字軍」とは，植林地の下刈り作業の手間を省くために実施しようとした除草剤の空中散布に反対であった足立原貫氏が，全国の若者に草刈りへの参加を呼びかけたところ，延べ2,360人もの参加者を集めることに成功し，大きな反響を呼んだ．以来，活動は現在まで継続しており，森林組合との間で下刈り作業の請負契約を締結し，自主的に作業を行っている．2009年までの延べ参加人数は，31,850人を超えている．草刈り十字軍運動 WEB サイト http://www17.plala.or.jp/noudoukan/kusakari.html を参照のこと．
10) 山本信次「市民参加・森林環境ガバナンス論の射程―森林ボランティアの役割を中

心として―」『林業経済研究』Vol. 56, No. 1, 2010 年, 21 頁.
11) 森づくりフォーラムの展開については,佐藤岳晴「森林ボランティアと支援政策―トップダウンからボトムアップへ―」山本前掲書,41-45 頁を参考にしている.
12) 同上書,42-43 頁.
13) 森づくり政策市民研究会「新たな森林政策を求めて―森林ボランティア活動をすすめる市民からの第二次提言」.なお,この時の政策提言については,内山節編著『森の列島に暮らす―森林ボランティアからの政策提言』コモンズ,2001 年に詳しくまとめられている.
14) 山本前掲論文「市民参加・森林環境ガバナンス論の射程」,23-24 頁を参照のこと.
15) 林政審議会「林政の基本方向と国有林野事業の抜本的改革」(最終報告),1997 年.
16) 大浦由美「国有林野事業における『モデルプロジェクト』に関する一考察―宮崎県・綾の照葉樹林プロジェクトを事例として―」『和歌山大学観光学部設置記念論集』,2009 年,1-13 頁を参照のこと.
17) 林野庁編『森林・林業白書(平成 19 年版)』,69 頁.
18) 林野庁「美しい森林づくり推進国民運動」WEB サイト http://www.rinya.maff.go.jp/j/hozen/utukusii_mori/index.html を参照のこと.
19) 『市民参加の森づくりにおける『森林施業ガイドライン』』(特)森づくりフォーラム,2006 年,4 頁.
20) これらの取り組みについては,柿澤宏昭「森林ガバナンスの構築に向けて―協働でよりよい森林づくりを―」『山林』No. 1478, 2007 年, 2-9 頁, 山本信次「森林管理と利用の新たな動向―多様な主体の協働をキーワードに―」『山林』No. 1462, 2006 年, 69-75 頁, 山本前掲論文「市民参加・森林環境ガバナンス論の射程」,17-28 頁などを参照のこと.
21) (社)国土緑化推進機構,(株)エス・ピー・ファーム「『企業の森づくり』に係わるアンケート調査結果」,2010 年を参照のこと.

第13章 移住者と地域住民の連携による農村再構築

湯崎真梨子

1. はじめに

　都市と農村の関係における人口移動や人々の暮らし・住まい方は，特に戦後の国の歩みの中で特徴的な変化を示してきた．

　戦後復興を工業化拡大路線の中で実現しようとした高度経済成長期には，農村は都市にとって食料生産基地であり，かつ，労働力供出の場として，農村人口は都市に向かって「地滑り的」に移動した．この頃，都市住民にとって農村は，就職先や出稼ぎから「里帰り」をする，実家としての帰省先であった．

　1970年代後半には流域を単位とする「定住圏構想」が人間居住の総合的環境整備として提起され[1]，理念に見合う実効性は上がらなかったものの，居住の場として農村地域が取り上げられたのは1つの転換であった．

　1980年代以降，東京一極集中が顕著になり，日本経済はバブル経済へと突入した．各地でハード整備に重点をおいた展開がなされ，「定住と交流による地域活性化」「交流ネットワーク」が提示されたことで都市・農村交流の国策としての枠組みがつくりあげられた．その間，農村は，遊び楽しむものとして，リゾート法（総合保養地域整備促進法）による乱開発の洗礼を受け，一方，大都市圏ではバブル経済とその破綻により都市機能としての調和を崩していった．

　過疎地域の人口動態については，1980年代半ばまでは人口流出による社会減少が主であった．しかし，1987年（昭和62年）には，出生数より死亡数が上回る自然減が社会減よりも多くなり，新過疎問題が出現した．この1987年にリゾート法が制定されたことは，一貫して日本列島における過密と過疎の解

消を目的とした国土政策と，その内部の構造的な衰退要因を解決できなかった農村問題の乖離を見るようで示唆的である．

こうした歴史的な背景を経て，現在では，都市から農村への，二地域居住やUJIターンなどによる定住，交流（一時滞在）などの人の移動が現れるようになった．農村への人の流れを作り出すための都市・農村交流は，政策に主導されるかたちで地域振興策の「定番化」しつつあり，必要不可欠ともいえる一種のトレンドとして全国的に注目が集まっている．しかし，農村に都市住民を迎え入れる，という表面的な華やかさに地域の活力が注がれる一方で，地域内実の弱体化については注意をする必要があるだろう．

地域活性化においては，第1に，地域内部における内発的な発展への胎動と地域内部から外部へと波動的に広がる地道な取り組みが必要である．この前提を抜きにした，ブームに乗った焦眉の取り組みでは，地域各所で機能する担い手の問題や活動疲れ，飽きによる活動の衰退が引き起こされ，地域内部の空洞化現象が解決されることはない．ここでいう地域内部の空洞化とは，人口的・経済的側面のみならず，地域が持つ活力・エネルギーのことである．

本章では，都市・農村交流の1つの到達点としての「農村移住」に焦点をあて，この地域内部の空洞化に歯止めをかける担い手として，交流・移住者の役割について注目をする．まず，都市と農村のそれぞれのニーズから展望される都市・農村交流の深化の方向性について簡単に整理をする．そのうえで，移住者，地域住民，行政との協働により都市・農村交流を通じ，独自の地域再生への道筋を作っている和歌山県日高川町中津地区の事例から，多様な主体による地域運営の仕組みが，農村コミュニティの再生かつ内発的な発展への可能性となり得るメカニズムについて提起・考察を行う．

2. 交流の深化と移住・二地域居住

(1) 交流の発展段階

ここで今一度，交流の意味とその発展方向について整理をしてみる．地域活性化における交流の概念は次のように定義できるだろう．

①人・もの・情報・心の双方向的な流れ

②互いの立場を尊重し，持ち味を活かし接する関係の中で互いの資質を高めるもの

③協力関係や共同作業，共同事業をつくりだすことが期待される発展段階をもつもの

④地域が活性化され，社会が活性化されていくような方向性をもつもの

①から④への過程には，都市と農村の関係の深化が見られる．都市と農村が連携することで，互いの課題を克服し，それぞれが持つ利点の相乗効果を実現した社会の創造につながる，という視点である．このように，段階的に交流をとらえることで，地域活性化との接点が生まれ，地域から社会への広がりも生まれる．またこの過程では，地域アイデンティティや文化性が共有・形成され，地域独自の個性として新たな交流を呼び込む，交流の拡大再生産がおこることが期待される．

(2) 交流ニーズと田舎暮らし

今日，都市住民の田舎暮らしへの関心が高まっているが，農村移住には受け入れ側（農村）と送り込む側（都市）のそれぞれに要因がある．

日本の社会は人口減少・高齢化社会に向かっており，2030年には地方の中枢・中核都市の1時間圏外の市町村では，約20%の人口減が予測され，高齢者比率（65歳以上人口比率）が約34%と3人に1人が高齢者になると見込まれている．すでに地方圏の中核都市からの遠隔地では，基本的な公共サービスや生活関連サービスの提供の困難，伝統的祭事など地域文化の衰退，さまざまな災害の発生，さらに無居住地域の拡大など「地域社会崩壊」の方向に向かっている．2006年の国土交通省の調査によると，今後10年以内に消滅すると予測される集落は，いずれ消滅するおそれがあるとみられる集落とあわせると，全体の4.2%（2,643集落）あり，また，65歳以上が50%以上の限界集落の割合は12%となっている[2]．消滅集落の大部分は自然消滅であり，さらにこれらの集落では資源管理が行き届かず荒廃が進んでいる状況が明らかにされた[3]．

こうした流れを止め，再生への手掛かりを得るために，地方は都市からの人の流れを求めている．

一方，都市側のニーズをみると，2005年の調査[4]によると，農山漁村地域に

定住してみたいという願望が「ある」とする者の割合が20.6%（「ある」と「どちらかというとある」の合算）あり，内訳では，20代の若年層に高い定住願望があり（30.3%），次いで50代となっている（28.5%）．若い世代や中高年の農山漁村への定住願望は近年の都市部における雇用環境の悪化と無関係ではない．また団塊世代の大量退職が第2の人生としての田舎暮らしニーズを生んでいる．

都市住民の田舎暮らしに対する志向には，「興味なし」から無農薬野菜作りなど趣味をきっかけにして田舎を訪問する「自然興味層（趣味型）」，農林漁業や地方産業への従事を希望する職業選択の延長線上や定年後の第2の人生の出発に田舎移住を選択する「移住希望者・田舎志向者（職業型・定年帰農型）」と段階的に見ることができ，趣味型が二地域居住者と位置づけることができる[5]．

先に見たように，常に需要が拡大再生産されるような交流のあり方が都市・農村交流の求められる方向性であり，その最も上位には頻繁に人が行き来し滞在し，さらに居住する関係の在り方が位置するといえる．

こうした交流から移住に至る互いの関係の深化の方向性は，地域アイデンティティの自覚を促し，地域の持続的な運営を活性化していくものである．現在はこのように都市・農村交流が成熟期に向かいつつある段階といえる．都市と農村に住む者が頻繁に行き来し，交流に深化と循環を促すような動きは，都市と農村が対等な関係で，新しい地域社会を創り出す動力となるはずである．

3. 体験から交流へ，交流から定住へ

(1) 体験観光と移住

本節では都市・農村交流の1つの到達点としての「農村移住」に焦点をあて，移住者を交えた多様な主体による地域運営の仕組みを検討する．

農村空間を「商品化」する体験観光が全国的に活発となり，和歌山県でも2000年以降体験観光の県内整備を行い，「ほんまもん体験」という名称で体験・交流型観光を推進している．「ありのままの暮らしや営み，遊びを提供する観光地域づくり」として，農林漁業，生活文化，歴史文化，自然観察，スポーツ，地域産業の分野で300以上のプログラムの開発を行い，主要政策として

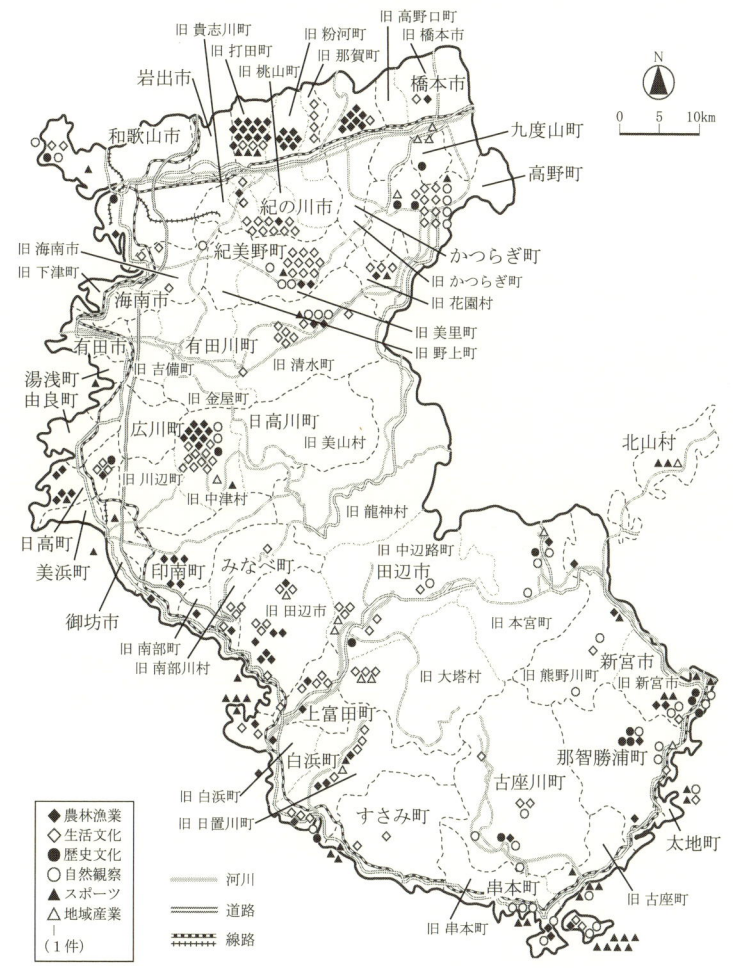

図 13-1　和歌山県「ほんまもん体験」の概要（2006 年）

資料：和歌山県体験観光ガイド「ほんまもん体験」2006 年から作成．

全県で展開されている[6]（図 13-1）．
　なかでも，和歌山県旧中津村（現日高川町中津地区）では体験観光をきっかけに村への移住を促すという独自の方向性を持っている．旧中津村は 2005 年に川辺町，美山村と合併し日高川町となっているが，ここでは中津地区を取り

上げ，衰退した農村が活性化への道を探る中で，移住者と地域住民および行政が協働して，地域運営の仕組みを創生していったメカニズムについて考察をする．

(2) 体験観光の実態
①村の概要
　和歌山県の中央部を横断する日高川は，和歌山県と奈良県の県境に聳える護摩壇山に源を発し，激しく蛇行を繰り返しながら河口の御坊市から紀伊水道へと至る．旧中津村は御坊市から日高川沿いに約20km上流に位置し，日高川が大きく「ひ」の字型に蛇行するその字の懐に抱かれるように位置する地域である．

　面積8,702ha，東西約9km，南北約11.5kmの村で林野率は約90%である．人口2,381人，世帯数929（2009年）で1970年に過疎地域の指定を受けた．1960年から1995年の人口減少率は46.8%であり，特に15歳から65歳の生産人口は，高度経済成長期を経たこの35年間に約半数に激減している[7]．

　かつて日高川は上流の木材を河口の御坊市に送る経済の道として木材の筏による流送が行われ，中津村にも当時の花形職業だった筏師が多数いた．しかし1950年代から60年代にかけて筏送は姿を消し，同時に農林業は衰退した．

　近年では過疎・高齢化の中で遊休農地・耕作放棄地が増加している[8]．農林産物では米，野菜，梅，八朔，千両，しいたけ，備長炭などのほか，1978年に飼育を始めたホロホロ鳥肉が特産品である．しかし農業産出額が2009年時点で1990年当時の半減以下になり，農家数も減少し続けている．旧中津村の農業・農家の実態は，自給的農家または零細・小規模農家で構成され，その大部分が家計を農業外収入に依り，専業農家のほとんどが高齢者に依っている．

②体験観光
　旧中津村の観光事業は，農林業の衰退と過疎化が進行する中で1980年代以降，産品販売所，多目的ドーム，キャンプ場などハードな交流施設建設を中心に展開してきた．1997年に日高高校中津分校が全国分校初の甲子園出場を果たし，全国に中津村の名を知らしめるが，この頃をピークに観光客が漸減する．

移住希望者が参加した「田舎暮らし体験」ツアー（日高川町）

　これを打破しようと2000年に村出身者を中心に構成する「中津ファン倶楽部」を設立し来村者の誘致に努め，これがその後の体験観光の礎となった．
　東西約7km，南北約5kmのコンパクトな村の中心エリア内には，住宅，役場，温泉宿泊施設，山，広い川原をもつ川，のどかな田畑が共存しており，2，3時間の体験から宿泊体験まで，多様な体験ができる地理的条件がある（図13-2）．
　体験参加者数は，2001年に体験型観光受け入れを実施して以降，当初の111人から2009年には2,479人（2009年2月2日〜同12月9日）と20倍以上の増加となっている[9]．
　ここは有名な観光資源をもたず，ただ豊かな日高川流域の山村風景をもつのみである．この当たり前の山村風景の中で，約60種類のプログラムが住民の発案で開発され，住民が指導者となり展開されていることに特徴がある．
　川沿いの田畑では，田植え，稲刈りなど米づくり体験，山芋，ジャガイモ掘り，イチゴ狩り，梅，八朔の収穫体験，竹林ではタケノコ掘り，沢では沢のぼり，アマゴ釣り，ホタルの鑑賞，滝巡り，山間では栗拾い，巨樹巡り，紅葉ウォーク，施設内では草もちづくり，こんにゃくづくり，ホロホロ鳥薫製づくりなどの食品加工，かずら籠作り，コサージュ作り，草木染め，竹細工などの手づくり体験が行われている．そのほか備長炭釜出し体験，そば打ち体験など，

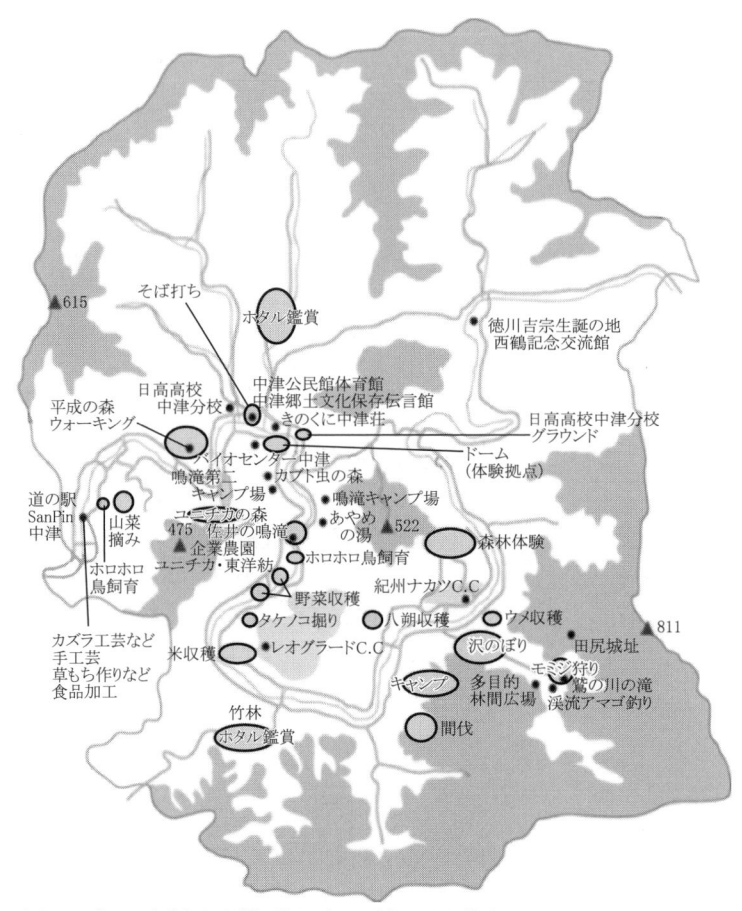

図13-2　旧中津村概要と体験観光施設・エリア

資料：日高川町産業振興課聞き取り（2006年）により作成．
湯崎真梨子「グリーン・ツーリズムにおける体験観光の地域展開」和歌山地理，2006年．

　村全域に体験拠点が散在し，日常生活の延長で細分化された多彩な体験観光が展開されている．その多くが1,000円から2,000円の価格帯で実施されている．
　体験観光にはグループでの来村，小中高等学校の校外学習や修学旅行，大学のゼミ研究，企業の社員保養を目的としたものなどがあり，2006年以降は教育体験が急増し，全体の半数を占めるまでになっている．

(3) 移住の促進

旧中津村体験観光は，これをきっかけに繰り返し来村する交流人口を増やし，最終的に村への移住を促進するという目的をもっている．

旧中津村への移住者は2009年度末で85世帯であった[10]．その内訳には，移住者が51世帯，県の緑の雇用事業[11]による森林組合雇用が6人（6世帯），民間の林業会社雇用が6人（6世帯），製炭業に就くために移住した者8人（8世帯）を含んでいる．家族人数は約170人になり，中津地区人口の7％を占める割合である[12]（表13-1）．

中津地区に都市生活者の移住が促進された大きな要因として，1991年に民間団体「なかつ村移住者推進協議会」が移住者を対象に菜園付き住宅の分譲を始めたことがあげられる．これを発端に移住者が相次ぎ，移住者の約75％がこの団体の斡旋により移住し，すべてが定住している．

行政では，近年，田舎暮らしモニターツアーや体験研修の実施，情報発信，空き家紹介や農地紹介など積極的な移住促進を行っている．しかし，田舎暮らし志向者の受け入れについて，住居という生活基盤を提供する，目に見える事業を20年近く前から継続してきた民間の功績は大きい．

(4) 地域の担い手，ゆめ倶楽部21

旧中津村の体験観光の特色は，体験観光を推進する人材に移住者[13]が活用されている点である．体験観光推進の中軸機能として，移住者を含む住民で構成された「ゆめ倶楽部21」があげられる．

「ゆめ倶楽部21」は2002年2月に村民主導の都市と農村の交流推進団体として中津都市農村交流推進協議会「中津ゆめ倶楽部21」として設立された．2007年の町村合併に伴い活動エリアを日高川町全域に拡大し，現在は「ゆめ倶楽部21」と称している．

設立当初は役場が事務局となり，村長が会員を選任した．専業農家の青年，中学校校長，農家主婦，ボランティア団体メンバー，村の歴史に詳しい人など，何らかの体験を現場で指導・接客ができる村民が選定された．2007年の町村合併以前の会員は27名（内，移住者7名）で，その後合併に伴い活動エリアを日高川町全域に拡大し，2009年12月現在，会員は34名（内，移住者8名）

表 13-1　移住者相談件数・定住人数(2007 年度 2008 年度月別)

年度月		相談件数	定住人数	前住所	世帯主年齢	定住後の仕事
2007	4	4	1	堺市	59	古民家レストラン
	5	63	1	富田林市	63	農業
			2	枚方市	59	農業
	6	15	1	横浜市	29	CGクリエーター
	7	4	0			
	8	5	0			
	9	7	1	愛知県	70	農業*
			2	守口市	59	農業
	10	3	2	大阪市	60	農業
	11	8	4	紀の川市	31	ネット販売
	12	7	0			
	1	2	0			
	2	5	2	枚方市	58	農業
			1	川西市	28	農業
			1	高槻市	29	農業
	3	5	2	京都市	36	カメラマン*
			3	有田市	30	会社員*
			2	海南市	60	会社員
2008	4	5	0			
	5	12	2	岩出市	61	農業
	6	6	2	長野県	46	農業
	7	8	4	由良町	57	会社員
			2	大阪市	60	保育士(妻)
	8	5	1	宝塚市	66	蘭栽培
	9	3	0	堺市	65	*
	10	7	2	東大阪市	63	農業
	11〜3	18	0			
計		195 件	38 人/20 世帯			

注：＊は中津地区以外の日高川町居住者．
資料：日高川町産業振興課資料から作成．

である（表 13-2）．農業従事者が多いが，森林組合関係，JA，学校関係，地域の団体や公社関係など地域の各組織の人材を組み込んでいる．

　設立当初は頻繁に会合を開き，誘客，広報，運営に関して議論を重ね[14]，体験観光の基礎づくりを手づくりで行ってきた．現在のゆめ倶楽部 21 は「体験から交流へ，交流から定住へ」をテーマとし，「体験型観光と田舎暮らし支援等を行い都市と農村の交流を促進し地域活性化を図る」（規約第 1 条）こと

表 13-2　ゆめ倶楽部 21 メンバー(2009 年 6 月)

No.	年齢/性別	属性	居住地区	移住者前住所	移住者移住年
1	20代/男	若い農業者のグループ代表	川辺地区		
2	30代/男	若い農業者のグループ代表	川辺地区		
3	40代/男	商工会事務局	中津地区		
4	40代/男	農業士	川辺地区		
5	50代/女	林家	中津地区		
6	50代/男	林業研究会会長	中津地区		
7	50代/男	認定農業者	中津地区		
8	50代/男	JA職員	中津地区		
9	50代/男	認定農業者	中津地区		
10	50代/男	森林組合参事	美山地区		
11	60代/男	元中学校校長	中津地区		
12	60代/男	歴史ガイドボランティア	中津地区		
13	60代/男	認定農業者	中津地区		
14	60代/女	生活研究グループ代表	中津地区		
15	60代/女	農業士	川辺地区		
16	60代/女	農業士	川辺地区		
17	60代/男	農業推進委員	美山地区		
18	60代/女	生活研究グループ	美山地区		
19	70代/女	ホロホロ鳥生産者代表	中津地区		
20	70代/女	日高郡母子寡婦福祉連合会会長	中津地区		
21	70代/男	農業士	川辺地区		
22	70代/男	農業士	川辺地区		
23	70代/男	農業委員	美山地区		
24	40代/女	農業	中津地区	有田市	2003
25	40代/男	家具職人	美山地区	大阪市	1993
26	50代/女	和歌山県新ふるさとアドバイザー	中津地区	堺市	2000
27	60代/男	農業	中津地区	堺市	2006
28	70代/男	森林インストラクター	中津地区	八尾市	1993
29	70代/男	竹細工インストラクター・農業塾	中津地区	大阪市	1999
30	70代/男	木工房・農業	中津地区	宝塚市	2001
31	70代/女	農業・俳句・ソバ打ち認定者	中津地区	大阪市	1996
32	30代/男	きのくに中津荘事務主任	中津地区		
33	50代/男	きのくに中津荘支配人 道の駅SanPin中津駅長	中津地区		
34	50代/男	愛徳荘支配人(日高川町役場出向)	美山地区		

注：上段は地元住民，中段のNo.24〜31は移住者，下段は日高川町ふるさと振興公社関係者．
資料：日高川町産業振興課資料から作成．

を目的としている．具体的には，①体験型観光，教育旅行の推進，②産学官の連携で地域振興の拡大，③UIターン者の受け入れの拡大支援，④新規就農者の確保と耕作放棄農地の解消，⑤都市住民との協働による環境保全事業展開を掲げ，活動内容による専門部会で構成される．事務局は役場の産業振興課内に置かれている．現在の同会の活動は，活動のルーツともいえる体験観光を起点として，地域振興や地域保全の方向性に向かっているといえる．

(5) 地域づくり推進力としての移住者

移住者が体験観光や地域づくりの推進力となっている例として，ゆめ倶楽部21会員の中から彼らのプロフィールの一端を以下に示す[15]．

表13-2のNo.29の男性は元大手企業の部長を務め，1999年に移住してきた．大阪中心部から自動車で約2時間という近さが決め手になった．人形作家，樹医博士という特技を活かし，竹細工インストラクターとして体験観光の人気メニューを担う一方，「中津有機の里づくり協議会」を組織し，会長として堆肥づくりや大阪府泉大津市の中央商店街で有機農産物の朝市を展開している．また60aの米づくりを行い，箱苗・田起し・田植え・稲刈り・脱穀などのプロセスに分けて連続指導をする米づくり塾を開催し，農業研修者の受け入れや移住者の農業技術確保の貴重な場を形成している．米づくり塾から定住へとつながった都市住民が年々増加するなど，重要な体験ポイントとなっている．

さらに最近では，隣の御坊市や龍神村（田辺市）の各地区に住む薬草研究家やシェフ，まちづくりNPOなどと連携し，ハーブを生かした新規事業を計画中である．生産拠点となるほ場の整備，薬膳弁当の開発と独居老人への食の提供，観光レストランなど，地域を超えた連携でより広がりのある地域づくりの方向へと進み始めている．「現役時代よりも忙しい」とのことである．

No.26の女性はふるさとづくりアドバイザーであり看板デザインなどを行っている．彼女の息子も，村にブロードバンド環境が整ったのをきっかけにUターンし，コンピュータグラフィックスなどのデザイン事務所を構えた．パソコンを使えば東京の仕事も可能である．Iターン者から2世代目が定着した例だ．

No.28の男性は，林野庁の森林インストラクターの資格を取り，体験イン

第13章　移住者と地域住民の連携による農村再構築　　　　227

ストラクターとして活動をしている．
　No.30の男性は木工房を開き，手づくりで自宅を建築した腕前である．木工体験を受け入れ，彼の妻は地区の婦人にトールペイントの作品づくりを教える．
　No.31の女性は公民館で俳句教室の講師を務めている．中津有機の里づくり協議会のメンバーでもある．都会で飲食店を経営していた経験から，地区内に地元産そばを使った蕎麦屋の開設が彼女の構想の中に入っている．さらに，農家民泊として，子供の短期滞在を受け入れるなど，地域の新しい取り組みに率先して取り組んでいる．
　以上のように，それぞれが体験観光の受け入れや交流事業はもとより，地域の暮らしにも積極的に関わり，地域でのリーダー的役割を発揮している．

(6) 農村再構築としての展開
①移住者による「新しい視線」
　ゆめ倶楽部21の設立当初，交流事業について，地元住民の会員は何をすればよいのかと戸惑った．しかし，移住者との交流の中で，都市住民のニーズを把握し「この地の良さ」が分かっていった．特別なことではない，都会の人が楽しむことは，自分たちも楽しいことだという発見であった．たとえば，タケノコ掘りでは，まずお刺身で食べ，竹を割ってコップを作りそれでお酒を飲む，というように丁寧に工夫を凝らした．その過程でゆっくりとインストラクターと話をしながら交流をする手作りの体験を開発していった．そうしていると，地元の高齢者にやる気が出て，地域全体にインストラクターの広がりが出てきたというのである．地元住民だけでは活動は続かなかったという．それは，都市との交流活動の中で，地域の良さを知り，自分たちの立ち位置を把握するために，移住者の「新しい視線」を受け止めていく日々であった[16]．

②行政，都市，地域との連携
　移住者に対して空家支援や生活支援は重要なことである．移住希望から移住に至るプロセスは役場内に設けられた受付窓口である「ワンストップ窓口」[17]を通して行われる（図13-3）．ゆめ倶楽部21では，体験移住の受け入れ，農

移住・交流政策　日高川町モデルの概要（田舎暮らし支援編）

☆☆☆テーマは，「体験から交流，交流から定住へ」です．

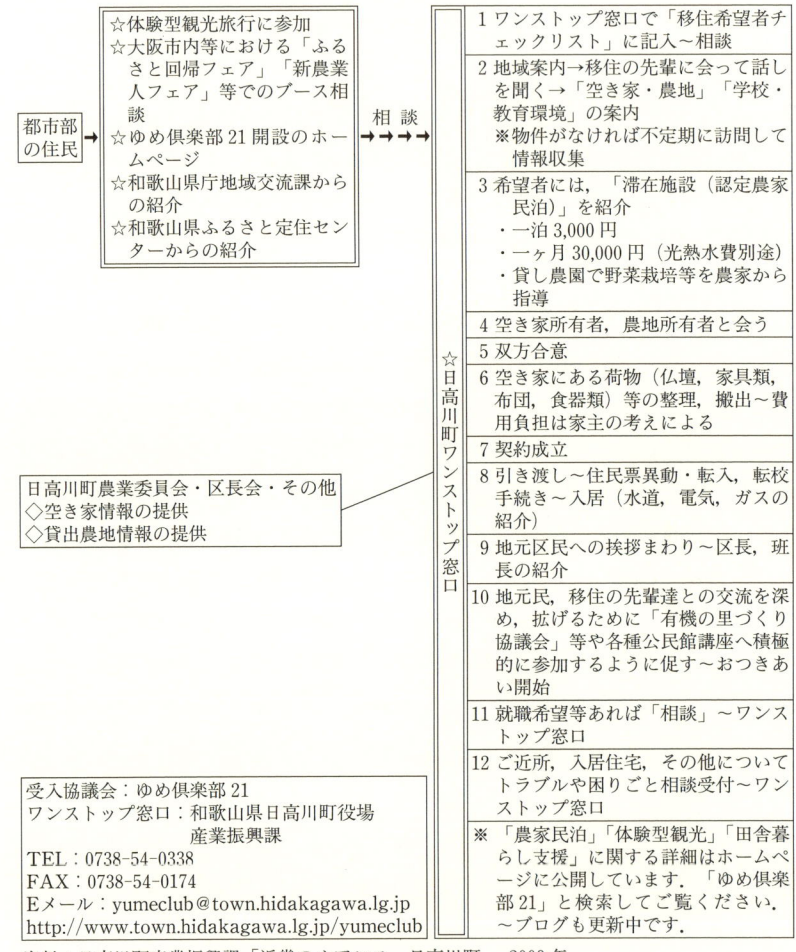

| 都市部の住民 | ☆体験型観光旅行に参加
☆大阪市内等における「ふるさと回帰フェア」「新農業人フェア」等でのブース相談
☆ゆめ倶楽部21開設のホームページ
☆和歌山県庁地域交流課からの紹介
☆和歌山県ふるさと定住センターからの紹介 | 相　談
→→→→→ | 日高川町ワンストップ窓口 | 1 ワンストップ窓口で「移住希望者チェックリスト」に記入〜相談
2 地域案内→移住の先輩に会って話しを聞く→「空き家・農地」「学校・教育環境」の案内
※物件がなければ不定期に訪問して情報収集
3 希望者には，「滞在施設（認定農家民泊）」を紹介
・一泊3,000円
・一ヶ月30,000円（光熱水費別途）
・貸し農園で野菜栽培等を農家から指導
4 空き家所有者，農地所有者と会う
5 双方合意
6 空き家にある荷物（仏壇，家具類，布団，食器類）等の整理，搬出〜費用負担は家主の考えによる
7 契約成立
8 引き渡し〜住民票異動・転入，転校手続き〜入居（水道，電気，ガスの紹介）
9 地元区民への挨拶まわり〜区長，班長の紹介
10 地元民，移住の先輩達との交流を深め，拡げるために「有機の里づくり協議会」等や各種公民館講座へ積極的に参加するように促す〜おつきあい開始
11 就職希望等あれば「相談」〜ワンストップ窓口
12 ご近所，入居住宅，その他についてトラブルや困りごと相談受付〜ワンストップ窓口
※「農家民泊」「体験型観光」「田舎暮らし支援」に関する詳細はホームページに公開しています．「ゆめ倶楽部21」と検索してご覧ください．〜ブログも更新中です． |

日高川町農業委員会・区長会・その他
◇空き家情報の提供
◇貸出農地情報の提供

受入協議会：ゆめ倶楽部21
ワンストップ窓口：和歌山県日高川町役場　産業振興課
TEL：0738-54-0338
FAX：0738-54-0174
Eメール：yumeclub@town.hidakagawa.lg.jp
http://www.town.hidakagawa.lg.jp/yumeclub

資料：日高川町産業振興課「近畿のオアシス〜日高川町」，2009年．

図 13-3　移住者の受け入れ体制

業委員会や区長と協力して行う空家情報の収集・リスト化，定住後の農業技術指導，冠婚葬祭や地域の付き合いに関する生活上の助言など，移住に至る各段階において「頼りになる先輩」となっている．行政と連動した移住者による移

表13-3 ゆめ倶楽部21と協力する地域組織

名　称	交流における協力活動	構成員数
生活研究グループ	体験観光の食の部分を担当	103人
中津有機の里づくり協議会	有機農産物の生産・販売・朝市	48人
林業研究グループ	木工体験	60人
日高川町森林観光推進協議会	森林体験	14人

注:構成員数は2009年3月現在.
資料:日高川町産業振興課聞き取りにより作成.

住支援が,移住への安心感を生んでいるといえる.

また,中津地区には社員が実作業を通して環境保全活動を行う企業の森[18]と企業農園[19]が展開され,これらに関連した体験プランや農地の管理運営はゆめ倶楽部21と契約された.これらは企業によるグリーン・ツーリズム展開の一例であり,福利厚生,レクリエーション活動としての意義とともに,農村の景観保存や遊休農地活用という社会貢献の側面ももっている.

さらに国が推進する子どもプロジェクト[20]にも取り組んでいる.小学生を1週間程度受け入れ,ふるさと生活体験を提供するものである.

このように国や県の施策に連携し,社会的な課題に対して都市民とともに地域住民が協働で活動をすることに,今後の地域活性化の方向性がみえる.また活動の広がりは,農家の収入増につながり,ビジネスとしての可能性もある.実際に体験観光については行政の補助金がなくても運営できるよう育っており,その収益は,インストラクターの参加の意欲を継続するほどに維持できるようになっている[21].こうした行政,都市,地域との連携の「つなぎめ」機能としてゆめ倶楽部21が存在している.

③地域内への深化

一方,ゆめ倶楽部21の活動は,地域内ネットワークの構築へと地域内での深化の様相をも見せている.ゆめ倶楽部21が協力関係を結ぶ地域組織には生活研究グループ,中津有機の里づくり協議会,林業研究グループ,日高川町森林観光推進協議会などがあり,体験観光や交流事業に役割を担っている(表13-3).

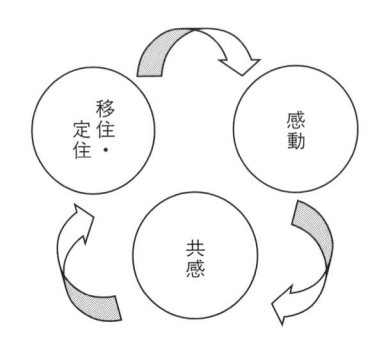

図13-4 活性化の方向性：共感のプロセス

このほか，政策対応として協力関係にある役場や観光協会が存在する[22]．

また，子どもたちが農家に数日間宿泊し，家族と一緒に農家生活を体験する農家民泊は2008年より受け入れを始めており9軒が認定を取得し開業，各農家が，野菜収穫，蜂蜜採り，エビ採り，流しソーメン，バーベキューなど工夫をこらし子どもたちと心温まる関係を結んでいる．

体験・移住の推進という表舞台の動きが10数年の実績を積み重ねて，本来の生活空間である地域の全域に波及しつつある．新しいむらづくりのための都市と移住者と住民との融和の段階に来ている，とみることができる．

④ネットワークの拡大・開放性と共感のプロセス

都市から中津地区への移住・定住者は都市生活で培った感性とノウハウで田舎暮らしを積極的に実践し，体験観光や移住の受け入れインストラクターとして，地域のキーマングループを形成している．振興策を探しあぐねていた村は，移住者という人的なきっかけにより地域変容をとげてきたのである．

中津地区への入り込み者の概要とその目的と効果を整理してみよう．

中津地区への入り込み者は体験観光，校外学習や修学旅行，大学のゼミ活動や調査，企業・団体の体験観光，企業の森，企業農園など企業による森林保全活動や社員保養，緑の雇用や製炭研修など自治体の施策，Ｉターンなどによる来村・定住者で構成される．この他，旅行会社による子供キャンプなどもあり，年間2千数百人と人口と同規模人数が来村している．

すなわち中津地区では体験観光とＩターンという2つの方法により，交流から定住への流れを生み出している．移住者はすでに10数年の歴史をもち地域内にその役割をもって定住している．つまり都市に向かって常に地区はオープンであり，都市と農村の融和と結合のかたちをみることができる．

第13章 移住者と地域住民の連携による農村再構築　　　*231*

　一方，来村者の意識の変化は，いやしや郷愁の喚起，教育，保養を導く体験，農林業の実作業，定住へと位置づけることができる（後掲図13-7）．このサークルは体験観光をきっかけに都市からの訪問者に農林業や農村生活・環境に対する感動，共感，移住のプロセスをつくることであり，この心の軌跡を醸成させる住民と移住者が協働した行動の中に活性化への方向性を位置づけることができる（図13-4）．

⑤交流の重層化構造

　以上の事例で見てきたように，中津地区のような「何もしなければ衰退する」と予見される中山間地の課題に対しては，住民の能動的な働きかけが人的流動をもたらす活性化へのエンジンとなっている．

　また，この地の「今では希少価値である農村生活の知恵と技術，田舎風景」の有力な継承者が新住民である移住者であり，新・旧住民の協働組織であるゆめ倶楽部21といえるのである．

　つまり，中津地区における農村再生の構造は，地区にとって元来「異質者」である移住者による農村再生活動であり，そこで展開される農的な原風景を見て新たな移住者が創成される．ここにおいて，中津村の地域再生は二重三重の「異質」の重層化により織り成されているとみることができる（図13-5）．

　移住者や体験観光における入り込み者は，自らが魅力と思う農村環境を作るために来村をする．そこには環境保全の視点，人間性保全の視点があり，失われた農村性への回帰と創造の志向がある．彼らに委ねられた地域再生は，こうした他者の目による「農的価値」の組み直し活動と解釈できるのである．

4. 交流と連携による農村再構築

　現在，多くの農村は閉じられたコミュニティではすでになく，地域外からの訪問動態が盛んになり，外部に向かって解放され，都市と農村は出入り自由の関係性を持っている．このように多様な価値観が混在し流動する地域の中では，さまざまな要素を恒常的に発展的に駆動させる仕組みが必要となってくる．

　さまざまなニーズや課題に柔軟に対応し，冒険的に起業したり，運動を継続

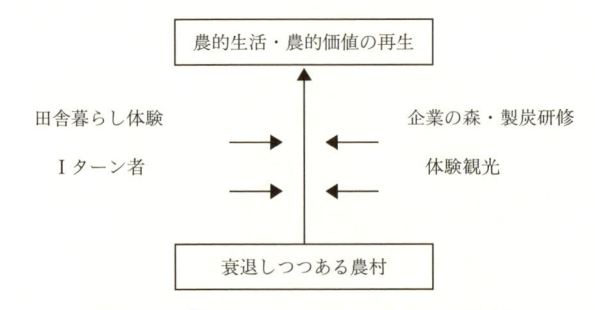

図 13-5 「異質」により組み直される農村

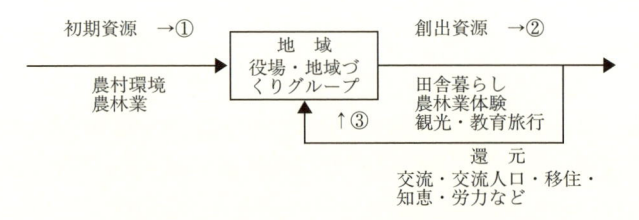

図 13-6 体験交流による農村再生モデル

するための資金を蓄積するなど自発的な運動を地域内に展開するためには，行政とは別の意思決定機関，あるいは意思の伝播機関ともいうべきものを持つことが有効であり，中津地区ではゆめ倶楽部21にその可能性がみられる．

都市・農村交流が地域再生へとつながるために，中津地区ではどのようなメカニズムが起こっているのかについて，次のように整理することができる（図13-6）．

まず，初期資源として，農林業や田舎風景などかつての農村が保有していた農村性がある（→①）．これらの資源を，役場やゆめ倶楽部21が，田舎暮らしや農業・農村体験プログラムとして創出資源化し，社会へと広報していく（→②）．広報された資源は，都市の田舎暮らし希望者や体験希望者にキャッチされ，さまざまな交流人口として村に流入する（→③）．交流から移住者が現れ，彼らは新たな農林業や農村生活の担い手となる．また，住民との協働により自らが望む農村の再構築作業の担い手ともなり，彼らの手により再生された農的価値はさらに社会へと発信されていく[23]．

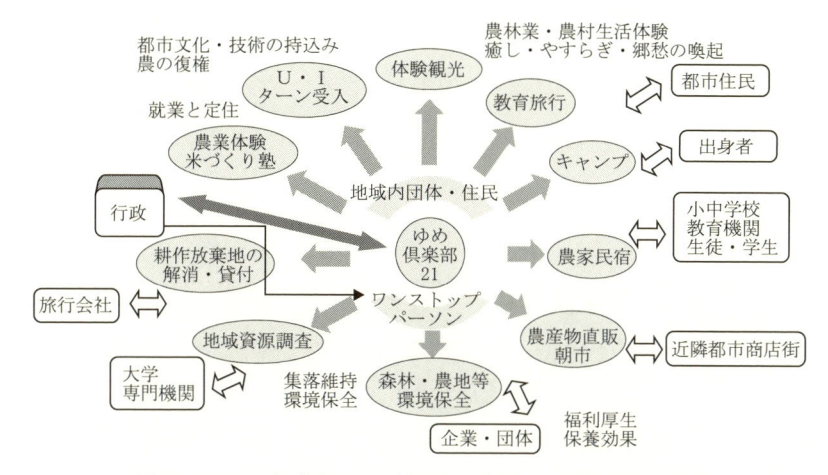

図 13-7 ゆめ倶楽部 21 を核とした都市・農村連携の構造

　役場や地域づくりグループ（ゆめ倶楽部 21 など）は，地域が保有する自然環境，伝統技術，生産技術，歴史・文化，住民の活力・意思など地域内の多様な地域資源を内発的な発展の原資として統合し，新たな価値に再生していく器としての機能を有している．すなわち，従来，地域の衰退条件とされた村の諸要素は，この器を通ることにより，市場価値のあるものとして発現する．これが都市で活用され，再び地域に交流のかたちで繰り返し還元されると，住民の行動力や精神性も向上していく．さらに地域外の NPO や大学などとの調査や研究会などとの交流を通じ価値の高質化がはかられるのである．

　図 13-7 にみる中津地区の交流のサークルは，単に交流人口を増やすことによる地域振興から，集落維持・環境保全，農業と農村生活文化の復権，持続可能な地域再生へと事業領域が広がっている．さらに癒し・安らぎ・郷愁の喚起，福利厚生・保養効果，若者や子供たちへの教育効果といった，人心の再生と人育ての領域までを包括している．

　ゆめ倶楽部 21 は，地域内のさまざまな交流活動を，環境・生態系への視点，人間の生活・生存への視点，主体的な地域運営の視点をもって統合し，新しい地域の価値として創り上げていく「つなぐしくみ」となっている．その活動には常に新たに流入する移住者の視点や感性が重要な位置を占めている．中津地

区にみるような，住民と移住者の協働を中核とした都市と農村の連携は，地域の再構築と新しい農村づくりへの大きな可能性を持っているといえるだろう．

注
1) 第三次全国総合開発計画（1977年）．
2) 大野晃によると，限界集落とは「65歳以上の高齢者が集落人口の50％を超え，独居老人世帯が増加し，このため集落の共同活動の機能が低下し，社会的共同生活の維持が困難な状態にある集落」をいう．大野晃『山村環境社会学序説―現代山村の限界集落化と流域共同管理―』農山漁村文化協会，2005年，22-23頁．
3) 国土交通省『平成18年度国土形成計画策定のための集落の状況に関する現況把握調査』2007年．調査対象2006年4月時点における過疎地域市町村における集落に対するアンケート調査，回収率100％．
4) 内閣府「都市と農山漁村の共生・対流に関する世論調査」2005年．
5) 国土交通省「「二地域居住」の意義とその戦略的支援策の構想（図表編）」，2005年，13頁．http://www.mlit.go.jp/kisha/kisha05/02/020329/02.pdf．
6) 和歌山県観光交流課資料．
7) 日高郡役所編『日高郡誌 下巻』名著出版，1970年，および湯崎真梨子「流域経済論的視点からみた日高川流域経済の変遷と展望」和歌山大学経済学研究科修士論文，1999年．
8) 2001年の旧中津村農業委員会の調査によると，水田の約13％にあたる17.89haが遊休農地・耕作放棄地であった．
9) ゆめ倶楽部21資料（2008年）による．
10) なかつ村移住者推進協議会資料および中津産業振興課聞き取りによる．
11) 2001年から和歌山県知事により提唱された「緑の公共事業」．森林整備・保全，新規雇用機会の創出，Iターン者の受け皿をも期待する施策である．国の失業対策事業，雇用担い手育成対策事業，県の緑の雇用環境林担い手づくり事業などの組み合わせで実施され，3年間の技術研修後は森林組合などに就業する．2006年3月末で約300名，家族を含むと約500名が和歌山県に定住している．平均年齢は37歳程度であり，県内全森林組合の雇用ニーズはほぼ充足し，平均年齢も約10歳若くなった．和歌山県資料・担当者からの聞き取りによる．
12) 2007年4月〜2008年10月の移住実績．緑の雇用など林業就業関連事業での移住者は含まない．
13) 日高川町での広報媒体では移住について「Iターン」の用語が多用されている．都市農山漁村交流活性化機構によると，Iターンは都市生まれ都市育ちの人が農山漁村地域に移住する場合を指していると説明される．
14) 聞き取りおよび山下泰三「人と人を結ぶ結いの心」毎日新聞コラム，2002年．
15) Iターン者事例は聞き取りによる．聞き取り調査期間2006年7月〜12月．
16) ゆめ倶楽部21会長原見知子さんへの聞き取り（2009年9月）による．

17) 和歌山県では，田舎暮らしを推進するため，役場にワンストップ相談窓口を設け，定住希望者と地域の橋渡しを行うワンストップパーソンを配置している．
18) 企業の森は2002年度より開始され，企業や団体と10年契約の無償貸借契約を結び，クヌギ，コナラ，ヒノキ，ヤマザクラの植林など，地元森林組合と共同管理をする方式である．
19) 企業農園は2006年度に国の実験プロジェクト『企業等と連携した「企業の農園」設置に関する実験調査』として開園された．
20) 子ども農山漁村交流プロジェクト（総務省，文部科学省，農林水産省連携施策）で，2008年度から5年間で，農山漁村での1週間程度の宿泊体験活動（農林漁家での宿泊体験を含む）を，全国2万3千校の小学校1学年（5年生）程度の参加を目標に推進するもの．日高川町は2008年度の受け入れモデル地区となった．
21) 2008年度の体験料収益は3,634,732円であり，1割がゆめ倶楽部21の取り分，残りがインストラクター費となる．インストラクターは延べ253人が関わっており，単純に割ると1回1人当たり約13,000円の指導料を得ている．1～2時間から長くて半日の指導料としては悪くはないと思われる．
22) 注17参照．
23) ビジネスインキュベーションについての考えを参考として応用した．若者や起業者はインキュベータにより育成され，社会に創出され，巣立ち，やがて富・知恵・労力という新たな資源として地域に還元される，とする．参考資料：星野敏『よくわかるビジネス・インキュベーション』同友館，2001年．

第14章 農家と市民との「協働型農業」の創造と拡充

橋 本 卓 爾

1. はじめに

　第2部各章で詳しく述べられているように,最近農業側において「市民を農業・農村に迎え入れる動き」が広がっているとともに,「市民が農業・農村に向かう動き」も強まっている.この過程で,農家・農村住民(以下農家と略す)と市民との接近・交流が深まるだけでなく,協力・共同して農作業を行ったり共通する課題に取り組むという新しい状況,すなわち両者の協働が生まれつつある.これは,従来の一過性的な農業体験や一方的な市民農園利用等とは大きく性格を異にするものである.

　そこで,本章では農家と市民との協働に基づく取り組みを「協働型農業」と捉え,その生成・発展について言及する.ついで,生成・発展しつつある「協働型農業」の基本的性格と意義について論及するとともに,「協働型農業」の創造と拡充の課題,とくに農地の市民的利用について考察する.

2. 交流・連携・協働の広がりと「協働型農業」

　筆者は,かつて「市民参加型農業の生成とその基本的性格」という論文[1]において市民が農業に参加し,農家と協力・共同する状況が生まれつつあることを「市民参加型農業」の胎動と生成と論じた.また,「市民参加型農業」が,農家と市民あるいは都市と農村の交流・連携の促進にとって,さらに都市地域や中山間地域の農業の保全や活性化を展望するうえで重要な意義をもっている

第14章　農家と市民との「協働型農業」の創造と拡充

と位置づけ，その創出と発展を提唱した．

　その後，わが国の食料・農業・農村および市民生活をめぐる激しくかつ厳しい情勢変化のもとで「市民参加型農業」という呼称では捉えきれない新しい波が起こりつつある．そのなかでとくに注目すべきは，市民の農業・農村への参加が一過性に終わるのではなく持続的に発展しているとともに，その内容も拡充しつつあることである．たとえば，紀ノ川農協の「一株トマト」や「玉ねぎ交流園」の活動に見られるように，トマトの安定供給，安全・安心なタマネギづくりのために生産者と消費者が協力・共同する状況が生まれている．また，東京都等で広がりつつある農業体験農園では農家と農園利用者（都市住民）との共同作業が大きな位置を占めている．農産物直売所においても利用者に農業体験の場を提供し，農家と来場者が単に販売者と購入者という関係ではなく共に農産物の作り手や収穫者となる取り組みが展開されている．グリーン・ツーリズムにおいても農家と利用者との共同作業が拡大している．さらに，本書では詳しく取り上げなかったが棚田オーナー制，大豆トラスト運動，ワーキングホリデーなど農家と都市住民の共同によって棚田の保全，遺伝子組み換え大豆でない国産大豆の確保，あるいは農・土とのふれ合いと援農をめざす取り組みも見られる．

　以上，概観した新しい動きの核心は，農家と市民が相互に対等な立場で協力・共同してそれぞれの願いや思いの実現に向けて活動していることである．このような動きを総括的に捉える概念としては，市民の農業・農村への「参加」よりも複数の主体が何らかの目標を共有し，ともに力を合わせて活動することを意味する「協働」が適切である．その意味で，いまや「市民参加型農業」というより「協働」に力点を置いた「農家と市民との協働型農業」（略して「協働型農業」）と呼称しうる状況が生まれている．現在，農家と市民との交流・連携の広がりのなかで，その結晶として，あるいは頂点として「協働型農業」が生成・発展しつつある．

　もちろん，「協働型農業」はいまだ大きな流れにはなっていない．しかし，試行錯誤を繰り返しながらも農家と市民との交流・連携・協働は点から線へと広がり始めている．しかも，これはけっして自然発生的なものではないし，偶発でもない．

かつて磯辺俊彦は，次のように述べている．

「市民の農民化」が進行している．すなわち「豊かさの強制のもとで追い詰められた都市市民たちは，女性，老人を中心に，安全な食糧，心のゆとりをもとめて，産直，市民農園，有機栽培など農に向かって動いている」．「だが，それにたいして「農民の市民化」の動きは鈍い．両者を区別するのは，農家の直系家族制的な土地所有である．その意味で，両者の間には深くて暗い河がある」[2]と．

また，『いのちと"農"の論理』を追求する論者達も強調する．

「本当は農業や農村に支えられ，深いつながりをもっているにもかかわらず，都市生活者の多くは農村に対して無関心である．なぜであろうか．その第1の理由は，都市では所得さえあれば生活のニーズが表面的には都市の中で満たされるからである．第2は，農村側で都市生活者の営農を受け入れるしくみが備わっていないからである」．「都市住民が農村に住み，農業を始めるための手がかりがまったくみつからないことである．農業への道が都市生活者に閉ざされているのである」[3]と．

たしかに，磯辺などの指摘のように「農民の市民化」は遅く，「市民の農民化」との間に不均等発展がみられる．また，「農民の市民化」の遅れの大きな要因になっていると磯辺が言う「農家の直系家族制的な土地所有」は現存のままであるし，「農業側で都市生活者の営農を受け入れるしくみ」も十分に整備されているとはいいがたい．いまだ，市民が農業に向かうことを拒む壁は厚く，そして高い．また，市民を受け入れる受け皿も小さい．

しかし，この「深くて暗い河」や「農業への道が都市生活者に閉ざされている」状況は，けっして固定的なものではないし，不変でもない．現在，「農家の直系家族制的な土地所有」等の壁を乗り越え，かいくぐって「閉ざされた道」が少しずつ開かれている．「深くて暗い河」に架け橋がかけられつつある．

ところで，前述のように「協働型農業」は農業側からの「市民を農業・農村に迎え入れる動き」と「市民が農業・農村に向かう動き」という2つの動きが拡大し，合流するなかで胎動し，生成・発展しつつあるが，その原動力は農業や市民の生活をめぐる厳しい情勢（客観的条件）とそれを打破しようとする農家・市民の自主的・主体的運動（主体的条件）の成熟である．その詳しい内容

第14章　農家と市民との「協働型農業」の創造と拡充　　239

についてはすでに第3章で食料・農業問題を中心に論究されているので，ここではそこであまり言及されなかった環境問題について補論的に触れておこう．

　環境問題のなかでも農業・農村と関連が強いのは，都市における自然・緑の消失と退行である．『都市の自然史』が指摘するように，ホタル，トンボ，メダカなど「生き物たちの死の行進」は，緑地率（$1km^2$の区画内で田・畑，林，寺社や農家の庭などまとまった緑におおわれた緑地の比率）が50％以下になると急激に進んでいる[4]．現在のわが国の都市では，この「生き物たちの死の行進」の場となる緑地率50％以下の地域はけっして珍しくない．生き物が住めない地域で，人間だけが健康で安全に生き続けられる保障はどこにもない．自然や緑の消失が著しい現代の都市では，生物としての人類は肉体・精神・感覚の荒廃，自然観の荒廃，自然に対する態度の退化など様々な影響を受けている．「人間は，自然が少しなくなると少し求め，大分なくなると大分求め，ほとんどなくなると出ていってしまう」[5]と言われているが，市民が農業・農村に向かうのは，都市で消失・退行した自然や緑を農業・農村で求める生き物として切羽詰まった行動であり，肉体・精神・感覚等の荒廃を回復しようとする人間の生きていくための知恵でもある．

　また，自然・緑の消失と退行は都市の景観を貧しくし，都市アメニティを破壊する．自然・緑の重要な機能として良好な景観の構成があるが，その内実は審美感，季節感，自然感，生命感，眺望性等の享受である．これらの享受は，豊かな自然と緑や「農の風景」があって，はじめて可能となる．したがって，自然・緑や「農の風景」がなくなると景観は崩れてしまう．市民が農業・農村に向かうのは，良好な景観に接することによって憩いやうるおいを享受するためでもある．

　環境問題の側面から市民が農業・農村に向かう背景として廃棄物問題の深刻化のもとで循環や持続的発展を重視する思想の台頭・広がりにも注目する必要がある．現在，大量生産・大量消費・大量廃棄（使い捨て）型社会が行き詰まり，廃棄物問題や地球温暖化問題が深刻化するなかで，持続可能な循環型社会の形成が焦眉の課題となっている．わが国でも2000年に遅まきながら「循環型社会形成推進基本法」が制定された．それと相前後してリサイクル促進のための関連法制が制定・施行されている．しかし，法律が制定されただけで循環

型社会の形成が進むものでもない．

　循環型社会形成のためには，土・水・みどりといった自然環境を構成する資源を保全するとともに，それを持続的に循環利用する農業の存続と都市と農村の連携が絶対に必要である．とりわけ，家庭生ゴミや食品産業の廃棄物等有機系廃棄物の堆肥化による土壌還元という循環システムを構築するためには農業・農村の存在が不可欠である．最近，山形県長井市や東京都新宿区早稲田商店街などの先駆的取り組みを通じてやっとこうしたことが次第に共通認識になりつつある．さらに現在，それぞれの地域，学校，企業等で創意・工夫をこらしながら生ゴミの堆肥化による土壌還元や食品残渣の飼料利用が広がりつつあるが，この過程でいままで"隠れていた，見えなかった"地域の農業の姿とその役割・機能が明らかになり始めている[6]．これまでも，政府の調査等において農業・農村が自然環境や国土の保全等に役立っているという意見はかなりの比重を占めていたが，循環型社会形成の気運が高まるもとで改めて市民の間でも農業・農村と交流・連携・協働して廃棄物問題を改善・打開していこうとする動きが具体化しつつある．

3.「協働型農業」の基本的性格と意義

　「協働型農業」はどのような基本的性格と意義をもつものであろうか．「協働型農業とは何か」を明らかにする意味で，その基本的性格と意義を整理しておこう．

　「協働型農業」の基本的性格の第1は，農業や生活の危機的状況を打ち破るための運動に裏付けられたものである．繰り返し述べてきたように「協働型農業」は，一方で農業・農村の存続さえ脅かされるという農業の危機的状況のなかで，他方で市民の"いのちやくらし"を支える食料や環境が危険な状況になるなかで，そうした情勢に甘んじることなく創意と工夫と連帯によって少しでも前進していこうとする運動のなかから生成したものである．それは，「市民の協力や支援を得て農業・農村を存続・活性化させたい」，「家族の健康のために安全・安心な食べ物を確保したい」等といった農家や市民の願いをベースにして沸き起こった運動の所産にほかならない．

第14章　農家と市民との「協働型農業」の創造と拡充　　　　　　　　241

　したがって,「協働型農業」は第2に, 農家と市民の共感や共通認識に支えられている農業ということができる. それは, ①これからの農業は農家と市民（非農家）との協力・協働なしには存続できない, ②"いのちやくらし"を守るためには, 農業・農村が存在することが不可欠である, ③安全・安心・新鮮な食料を安定的に確保するためには, 農家との交流・連携が必要である, ④農業・農地の果たしている役割・機能を活かし, 協力・協働して人間が住むに相応しい地域と豊かなくらしを築く, といったことについて一定の共感や共通認識が形成されるなかで生成する農業形態である.

　もちろん, そうした共感や共通認識は一朝一夕に形成されるものではない. 一方で農業・農村に市民を迎え入れ, 農業の再生と農村の活性化を図りたいとする農業側の思いと, 他方で農業・農村に向かうことによって自らのいのち・くらしをまもり, 生きがいを見いだそうとする市民側の思いがぶつかり合い, 失望や失敗を重ねながら次第に共鳴し, 結合していくものである. しかも, 共感と共通認識はそれを醸成させるための農業側と市民側との交流・連携活動や学習活動の継続・蓄積によってのみ形成されていく. したがって, それは自然発生的には形成されることはなく, ましてや偶発的な出会いによって生じるものでもない.

　第3は, 農家と市民が協働して営む農業である. つまり, 両者が協力・共同して農作業等を行い, 収穫物を分かち合う農業である. 言い換えれば, 食べ物づくりに農家と市民が共に額に汗して耕すことである. したがって, それは特定の区画で市民が単独で作物等を育てる市民農園やレクリエーションを主目的にした各種観光農業（ミカン狩り, イチゴ狩り, イモ掘り等）とは, 性格を異にする.

　もちろん, 市民の農作業等への参加は多様である. 農業生産の全過程に直接参加する場合もあれば, ごく一部を分担する場合や間接的に参加する場合もある. 要は, 農家と市民が単に生産者と消費者という隔離された関係を超えて, なんらかの形で農業生産において協働することこそ,「協働型農業」の基本である.

　いうまでもなく, これまで市民が農作業の全部または一部を担うことはほとんどなかった. しかし, まったくなかったというわけではない. わが国の現代

史において「市民（非農家）が農業生産の全部もしくは一部を担う」ことが広範に見られた時期があった．第2次世界大戦末期から敗戦混乱期（1940年代）である．この時期，農業労働力不足の補充と食料増産のために多くの都市の老若男女や児童生徒までもが，「援農」に駆り出されたのである．たとえば，1942年10月30日付の朝日新聞は「繰出す一萬二千百名 食糧國防勤勞奉仕隊」，「孃はん部隊は三百二五名」の見出しで，大阪市民等による「援農」を報じている．敗戦後の食料難の時期には多くの国民は，自らがまず食うために僅かの休閑地のみならず国会議事堂前の広場さえ耕して食料確保に狂奔せざるをえなかった．まさに，「一億総耕作者・農耕者」の観さえ呈していた．しかし，このことをもってこの時期「協働型農業」が形成されたとは到底いえない．この時期国民が農業に向かったのは自主的・主体的なものではなかったからである．それは，戦争遂行のための，あるいは食料不足・飢えを凌ぐための強制力を伴った「国民総動員」の一環であった．「協働型農業」は，あくまで農家や市民の自主的・主体的意識と行動を基礎にしたものである．

　第4の基本的性格は，安全・安心な食料生産や環境との共生を目的にした農業という点である．これまで述べてきたことからも明らかなように，一方で農業・農地・農村の存続，他方で"いのちやくらし"を守る取り組みのなかから生まれ出た「協働型農業」は，市場を目当てにした商品生産を第一義にした農業ではなく，安全な農産物の生産を志向した農業，地域の環境を保全する農業，農村の保全や持続的発展をめざす農業である．したがって，そこでの農法はおのずと「生態系適合型の持続可能な農業であり，家族農業と地域が自立できる農業である．つまり『健康・持続・自立農業』となる[7]．

　「協働型農業」が，以上のような基本的性格を持つ限り，それは農家と市民との交流・連携の最も確かな拠点になる．この点が，「協働型農業」の第1の意義である．これまで，都市農業や中山間地域農業を中心に生き残りのためにも広範な市民の理解や協力が不可欠という位置づけのもとに様々な交流・連携活動を展開してきた．また，市民側も産直活動等を通じ農家との交流・連携を追求してきた．この取り組みのなかで，交流・連携の輪が広がるとともに，都市と農村の架け橋もいくつか築かれた．しかし，いまだ交流・連携活動は緒についた段階であり，一過性の交流や一方（主として農家側）の犠牲と奉仕に支

えられた交流も少なくない．それだけに，これまでの交流・連携活動の蓄積を踏まえながら農家と市民が協働する「協働型農業」は，農家と市民の新しい交流・連携の地平を拓くものである．

さらに，2点目の意義として「協働型農業」は「市民の農民化」と「農民の市民化」のインキュベーター（保育器）であることがあげられる．農家との協働によって市民は農業の厳しさを経験するとともに，そのすばらしさや面白さも体験する．その過程で農業の理解者や農家の応援団が育成されるとともに，市民のなかから協働のレベルを越えて農業者として自立していく者も期待できる．これらの者は，当然地域の農家等との協力関係ができているだけに，即戦力の地域農業の新しい担い手として活動することができる．他方，農家は協働を通して市民の悩みや願いを共有し，市民と一体となって安全・安心な食べ物づくりや緑豊かな住みやすい地域づくりに踏み出していく．市民と農家の間にあった垣根が取り除かれていく．

「協働型農業」の基本的性格と意義は，以上のように整理することができよう．ただ，「協働型農業」は上記のような基本的性格や意義を具備しなければならないといった固定的なものではない．ここで整理した「協働型農業」の基本的性格と意義は，いわば完成された姿であり，現実にはこの基本的性格や意義の全てを具備していない「協働型農業の予備軍」や「協働型農業志向組」が多く存在している．その意味で，それは完成に向けて絶えず模索し続けている動態的で弾力的な性格を持っている．こうした予備軍や志向組も含め「協働型農業」が裾野を広げながら生成・発展していくことが，都市と農村の交流・連携を，そしてその主体である農家と市民の相互理解と信頼関係を拡充・強化していくなによりの基盤となる．

4．「協働型農業」の創造と拡充をめざして

(1) 協働の場の拡充

「協働型農業」の創造と拡大を実現していくためには，農家と市民との多様な協働の場の拡充が極めて重要な課題になっている．そのことをいくつかの交流・連携事例から見てみよう．

1970年代において大きく前進した産直活動は市民を農業・農村に向かわせるうえで重要な契機になっている．産直を通じ市民は安全でおいしい食べ物を安定的に入手するためには，農業の実態を学習するとともに，農家との交流・連携が不可欠であることを認識し始めた．さらに，先進的な産直グループでは産地見学，生産者との交流会，農作業体験，援農等々に積極的に取り組んでいった．

　しかし，生協のなかにはスーパーマーケット・専門店との競争激化や過度の拡大等による経営悪化の中で経営体として生き残ることに埋没し，農家のパートナーあるいは応援者としての役割を放棄した生協もある．組合員の産地見学，生産者との交流会，農作業体験にしてももっぱら幹部組合員へのサービスとして行うだけで，農業・生産者に対する理解や共感を醸成するものになっていないケースも見られる．安全・安心な食料を農家と連携し，支援しながら作り出すのではなく，農家に苦労や経費増を一方的に求めたり，「国際産直」の名の下に輸入食品の取り扱いを増やすなども行われている．

　このように，農家の営農と生活を支えながら国内農業を守っていく道を踏み外した産直，つまり農家・農業との共存を軽視ないし無視した産直も見られる．生協等がこうした方向に傾斜したり，こうした路線を志向する限り協働の場の創造や拡充は期待できない．さらに，産直運動は常に持続的発展をするものでもない．スーパーマーケット，通販会社あるいは農産物直売所も競争相手になる．手を抜いたり，誤った運動をすると産直そのものの衰退・消滅もありうる．それだけに，国内農業を守り，農業者の営農と暮らしを支えるという基本姿勢に基づいて，生産現場のみならず加工・流通過程においても協働の場を増やし，拡充していく取り組みが求められている．

　市民農園も市民を農業に向かわせるうえで重要な役割を果たした．周知のようにわが国の市民農園は，質，量の両側面で極めて貧弱である．しかし，この貧弱な市民農園でも，利用者の多くを農業の理解者・ファンに変えた．利用者の多くは，農作業体験を通じ土に親しむ喜び，自分の額に汗して食べ物をつくることの充実感等を感知するとともに，作物を育てることの難しさも知った．農作業体験から得られる喜びや苦しさを享受できる市民は，当初はごく一握りであったが，「土に親しみたい」，「自分で安全で新鮮な野菜を作ってみたい」

第14章　農家と市民との「協働型農業」の創造と拡充

等といった市民の要求が増大するにしたがって，遅まきながらも市民農園は少しずつ増加していった．それにつれて，貧弱な市民農園を改善・拡充し，1人でも多くが市民農園を利用できる状況を実現しようとする運動が次第に広がっていった．

　だが，多くの市民農園においてはいまだ農地所有者およびその仲介者（地方自治体，農協等）から市民農園用地を借り受けるだけに終わっており，地域の農家の理解や協力を取り付ける努力や工夫が圧倒的に不足している．そのため，市民農園利用者と地域の農家との交流・連携・協働が欠落し，ただ一部の市民が無秩序に小地片の農地を利用している事例が少なくない．これでは，協働の場としての市民農園には程遠く，市民の農業理解や農家への共感も大きく前進しない．

　このことは，滞在型クラインガルテン，棚田オーナー制等の場合でも同様である．農地を市民にただ貸し付けるだけで農作業等の協働を欠落したクラインガルテンやオーナー制では，当然のことながら協働の芽は育たない．東京都等で広がりつつある農業体験農園の事例が教示するように，農家と市民が農園内で共に働き，教え・学び・語り合い，収穫物を分かち合う等といった行動を積み重ねることこそが協働の場を広げていく．「共に耕し，共に汗をかく」関係の構築が重要なのである．

　グリーン・ツーリズムや都市住民の農村移住（Iターン等）対策の場合においても協働の場づくりが不可欠である．近年，市民が農業・農村に向かう要因として余暇の増大や生きがい・自己実現の追求等が指摘されている．とくに，「2007年問題」とさえ言われた団塊の世代の大量リタイアやカントリーライフへの関心の高まりの中でこうした声が高まっている．このことは，農業・農村が余暇の充足や生きがいの追求にとって重要な意味をもっていることの再発見であり，改めて農業・農村のもつ多面的な役割・機能を浮き彫りにしたものである．こうしたもとで，余暇の充足や生きがいの実現を求めて農業・農村に向かう市民を積極的に受け入れ，農業・農村の存続と活性化に生かしていくグリーン・ツーリズムや移住促進の取り組みが広がっている．

　しかし，グリーン・ツーリズムや移住対策の取り組みの中には農業者や農村をめぐる危機的状況に対する視点や認識を欠落したものも少なくない．中には，

農村での生活をそこに住み，働く農家等を全く無視してバラ色一色に描いたり，農村をレジャーランドかのごとく喧伝する場合もある．こうした視点や認識を欠如したままで，ただ農業・農村を余暇の充足や生きがいの実現の場としてのみ描くことは，極めて一面的であり，農家と市民の交流・連携の促進にとって有害なものであるといわざるをえない．

さらに，農業側からの「市民を農業・農村に迎え入れる動き」においてよく見られる事例として，農家や関係自治体・団体の一方的な奉仕，過剰負担がある．本来，農業者と市民との自主・対等・共同負担のもとで展開されるべき交流・連携活動ではなく，「農業側のお願いと市民側のおねだり」に終わってしまうケースも少なくない．これでは，協働の場は形成されないし，持続性も期待出来ない．

それだけに，今後は農家と市民との交流・連携活動の展開において常に農家と市民が生産現場のみならず様々な過程・場面において「ともに働き，汗を流す関係＝協働の場」を追求し，実現していくかが焦眉の課題となっている．「協働型農業」の創造と拡大は，まさにこうした取り組みの質と量にかかっている．

(2) 農地の市民的利用の拡充

「協働型農業」が生成し，発展するもとで市民と農地との関わりが増大し，農地の市民的利用が必然的に拡大する．そうしたもとで，農業の基本的生産手段・基礎資源としての農地を市民が利用さらには所有することの是非やあり方が問われている．そのことがまた，今後の「協働型農業」の展開にも大きな影響を与えることが必至である．

周知のように，農地は国民への食料供給を主たる目的とした農業生産活動のために利用されるべき土地であり，農業生産の担い手である農家の利用を原則としている．したがって，農地の権利取得の場合には，自ら耕作する者のみ認め，他者への貸し付け目的のための権利取得は排除されている．また，権利を取得した者あるいはその世帯員の常時農業従事を義務づけるとともに，農地は農業生産のために十分かつ効率的に利用されるべきという原則に基づいて下限面積や通作距離の範囲の設定などの規制が行われている．

第14章 農家と市民との「協働型農業」の創造と拡充

　ところが，近年農地の所有・利用を農家（耕作者）に特定せずに多くの個人や法人，とりわけ株式会社にも認めるべきだとする論調が規制緩和の動きと連動して強まっている．株式会社の農地取得解禁論は，その代表格である[8]．こうした動きのなかで一部ではあるが市民（非農家）にも農地を自由に所有・利用させるべきであり，そのためにも現行の農地法の規制を緩和する必要があるといった議論が出始めている[9]．

　たしかに，繰り返し述べてきたように現在市民が様々な形で農業・農村に関わる場面と頻度が増えている．自ら独立して農業経営に取り組みたいという意向を持つ市民も増加している．農業側からも遊休地や耕作放棄地の解消や農業労働力の確保が焦眉の課題になっている．だが，「農のある暮らし」や二地域居住など新たなライフスタイルを市民が望んでいる，あるいは耕作放棄地の解消が緊要の課題といった理由で現行農地法制，とくに農地法の権利移動統制の緩和・除外を主張するのはあまりにも短絡的で農家や市民意識の実態等から掛け離れた議論である．

　なぜなら，第1に市民の圧倒的多数は農地を自ら所有したり，単独で利用したいがために農業・農村との関わりを深めているわけではない．そうではなくて，市民が農業・農村と関わっているのは，あるいはそこに向かっているのは農家との交流・連携に支えられながら安全・安心・新鮮・本物の食べ物を手に入れたい，自然や土と親しみたい，環境や生態系を守りたい，親切なもてなしを受けたい等々といった願いを実現するためである．市民が農作業の一部または全部を担ったとしても，言い換えれば農地の利用に関わったといっても，それは農作業を農家に取って代わるという性格のものではなく，農家の生産活動を応援し，補完するものである．だから，急がなければならないことは市民への農地所有の門戸開放ではなく，市民の切実な願いを農家との交流・連携・協働を深めながら実現し，確実なものにしていくためのシステムの構築であり，それへの支援である．

　第2には，市民の農地利用・所有の促進とそのための農地法の規制緩和の理由として強調される遊休地や耕作放棄地の増加は，第Ⅰ部第3章等で指摘されているように農業・農村をめぐる厳しい状況の総合的結果として生じているものであり，農地法が企業や市民等の農地利用や取得を規制していることから生

じたものでは決してないという点である．耕作放棄地の解消をめざすのであれば，農地法の規制緩和など持ち出すのではなく，農業・農村を取り巻く厳しい状況をいかに打開し，やり甲斐や希望の持てる農業をどのようにして実現していくかという本筋論を議論すべきである．もし，安易に対応すると逆に農地の荒廃や耕作放棄地の増加をまねくだけである．市民が農地の有効利用・耕作放棄地の解消の担い手，援助者になるのではなく荒廃促進者になるような事態は絶対に避けなければならない．

　緩和論は第3に，厳しい環境のもとで苦渋している農家を逆なでし，混乱や失望を与えるものである．市民のレクリエーション的農業参入や自然・土と親しみたいといった要望をできるだけ適えることは必要であり，いささかも否定するものではない．ただ，その場合それが農業・農村の活性化と結び付き，農業・農家理解の促進に結び付くことが大切である．そのことを無視ないし軽視して，ただ市民的ニーズとか今日的課題の名の下に市民等に農地所有・利用の門戸開放を行うことは農業側に混乱や失望を与えるだけである．

　第4に，もし市民の農地利用・所有に対し緩和策を講じると農地法の規制緩和の動きはそれだけに止まらなくなることに特別の留意を払う必要がある．一旦市民への緩和を認めると，当然の方向として「なぜ市民だけか」「市民以外にも認めよ」という動きが出てくることは必至である．一度規制を緩和すると，それをくい止める防波堤を築くのは極めて困難である．当然のことであるが，現行農地法では，農地改革の経緯や農地の適正所有と利用のためにも非耕作者である市民の農地取得を規制している．この原則は，「協働型農業」が進展し，市民の農業への参画の度合いが強まっても変更すべきではない．農業の危機的状況と食料や環境をめぐる市民生活の深刻化の打開を背景にして生成・発展しつつある「協働型農業」が，わが国農業の大切な支柱の1つである「農地法」を弱体化させたり，崩すことの根拠や口実になってはならない[10]．

　逆に，「協働型農業」が生み出した農地の市民的利用を農地所有や利用の新しいあり方を探る契機にすべきである．現在，農地は農家の直系家族による所有（直系家族制的農地所有）が支配的になっているが，農家子弟のみによる農業後継者の確保の困難性や農地相続をめぐる混乱等が示すように直系家族による所有に軋みや歪みが生じていることは否めない．先人たちが切り開き，守り

続けた農地は農業生産者はもとより国民（地域住民）全体の"いのちやくらし"に役立つことが求められている．言い換えれば，農地の公共性・公益性が要請されている．もちろん，私有財産制のもとでひとり農地所有者だけにこれを要請できるものではないが，食料生産のみならず国民の"いのちやくらし"に関わる多面的機能・役割をもつ農地であるだけに今後農地の公共性はこれまで以上に要請されている．こうしたもとで，「協働型農業」の拡大・深化によって市民のニーズに応えて市民を受け入れる農地利用が拡大することは，直系家族制的所有・利用の限界や問題点を是正・改善するものとして，さらに農地の公共性・公益性をより確かなものにするうえで注目に値する．

なお，市民の中で農業に参入し農業経営を行うために農地を取得・所有したい者への対応であるが，農地法の権利移動統制に関してはいささかも緩和する必要はない．農業者（耕作者）と全く同じ扱いにすべきである．下限面積や通作距離の緩和を主張する動きもあるが，現行制度の枠内で厳正に対応すべきである．もし，市民を特別扱いにするならば「法のもとでの平等主義」をねじ曲げてしまうことになる．ただ，農業への新規参入であること，他所から移動せざるをえないことなどを勘案して行政機関や農業団体は，農地情報の提供，農地の斡旋，農業技術支援，農地等取得資金の融資，住宅の確保等きめの細かい支援・協力を強化する必要がある．農家側も真剣に農業に取り組みたいという意欲を持ち，スキルアップをめざして努力している農業参入希望の市民に対し応援・協力を惜しんではならない．

1999年に制定された「食料・農業・農村基本法」第36条において「国は，国民の農業及び農村に対する理解と関心を深めるとともに，健康的でゆとりのある生活に資するため，都市と農村との間の交流の促進，市民農園の整備の推進その他必要な施策を講じるものとする」と明記し，農家と市民，都市と農村の交流推進を掲げた．また，農林水産政策を大胆に見直し改革することを謳い文句に2002年に策定された「「食」と「農」の再生プラン」において，改革の柱の1つとして都市と農山漁村との共生・対流の促進を掲げている．「子ども，高齢者を含め多くの人が都市と農山漁村の双方向で行き交うライフスタイルを提案し，その実現に向けて，都市側の動きの支援，農山漁村の魅力の向上及びそれらのつながりの強化を図る」としている．

こうした国の認識や政策方向は，歓迎すべきことであり，今後一層拡充・強化する必要がある．そのためにも基本方向を間違ってもらっては困るのである．大切なことは，市民の農地利用さらには所有を無原則的・無秩序に容認することではなく，市民の農地利用や所有をわが国農業の持続的発展と豊かな市民生活の実現に活かす社会システムを作り上げることである．そのためには，まずなによりも「市民を農業・農村に迎え入れる動き」と「市民が農業・農村に向かう動き」を支援・助成し，その合流を促進すること，すなわち「協働型農業」を育成していくことである．そのことによって，市民は農地の無秩序かつ孤立的な利用でなく，農家の理解と協力に裏付けられた利用が可能となるのである．

　注
1) 南九州大学園芸学部農業経済学科編『国際時代の地域農業の諸局面』農林統計協会，1996年，所収．
2) 磯辺俊彦「現代社会の危機と家族制農業経営」磯部俊彦編『危機における家族農業経営』日本経済評論社，1993年，23頁．
3) 玉野井芳郎・坂本慶一・中村尚司編『いのちと"農"の論理』学陽書房，1984年，5頁．
4) 品田穣『都市の自然史』中公新書，1974年，41頁．
5) 同上，158頁．
6) 生ゴミの堆肥化等によって市民の生活と農業を結び付ける取り組み，循環型地域社会の形成をめざす取り組みについては，大野和興編『台所と農業をつなぐ』創森社，2001年，吉野馨子・田村久子・安倍澄子共著『台所が結ぶ生命の循環』筑波書房，1999年，菅野芳秀『生ゴミはよみがえる』講談社，2002年等を参照されたい．
7) 大島茂男「食と農を展望する」『消費者運動のめざす食と農』農山漁村文化協会，1994年，260-261頁．
8) 株式会社等企業の農地取得の是非や問題点については，「今なぜ農業の株式会社化なのか」『農業と経済』，2002年11月号，原田純孝「自壊する農地制度」『法律時報』2009年5月等を参照のこと．
9) 農地制度資料編さん委員会『農地制度資料』(2005年度) 第5巻 (下)，財団法人農政調査会参照．
10) 農地の市民的利用に関する理論的かつ実証的論考として，後藤光蔵『都市農地の市民的利用』日本経済評論社，2003年を参照されたい．

第3部　東アジアのグリーン・ツーリズム

第15章　中国の「新農村建設」とグリーン・ツーリズム

藤田武弘・楊　丹妮

1.　はじめに

　2006年，中国政府は「第11回5カ年計画」を提示した．それを契機として，農業・農村の活性化を図り，「三農（農業・農村・農民）問題」を解決するために「新農村建設（農村再生・活性化プロジェクト）」が推進されている．一方，都市部においては，急速な経済発展に伴い都市住民の生活も大きな変化が見られ，食料品や農産物の品質・安全性に対する関心や，心の安らぎや豊かな自然の満喫などを求めるニーズが，生活が豊かになった住民の中で高まっている．とくに近年では，これらの問題解決を図り，農業の構造改革（「新農村建設」）を通して農村地域の発展を促す手法として，グリーン・ツーリズムへの取り組みを活かした新たな農村づくりの可能性が盛んに模索されている．

　本章では，①「三農問題」を背景とした現代中国の農業構造改革を「新農村建設」に焦点を当てて整理し，そこでグリーン・ツーリズムにいかなる役割が期待されているかを検討する，②中国のグリーン・ツーリズムを類型区分し，各々の特徴を明らかにする．③類型ごとに幾つかの事例における取り組みとそこでの地域への波及効果について考察する．そして最後に，中国におけるグリーン・ツーリズム推進上の課題を指摘する．

2.　農業構造改革とグリーン・ツーリズム

　いま，中国の農業・農村の発展は，国内外からの圧力に直面している．国内

においては，農村地域の活性化や環境問題の解決に向けた対応方策が，国内農業政策の大きな課題となっている．さらに，生産者の農業技術力の遅れや市場参入に伴う組織性の低さ，及び農業・農村の構造体制の不利などの原因によって，中国国内の農業生産は，競争の激しい国際市場環境に適応することは困難となっている．また国際的には，WTO加盟後の過渡期を経て，輸入関税が低水準にまで引き下げられ，農産物の輸入圧力が高まるなか，貿易の相手諸国との農産物輸出に関する摩擦も増え続けている．

そのような背景のもとで，2006年から実施している中国「第11回5カ年計画（農業分野）」においては，農業・農村の活性化を図り「三農（農業・農村・農民）問題」の解決を求める「新農村建設」が推進されている．これら「新農村建設」事業の内容は，以下の5点にまとめられる[1]．第1は，政府が財政支援を拡大するとともに，住民参加，住民自治による地域の自立的意志を持つ事業主体を養成すること．第2は，農業用地の転用を厳格に抑え，農村の余剰労働力の就業問題を解決するとともに，農村社会における社会福祉や教育事業を推進すること．第3は，環境生態系の保全や地域の維持を地域発展の目標に掲げること．第4は，安定した食料生産を前提に，地域の資源を生かし，農村と都市の連携を通じた先進的技術，経営力や資金の吸収により農村内部で総合開発を行うこと．第5は，観光農業を新しいグリーン・ツーリズムのモデルとして推進していくこと，である．

また，同事業の推進を通じて期待されていることは以下の点である[2]．①食糧の安全保障システムの再編，②食品品質・安全問題の改善に向けた国内生産体制の強化，③資源環境の制約と耕地面積の急減という厳しい状況のもと，農業の低収益性や農家と都市住民の所得格差是正を図るための農村地域内での第1次産業，第2次産業，第3次産業の連携強化，④都市と農村の就職制度の不平等に起因して農村住民の都市への移転就業が困難である等の事情を踏まえた余剰労働力の農村内部における解消策の模索，⑤農村インフラの整備，旧村落・農家の改造，自然・景観・文化の保全，及び農村社会保障システムの改善（農家の保険加入，農家の教育・衛生管理など）などとされている．

とりわけ「新農村建設」においては，食料政策を通した第1次産業，第2次産業の連携による国内農業の再構築と農業産業化が推進されている．また，農

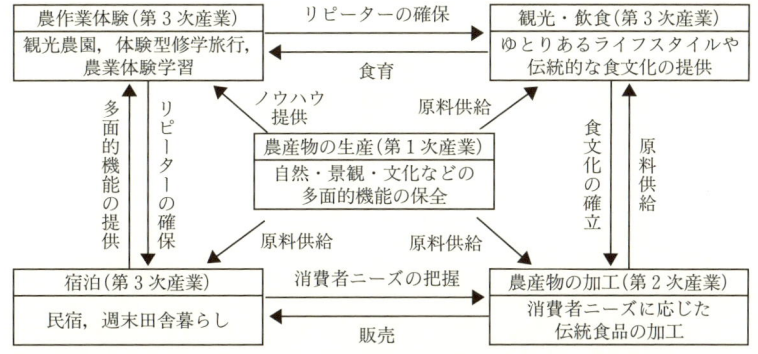

```
┌─────────────────────────┐  リピーターの確保  ┌─────────────────────────┐
│ 農作業体験(第3次産業)    │ ←――――――――――→ │ 観光・飲食(第3次産業)    │
│ 観光農園,体験型修学旅行, │                    │ ゆとりあるライフスタイルや│
│ 農業体験学習             │      食育          │ 伝統的な食文化の提供     │
└─────────────────────────┘                    └─────────────────────────┘
       ↑ ↑              ↓ ノウハウ  原料供給 ↑            ↑ ↑
   多面 リ              提供                              食 原
   的   ピ         ┌─────────────────────┐               文 料
   機   ー         │ 農産物の生産(第1次産業)│               化 供
   能   タ         │ 自然・景観・文化などの │               の 給
   の   │         │ 多面的機能の保全      │               確
   提   確         └─────────────────────┘               立
   供   保           ↓ 原料供給   原料供給 ↓              ↓ ↓
┌─────────────────────────┐ 消費者ニーズの把握 ┌─────────────────────────┐
│ 宿泊(第3次産業)          │ ←――――――――――→ │ 農産物の加工(第2次産業)  │
│ 民宿,週末田舎暮らし      │      販売          │ 消費者ニーズに応じた     │
│                          │                    │ 伝統食品の加工           │
└─────────────────────────┘                    └─────────────────────────┘
```
注：宮崎猛『これからのグリーン・ツーリズム』38頁の図を参照し，筆者作成．

図15-1　中国におけるグリーン・ツーリズムの主な事業内容

村地域の再生・活性化に結びつけるためには，農村と都市との共生・提携を通じた先進的技術，経営力や資金の吸収による総合的な農村開発の視点が検討されている．さらに，環境や休暇などの面から求められる第3次産業として農業・農村が持つ多面的機能の発揮も検討されるなど，グリーン・ツーリズムの推進が重視されているのである．

中国のグリーン・ツーリズムは，主に，自然・景観・文化などの農業・農村の多面的機能を利用し，農業・農村の活性化及び都市住民へのゆとりあるライフスタイルの提供を目的として，農業生産・農業技術・伝統食品の加工などの農業関連活動を観光客に紹介する事業活動である（図15-1参照)[3]．

すなわち，農家（または農業経営法人）が，観光，娯楽，飲食，宿泊などのサービスを提供することを通じて，農業と加工業，観光業（第1次産業，第2次産業，第3次産業）を一体化することを意味する．

現代中国では，1980年代末に深圳市で開かれたライチ祭りを契機に，90年代以降，農業と観光業の発展および農村条件の改善に伴い，グリーン・ツーリズムが次第に発展してきている．98年には，「華夏城郷遊（国内田舎観光）」のテーマで都市農村交流が全国的に展開された[4]．とくに北京市，上海市，広東省，山東省，四川省，雲南省など東部沿海地域または観光名所の周辺で推進されていることが特徴である．

ここで，その経営内容をみると，滞在休養型，都市農業観光型，民俗伝統文

表15-1 経営内容からみた中国グリーン・ツーリズムの類型区分

類型		内容	資源	典型事例
滞在休養型	農家楽	農家での娯楽，飲食，労働体験，宿泊	農産物，特産品，農村景観，農家民宿	四川省成都市郫県友愛鎮農科村
	農業公園	農用地を景観区，生産区，消費区と休暇区に分け，公園式の農業休暇活動を行う	観光施設，宿泊施設，特産品	上海鮮花港
	養殖農場	見学，観光，狩猟	大規模の養殖場	大連棒槌島養殖基地
	休暇農場	休養娯楽，滞在宿泊	一定規模の農業生産，宿泊施設	杭州茶園
	リゾート地	休養，療養，娯楽	観光地によるリゾート開発	大連金石灘渡暇村
都市農業観光型		ハイテク農場，農業テーマパークの見学	ハイテク技術，高額の資金投入	上海都市菜園，孫橋現代農業開発園区
民俗伝統文化型		伝統文化の体験，農業祭り	伝統文化，歴史，工芸，旧村落	上海桃の花祭り
自然生態型	自然観光地	観光，休養	自然景観	九龍峡旅遊区
	森林生態公園	観光，休暇	森林資源，自然景観	崇明県東平森林公園
	キャンプ地	キャンプ	自然条件	無湖荘園

資料：『关干大力推进全国幺村旅游发展的通知（全国におけるグリーン・ツーリズムの推進に関する通告）』（中国国家旅游局と農業部，2008年）により，筆者が加除修正し作成．

化型と自然生態（エコロジー）型の4つのタイプに大きく区分できる（表15-1参照）．

　滞在休養型グリーン・ツーリズムは，さらに農家楽，農業公園，養殖農場，休暇農場，リゾート地の5つのタイプに，また自然生態型グリーン・ツーリズムは，自然観光地，森林生態公園，キャンプ地の3つのタイプに区分される．

　2004年に全国306カ所がグリーン・ツーリズムモデルと国家認証されたのに続き，2005年にはさらに156カ所が追加認証を受けた[5]．特徴的なことは，民俗伝統文化型と自然生態（エコロジー）型グリーン・ツーリズムが，自然または文化に恵まれた特定地域に展開しているのに対して，滞在休養型・都市農業観光型グリーン・ツーリズムは，全国的に広範囲で推進されている点である．その推進過程においては，①農村住民の村づくりによる旧村落，農家の改造，自然・景観・文化の保全，②地域経営体を中心としたグリーン・ツーリズム産業と地元の農林漁業との連携強化による余剰労働力の吸収と農家増収への貢献，③都市・農村交流・共生の促進及び農業教育機能の発揮，などの役割が期待さ

第15章　中国の「新農村建設」とグリーン・ツーリズム

れている．

　以上の事情を踏まえ，本章では「都市農業観光型」タイプ2事例（上海市：孫橋現代農業開発園区，上海市：上海都市菜園），「滞在休養型（農家楽）型」タイプ2事例（四川省成都市：農科村，上海市：崇明県前衛村）におけるグリーン・ツーリズムを実証的に比較分析し，その実態と特徴を明らかにする．その上で，「新農村建設」の推進過程におけるそれら2つのタイプのグリーン・ツーリズム展開の意義を考察し，持続的な農村社会の形成への貢献に期待されているグリーン・ツーリズムの今後の課題を提示するとともに，そこでの「直売型農業」の展開可能性についても併せて検討したい．

3. 「都市農業観光型」タイプの事例分析

　上海市の郊外は，8区1県計5.4万の自然村から構成され，人口800万人を擁するが，農民戸籍を有する人口はうち300万人とされている．上海市では，近年の急速な都市化推進に伴い，市内農地転用の急増により耕地面積が激減している．また，地価や人件費の高騰により，農業生産コストが右肩上がりとなる傾向が現れ，農産物価格は，他産地との競争に不利となっている．そのような状況のもとで，上海市では全国に先駆けて農業産業化が推進され，地域内における第1次産業と第2次産業との連携システムを構築するとともに，農業問題の解決が図られてきた．その結果，郊外の各区・県には数多くの現代農業技術園区が設置され，施設化・ハイテク化を特徴とする都市型農業が大きく成長している．

　その一方で，生活が裕福となってきた都市住民の中で，食品・農産物に対する消費ニーズの変化がみられた．食材の品質，安全性，栄養面に対して関心が集まり，健康で自然な生活スタイルが，追求されている．また，中小学生の農業体験・学習と食育のために，都市と農村との共生・連携に関心が寄せられ，地域内での循環型社会の形成が期待されている．

　上記のように，農村と都市の両サイドからの要望を満たすために，ハイテク型の都市農業の資源を利用した農業観光型グリーン・ツーリズムが，上海市において推進され，観光農業の施設が市内の各地に建設されたのである．1994

年に，全国初の都市農業観光型グリーン・ツーリズムのモデルとして注目された浦東新区孫橋現代農業開発園区の開園を契機に，崇明県前衛村の「農家楽」（以下で分析），崇明県東平森林公園，上海鮮花港などの観光農業施設が，次々に開業した．2007年までに，上海市内に設置された観光農業施設は60カ所以上を数え，利用する観光客も500万人を超過，25億元の収益を達成したとされている[6]．

(1) 孫橋現代農業園区

浦東開発区に位置する孫橋現代農業開発園区は，1994年9月に上海市の農業産業化施策の推進過程で，政府が資本金の9割（4.5億元）を出資して設立したもので，すでに開発された園区面積は約$1km^2$に及ぶ．中国初の現代農業園区であり，上海市農業の科学技術の普及，観光の基地としての役割を担っている[7]．

園区には，上海孫橋現代農業聯合発展有限公司をはじめ，14の農業関連企業が立地している．経営内容は，有機栽培野菜・特別栽培（減化学肥料，減農薬または農薬を使わない）野菜の施設栽培や苗木の育成などの第1次産業，農産物加工やガラス温室の設置などの第2次産業，農産物の輸出や園内観光，農産物の販売などの第3次産業までが揃っている．観光コースには，農業展示庁，ガラス自動温室，水耕栽培区，育苗温室，花卉館，果物栽培園，みかん狩り園，水生植物園，農業実践園などがあり，そのほか，昆虫館とペット館も設置している．

来園する観光客は年間で20万人を超えるが，そのうち3万人程度が農業体験・学習のために来園した小・中学生である．チケットの収入が園区の観光農業の主な収入源であるほか，農業技術人材の養成コースの開催や観光客向けの緑色野菜の直売及びレストランの運営なども，観光農業の収入となり，観光農業の収益が農園全体の1/10を占めている．今後の課題としては，①過剰建設により施設の稼働率が低く，観光資源が十分に利用されていないこと，②農産物直販所やレストランの利用客がまだ少ないため，観光農業の主な収入源を入場チケットの販売に依存していることの2点が指摘されている．

観光客向けの緑色野菜直売 BOX　　観光コース「花卉館」(ともに,孫橋現代農業開発園区)

(2) 上海都市菜園

　近年,最も注目を集めているのが,奉賢区に新しく設置された上海都市菜園である．上海市奉賢区旧星火農場に位置する上海都市菜園は最も典型的な都市農業観光型グリーン・ツーリズムの事例であり,中国で初めての野菜生産,鑑賞をテーマに掲げ農業と観光業との一体化を試みようとする観光農園である[8]．2007年10月に,上海市の農業産業化施策の推進過程で,光明食品(集団)有限公司の出資により設立され,翌年6月に正式開園した．すでに完成したコーナーには,野菜をテーマとする観光園区(6ha),休暇園区(3ha),及び野菜収穫体験園(45ha)がある．開園後には,国の全国グリーン・ツーリズムモデルと認定され,上海市農業に関する知識普及,生産技術の展示及び食育推進を図る観光拠点としての役割が期待されている．

　とくに,野菜観光園区の観光コースでは,科学性,教育性,新奇性,市民参加などにこだわった景観が配置され,200品種以上の江南地方野菜が鑑賞できるほか,自ら農作業への体験・参加が可能となる野菜栽培体験のコーナーも設置されている．また,野菜収穫体験園においては,水耕野菜と有機野菜の施設栽培が中心であり,観光客が施設に入って自由に収穫することができる．また,そこで収穫された野菜は市場価格より,3〜4倍の高価格で販売されている．さらに,園内の農産物直販所では,採れたての新鮮野菜を贈答品箱に詰め合わ

せたものが，各々30元，60元，100元の価格で販売されている．なお，野菜収穫体験園は，上海市「菜籃子工程（買い物籠プロジェクト）」の生産基地としても利用され，上海市民に安全・安心な無公害「緑色野菜」を提供する役割も果たしている[9]．実際には，都市菜園を利用する来客は，野菜の購入やレストランの利用がまだ少ないため，現在観光農業の主な収入源は入場チケット（成人45元）の販売と野菜の出荷販売に依存している．

4．「滞在休養型」タイプの事例分析

(1) 四川省成都市農科村（農家楽）

　四川省の耕地面積は約78万ha，食糧作付面積は全国第4位で，国内有数の食糧生産地の1つである．2007年の統計によれば，人口は8127万人で，農村在住人口は総人口の半分を超える．省の中心都市である成都市は四川盆地の中央に位置し，周囲を山岳地帯に囲まれた肥沃な土地である．市の管轄区内には，世界遺産に認定された観光施設が2カ所あり，優れた自然風景と歴史文化に恵まれた中国有数の観光名所でもあることから，観光業は市の主要な収入源となっている．

　四川省のグリーン・ツーリズムは，1980年代の後半，成都市郫県友愛鎮農科村の農家楽の開業を契機に推進された．農科村は成都市内から25km，隣の都江堰市内から30km離れた位置にあるが，高速道路が開通しているほか，成都市内からも3路線のシャトルバスが運行しており，村と市内とを繋ぐ交通は非常に便利である[10]．農科村は清時代から皇宮御用の盆栽を生産してきたことから，「中国盆栽の里」と称され，四川流盆栽の発祥地と生産基地として知られている．村の人口は2,310人，農家数は272戸，総耕地面積は36haで，1人当たりの耕地面積は僅か7aしかないが，全村の花卉栽培面積は34haにも達する．村の主要な産業は盆栽のほかに豆板醤と川芎（漢方薬）があり，知名度も高い．これらの産業，特に花卉・苗木産業は，村民に豊富な経済収入をもたらしてきた．裕福になった村民は，家を増築・改造する際に，台所，水周り，消防施設などの標準化改造を行った．また，造園業を行う農家が村全体の95%を占めることから，村内は自ずと美しく独自な景観を作り出している．

第15章　中国の「新農村建設」とグリーン・ツーリズム

　1987年に，盆栽大戸であったJ氏が自宅の庭園に市内からの客を招待し大変な評判を得たことをきっかけとして，政府部門の指導の下で，農科村は，地域の産業や人的資源や技術・資金・原材料などの生活資源を活用し，全国でいち早く，「農家楽」を推進する道を歩むことになった．その後，全国で推進される農家楽経営のモデルとして注目を集めることになったが，そこでは，観光客は盆栽や花卉を鑑賞しながら友人とお茶を味わい，あるいは新鮮な地元産食材を使用した郷土料理を賞味することができる．村を訪れた観光客の食事や宿泊，農産物や特産物・土産物の購入という形で発生する「観光農業の直接効果（収入増加）」はもちろんのこと，加えて地元原材料の仕入れによる「間接効果」や所得増加に伴って発生する新たな消費行動による「間接効果」は，地域経済に大きな影響を与え，顕著な社会・経済的な効果をもたらしたとされている．これらのカントリービジネスを展開して以来，合計350万人以上の観光客が農科村を訪れ，とくに近年では1日平均の観光客は3,000人を上回っている．
　現在，村内で農家楽を経営している農家は30軒以上で，年間の来客数は50万人を超える．2005年の統計によれば，全村の盆栽収入額2400万元に対して，観光農業での収入は1600万元で，農家の年間収入は4万元を超えたとされる．2004年，農科村は国家級の生態（エコロジー）モデル村に選定され，2006年には中国農家楽の発祥地と認定された．そのJ氏の農家楽も中国農家楽の第1号及び国家級四つ星農家楽と認定され，3回にわたって規模拡大している．現在，農家楽経営は3代目の孫世代に継承されており，祖父時代の建物は中国農家楽の歴史資料館として改造され，2代目当時の建物は食堂，茶室，遊戯室として利用されている．3代目のオーナーは，村から67aの土地を借り受け，庭を拡大した上で，庭の裏に収容能力500人程度の農家民宿施設と会議室を増築し，経営規模の拡大を図っている．民宿は3食付きで1泊80元になるが，農科村の農家楽は，早くから地元特有の産業と連携し，都市と農村との交流による農村の内発的発展に取り組む事例と言えよう．

(2)　上海市崇明県前衛村（農家楽）

　崇明県前衛村は，上海市内からフェリーで約1時間を要する長江河口付近の崇明島に位置し，土地面積は約245haで，農家数284戸，人口計753人の村

である．村では，1990年代に入ってから，農業技術の普及に伴い，余剰労働力を生態農業の開発と観光農業の推進に移動させ，農業・工業・商業および観光と教育を一体化する方向へと転換させている．前衛村は，独特な地理的条件を利用し，様々な体験が可能な「農家楽」プログラムを開発した．その結果，年間の入り込み観光客が合計16万人以上となり，観光での関連収入が年間1600万元を超えるまでに成長したのである[11]．

　前衛村「農家楽」展開のきっかけは，1995年のゴールデンウイークに自由参加を原則として，村の委員会が8軒の農家に協力を依頼し，「農家のご飯を食べ，農作業を体験し，農村生活を楽しむ」という農村観光ツアーを開催したことに始まった．このツアーは，都市住民の中で好評を得て，8軒の農家も平均4,000元の収入が得られた．その後，近くの国家森林公園及び農業公園の建設とともに，観光農業は前衛村の農業構造の改革，余剰労働力の就業及び農家増収実現のための重要な方策として推進されている．前衛村の「農家楽」の経営は，個別農家がそれぞれ農園や宿泊施設を運営しているが，村政府の主催により毎年秋には「農家文化祭」が開催され，観光客を誘致する．2002年には約12万人の観光客が訪れ，24,000人の観光客が「農家楽」の宿泊施設を利用したことから，飲食・宿泊の総利益は359万元（約5000万円）を超えた．現在，全村には約240の農家が観光農業と関わる仕事をしている．さらに，2004年には，観光接待センター，駐車場，科学普及の教育基地を完成させるなどハード面の拡充に努めるほか，「農家楽」を経営する農家を対象に100時間の養成コースプログラムを開催し，終了後，上海市労働保障局の統一試験を受けさせるなどのソフト面でのサービス向上に取り組んでいる．現在，75名の経営者が試験に合格し，上海市労働局から営業証を得ているが，宿泊施設の条件によって「農家楽」はAAA級とAA級に分けられている．

　「農家楽」は，農家との関係が最も緊密で，農家の増収と直接に関わる観光農業のタイプである一方で，今後の課題として①計画性を持つ総合管理人材が不足していること，②繁忙期以外に農家レストランの稼働率が低いこと，さらには③宿泊施設の衛生状態や快適性の改善といった問題も指摘されている．

農家楽の認証印・三つ星　　　　　農家楽レストランでの昼食

5. おわりに

　以上みたように，現代中国において施策的に推進されているグリーン・ツーリズムは，食料品や農産物の品質・安全性に対する関心や，心の安らぎや豊かな自然の満喫など，急速な経済成長の下で生活様式が変化した都市側のニーズの存在を背景としているものの，日本のグリーン・ツーリズムに期待されているような対等平等な関係性を伴った都市農村交流や両者の連携・協働への展開が確認される状況にはない．もちろん，農村地域や農村人口の占める比率や都市と農村との経済・生活水準の格差など社会構造に占める農村地域のウエイトが日本のそれとは大きく異なることから，同列に論じることのできるものではないが，一方では農村の再生・活性化を推進する上で，グリーン・ツーリズムに大きな役割が期待されていることは間違いなかろう．最後に，ここまで検討してきた事例を踏まえて，中国におけるグリーン・ツーリズム推進上の課題をまとめておきたい．

　都市化が急ピッチで推進している大都市の近郊農業経営においては，都市の資金や技術などの資源を利用した施設化・ハイテク化の都市型農業が，新しい展開方向として推進されている．なかでも上海都市菜園のような都市農業観光型グリーン・ツーリズムが大都市部で拡がりをみせつつあることが特徴である．このタイプのグリーン・ツーリズムの多くは，政府部門の支援に基づいて，農

業産業化龍頭企業による大規模な農地集積を通じて開発されたものであり，都市建設の拡大（土地収用）によって経営耕地を失った農民に就業の場を提供できることや，都市の有する資源を有効活用するという点で都市近郊における「新農村建設」に貢献していると評価される．また，都市農業観光型グリーン・ツーリズムの設計には，都市的な建築デザインが施されるとともに，ハイテク設備が導入されていることが特徴である．

ただし，そこでの経営内容は「農業教育基地」としての農業知識の普及と農業技術の展示が中心であり，一部に，栽培・収穫体験のプログラムが用意されているといっても，観光農業の主な収入源は入場チケットの販売に依存するという観光産業としての性格が強いことから，今後は本物の体験志向が強いリピーター客の確保も大きな課題として残されている．

一方，農家楽の経営は，農村部に観光施設を誘致するのではなく，既存の農家施設を土台とした増改築などによって，地元の自然，歴史と産業を生かしたカントリービジネスとしての経営展開という色彩が強い．すなわち，政府の資金援助により，企業が一方的に農村部に観光資源をつくるのではなく，農村住民が主体となって，資金と政策の両面から直接に国の支援策を受け，村づくり事業を始めるというボトムアップ型の性格を持っている．また，農科村の農家楽経営は，地元の伝統文化と産業をうまく利用する小規模な家族経営を基本としているが，そこでは集落ぐるみで経営の効率化が図られるなど，生産・加工・消費が一体化することでの就業機会の提供や農家の増収への期待が強く，「三農問題」の解決に際しても，その効果が注目されている．

以上みたように，都市住民の生活水準の向上と多様な余暇活動志向，農村の自然環境に対する意識向上などにより，中国のグリーン・ツーリズムはその需要拡大が期待されている．しかし，「新農村建設」への期待に応えていくという点においてはまだ未成熟の段階にあり，以下のような様々な課題が残されている．

①都市農業観光型グリーン・ツーリズムの経営は，農村資源の保全，地域資源の利用に対する経営意識が不足している．「新農村建設」に資するグリーン・ツーリズムの経営においては，都市住民のニーズに応えるのみならず，農村住民の参加や地域農業と他産業との連携を通じて村づくりを支援するという

第15章　中国の「新農村建設」とグリーン・ツーリズム　　265

戦略性をもつことが重要である．

②農家楽タイプのグリーン・ツーリズムにおいては，民宿の衛生・安全面での向上や従業員の教育などが今後の重要な課題であるが，施設，サービスの品質向上に伴う農家負担の増加や施設間における競争関係の激化など問題も予想される．さらに，農家楽の経営内容については，娯楽的な内容（都市住民をお客さん扱いする）に留まることなく，本物の農村生活体験ができるようなメニューの充実を図ることが今後の展開の鍵を握ると目されている．

③さらに，現在の中国においては，グリーン・ツーリズムに関する合理的な計画と詳細な市場調査が必ずしも充分に実施されていない．グリーン・ツーリズムの推進に関する研究の深化，専門家の育成，及びグリーン・ツーリズム施設基準やサービス基準の作成も今後の重要な課題となっている．

＊本章は，注3および，楊丹妮・兪菊生・桂英・藤田武弘「中国における"新農村建設"の推進とグリーン・ツーリズムの役割」『農業市場研究』第18巻第1号（通巻69号），2009年，31-37頁の内容を筆者らの責任で加除修正したものである．なお，本章の内容の大部分は，藤田武弘「2 中国―現代中国における農業構造改革の推進と直売型農業の展開可能性―」（櫻井清一編著『直売型農業・農産物流通の国際比較』農林統計出版，2011年所収）として公刊されていることをお断りしておく．

注
1)　温家宝「当前農業和農村工作需重視的問題」，2006年．
2)　中国農業部『全国農業・農村経済発展第十一回五年計画』，2006年．
3)　楊丹妮・顧海英・兪菊生・藤田武弘「中国都市部におけるグリーン・ツーリズムの推進と観光農業の展開」『農業市場研究』第17巻第1号（通巻67号），2008年，99-104頁．
4)　郭煥成・鄭健雄編集『海峡両岸観光休閑農業与郷村旅遊発展』中国鉱業大学出版社，2006年．
5)　国家観光局の公表資料による．
6)　上海市市政府農業委員会(2007年9月実施)におけるヒアリング調査．
7)　孫橋現代農業開発園区への現地ヒアリング調査（2007年6月実施）．
8)　上海都市菜園への現地ヒアリング調査（2008年6月実施）．
9)　藤田武弘・小野雅之・豊田八宏・坂爪浩史編著『中国大都市にみる青果物供給システムの新展開』筑波書房，2002年，42-53頁．

10) 四川省成都市郫県友愛鎮農科村への現地ヒアリング調査（2008 年 3 月実施）．
11) 上海市崇明県前衛村への現地ヒアリング調査（2006 年 9 月実施）．

第16章　韓国における農村ツーリズム

櫻井清一

1. はじめに

　韓国では国産・地場農産物の消費拡大を唱える「身土不二」というスローガンが農協の運動などを通じて普及しているが，近年，「農都不二」という標語も流布している．字のとおり「農村と都市は分かちがたく結びついている」ことを訴える標語である．身土不二が食料を念頭に置いた考えであるのに対し，農都不二は食料を生産する場である農村全体に目を向けており，認識の拡がりを感じさせる．また，食料供給の場としてだけでなく，都市住民の憩いの場として農村を評価する動きもあり，1990年代以降，農村ツーリズムが各地で実践されている．韓国政府も多様なプログラムを用意してこうした動きを支援してきた．

　本章では，韓国における都市・農村交流について，特に実践および政策支援の両面でここ10年の間に変化をとげた農村ツーリズム活動を中心に，日本の状況とも比較しつつ説明する．まず都市・農村交流が期待される背景を整理する．続いて，農村ツーリズムの展開と政策支援の実際を概説するとともに，筆者が調査した事例を紹介する．また，韓国でスタートした一社一村運動という交流プログラムについても説明する．最後に簡単なまとめを行うとともに今後の課題を整理する．

2. 都市・農村交流が注目される背景

韓国で都市・農村交流が注目される背景を，農村と都市それぞれの視点から数点指摘してみよう．

まず農村に目を向けると，経済成長に伴い都市部への急激な人口流出が発生し，日本を上回るペースで過疎化と高齢化が進みつつあることを指摘できる．表16-1は韓国の農村人口に関する指標をまとめたものである．1970年と2005年の値を比較すると，農村人口比は約3分の1，農家人口比は6分の1以上にまで減少している．65歳以上の高齢者の比率も急上昇しており，特に農家人口での高齢化率が高い．その一方で，2005年時点の専業農家率は65.2%，農家収入に占める農外収入比は52.8%となっている．日本と比べて兼業機会に乏しく，農業・農村内部に収入源を依存する度合いが高いのが韓国の特徴である．現時点では都市部労働者との収入格差はそれほど大きくないものの，製造業が沿岸部および都市近郊に集中していることや，商業拠点も都市部に集中していることを考慮すると，農村部での内発的経済発展と所得源の確保は差し迫った課題といえる．その中でツーリズムをはじめとする都市・農村交流活動は，韓国の農村部にとって，農村経済全体を多角化させ，農家・住民の新たな所得源を確保するためにも注目されているのである．

他方，都市部では人口増加とライフスタイルの多様化が進んでいるが，その中で食料供給の場あるいは良好な自然環境を維持している場として農村へ関心が向けられつつある．韓国でも食品安全性をめぐる諸問題は発生しており，食材への関心は高い．親環境農産物（環境保全的な技術により栽培された農産物）の生産／流通量も増えている．近年の韓国の流行語の1つに，英語のwell-beingに由来する「ウェルビン」がある．自然を愛し，時間的ゆとりを大切にし，日常生活でも環境にやさしい商品を積極的に利用するライフスタイルをあらわす言葉で，アメリカや日

表16-1 韓国の農業・農村人口指標

(単位：%)

	1970年	2005年
農村人口／全人口	58.8	18.1
農家人口／全人口	44.7	6.8
65歳以上人口／農村人口	8.1	18.6
65歳以上人口／農家人口	4.9	30.8

注：Jo et. al (2007) より引用．

本でいうLOHASに似た生活観といえるだろう．こうした食や自然に対する関心の高い都市住民の中に，都市部にない自然や食を求め，近郊の農村部を訪れる層がある程度存在し，都市農村交流への関心を高めている．

さらに韓国全土に目を向けてみると，インフラや社会制度の整備も進んでいる．高速道を含む道路網の整備は地方・農村部にもある程度浸透し，自家用車の普及も相まって，都市部から農村部への交通アクセスは改善しつつある．また韓国でも週休2日制が徐々に普及し，2005年以降は原則週5日勤務が制度化された．これらのハード・ソフト両面の社会資本整備も都市農村交流への関心を高め，実際に関わる機会を増やす方向に作用している．

3. 農村ツーリズムの展開と支援政策

韓国の都市・農村交流活動の具体的形態の中でも，農村ツーリズムは取り組み事例が多いこと，政策的関与の度合いが高いことから，これまでも関心を持たれ，日本に紹介されてきた[1]．ここではツーリズム展開の経緯並びに省庁別に異なる支援政策を整理するとともに，次節で日帰りないし短期滞在型のツーリズム・サイトを事例として紹介する．

韓国での農村ツーリズムが具体的に展開し始めたのは1980年代半ば以降と言われている[2]．経済発展とともに余暇の機会が増加し，休日を農村部で過ごそうとする都市住民に楽しんでもらうための観光農園が増加し始めた．政策的支援も早くからスタートしており，農林部や建設部がほぼ同時期に事業化している．しかし当時盛況だった観光農園の中には，集客数確保を優先するあまり，レジャー志向が強くかつ画一的なメニューや施設を導入し，半ばテーマパーク化した事例も散見された．また，特定の農園が経済的成功を収める一方，周辺の農家にはその効果が波及せず，当該地域全体の活性化には結びつかなかった例も多かった．こうした観光農園の多くは，1997年に韓国を襲ったIMF経済危機を機に破綻・撤退を余儀なくされた．

だが農村ツーリズムの潜在的需要・可能性が失われたわけではない．1999年に制定された韓国農業・農村基本法では，都市住民の健全な情緒かん養，都市・農村交流の拡大，農村住民の所得向上につながるとして，農村での緑色観

表16-2 韓国の農村ツーリズム支援政策プログラムと近年の指定実績

(単位:マウル数)

行政府	プログラムの名称	指定実績				
		2002	2003	2004	2005	2006
行政自治部	アルム・マウル	9		(休止)		
農林部	緑色農村体験マウル	18	26	32	47	67
農村振興庁	伝統テーマ・マウル	9	18	18	21	31
山林庁	山村総合開発事業	5	49	20	15	18
海洋水産部	漁村体験マウル	8	11	12	18	18
全国農協中央会	ファームステイマウル			(152)		

注:崔(2005),柳ほか(2006),Jo et. al(2007) を参照して作成.

光(グリーン・ツーリズム)振興および休養資源の開発が盛り込まれた.この頃より各地で新たな取り組みがスタートし,政府もそれまでの支援政策の問題点を踏まえ,新たな支援プログラムを策定し,農村ツーリズムを後押しすることとなった.

表16-2は2006年末現在の農村ツーリズム支援政策プログラム(農協も含む)と近年の指定実績である.近年の支援プログラムは,農村に関連する複数の省庁がそれぞれ独自性のあるプログラムを用意し,農村側は当該地域の立地条件や取り組む内容を考慮しながらふさわしいプログラムを選んで申請し活用するという体制がとられている.例えば伝統テーマ・マウル(農村振興庁)は農村固有の伝統文化を重視しており,こうした文化・行事を保全しつつ,その特徴を活用した体験事業を行うマウル(ほぼ日本の集落に相当する韓国最小の地域単位)を支援するプログラムである.山村振興庁および海洋部のプログラムは,それぞれ立地条件の特殊性を前提とした支援プログラムである.行政府ではないが農協中央会が実施するファームステイ・マウルは,宿泊に特化しており,宿泊の受け入れ先となる農家の研修やPR活動に重点を置いている.

細かな助成条件には違いがあるものの,これらのプログラムには共通する特徴も多い.まず,どのプログラムも期限付(2年が多い)の事業で,助成額の上限も明確に定められている.また,助成の条件・メニューが細かく設定されており,それぞれのプログラムが意図する内容に合致した取り組みに対して重点的に助成されるようになっている.条件の大枠をクリアすれば具体的な助成

第16章　韓国における農村ツーリズム

内容については裁量の余地を残している日本の農村助成プログラムに比べると，かなり体系的であり，要件が細かいという印象を受ける．人材育成などソフト面を重視している点も各プログラムに共通する特徴である．注目されるのは，1990年代の観光農園支援の問題点を踏まえ，いずれのプログラムも個別経営体を助成の対象とせず，マウルを助成単位とし，地域全体の活性化をサポートしようとしていることである．複数マウルが合同して助成を受けている例もあるが，日本に比べ助成の対象となる地理的範囲は狭いといえる．

ツーリズムを実践するマウルは，これらプログラムを複数選択することも可能である．

このように農村ツーリズムに対する支援策が多様なメニューを通じて体系的になされているわけだが，一方で理念と運用実態の違いを問題視する意見も多い．まず，プログラムが省庁別に半ば乱立している状況を「行政の非効率」として批判する意見がある．また，地域全体の発展を謳ってはいるが，実際には当該地域内の住民間のツーリズムに対する認識の違いや利益分配方法をめぐるコンフリクトの結果，マウル内の限られた住民に経済的効果がもたらされているという実態も存在する．運用面では，煩雑な事務作業をこなせる能力を持つ住民が限られており，人材不足を指摘する意見もある．対策として農村に魅力を感じる外部の人材を事務長に登用する例もあり，2006年より政策的にも支援されているが，高コストになってしまう点が問題視されている．さらには1990年代のハコモノ支援からの脱却を目指しながら，結果としては来客数にふさわしくない過剰な施設を建設してしまう例もあるという．どのプログラムも短期間の支援であるため，終了後の施設維持費がかさみがちであることも問題となっている．

こうした課題を抱えつつも，支援策を活用しながら相当数の農村ツーリズム・サイトが韓国に展開している．それらに共通する特徴を整理すれば以下のとおりである．

まず，サイトはほぼ韓国全土に展開している．ただし支援プログラムを持つ省庁が連携して選定した「体験観光200選」に選ばれたサイトの地理的分布をみると，沿岸部に対象を限定している漁村体験マウルを除けば，総じて幹線道路から近い地域に分布している．

また，大半のサイトが長期滞在客よりも日帰りまたは短期滞在の都市住民との交流として受け入れを行っている．長期滞在者の多いヨーロッパ型の農村ツーリズムとは異なる展開をみせており，この点では日本の動向と類似している．ただし宿泊者の割合は決して低くないという．

サイトで提供されるメニューは，良好な自然環境の散策（ハイキング，川遊び等），農作業および農産加工の体験（いも掘り，キムチ漬け込み等），農村に伝わる伝統行事や工芸活動の体験，地元農産物の購入，そして宿泊である．都市住民が支払う宿泊料金，農産物・加工品の売上金，体験利用料金が当該サイトの収入となる．農産物販売については，日本のように常設の共同直売所で行われることは少なく，都市住民の来訪時に各農家がテンポラリーに広場等に産品を持ち寄り，個別に販売されることが多い．体験活動は地域全体または複数の農家がグループを組んで実施し，その収益は事前の取り決めに従い関わった住民に分配される．

最後に，農産物販売に力を入れているツーリズム・サイトでは，親環境農産物の生産・販売とリンクしながらツーリズムも展開する例が増えている．地域の環境の良好さや自身の取り組みをPRし，間接的に都市部での販売増を目指している．また韓国内の生協組織（ハンサルリム等）は食に関心の高い消費者を組織化しているため，こうした組織と連携して産地見学・交流会を開くことも多いという．

4. 事例：伝統テーマ・マウルの場合

ここでは筆者が調査した2つのマウルでの取り組みを紹介する．いずれのマウルも2003年に農村振興庁が実施する伝統テーマ・マウルの指定を受けている（表16-3参照）．

(1) ピョッカリマウル

このマウルは首都ソウルの南西約120kmの黄海に面した沿岸部に位置する．塩田やカキの漁場を抱え，良好な景観と自然条件を備えた地域である．伝統テーマ・マウルの指定を受け，政府から2年間で2億ウォンの助成を受けた．さらに自治体からも追加支援を受けている．これらの助成金は，農村ツーリズム

表 16-3　調査ツーリズム・サイトの概況

	ピョッカリマウル	ウネンナムマウル
所在地	忠清南道泰安郡	京畿道華城市
世帯数	62	45
事業参加者の割合	75％	33％
体験メニュー	収穫体験（ニンニク等）	酪農・チーズづくり体験
	海産物集め	収穫体験（トウガラシ等）
	塩田体験	冬の伝統民俗芸能
	農家民泊	（たこ揚げ・風車等）
	伝統祭（ピョッカリ）	稲ワラ工芸品づくり
	地場農産物購入	
	自然散策	
来訪者数	8千人／年	4千人／年
	日帰り・宿泊が半々	日帰り客中心

注：ヒアリング調査（2006・07年実施）より作成．

関連のコンテストに入賞した賞金とあわせ，ほとんど都市住民受け入れに必要な施設の整備に使われている．

　ピョッカリとは，豊作を祝うために村人が稲わらを編みあわせてつくる大きなポールで，日本で小正月に行われるどんと焼きに用いるたいまつに似ている．これをシンボルにして年1回大きな祭りが開催される．マウルに古くから伝わる伝統行事で，多くの人が訪れる．ただしピョッカリ祭りは年1回限りであるため，これだけでは周年的に都市住民に楽しんでもらうことはできない．そこでマウルでは，専門家の意見や普及員のアドバイスも参考にしながら，マウルに残る良好な自然環境と農風景を活用した各種体験イベントを開催し，都市住民を周年的に引きつけている．具体的には，塩田体験，カキをはじめとする海産物の採取，ニンニクの収穫体験，沿岸の散策イベントなどが季節毎に開催されており，のべ開催日数は150日を上回る．また民泊施設も用意されており，来訪者の約半数は宿泊している．

　このマウルでは，形式的には62世帯すべてがツーリズム活動に参画している．実際に都市住民と関わりを持つ世帯はすべてではないが，4分の3の世帯が何らかの形で実際に都市住民と接触している．住民の大半が交流活動に関与している例は，他の伝統テーマ・マウルではなかなかみられないそうだが，このマウルでは地域全体で取り組むという近年の韓国農村ツーリズムの理念をほ

ぼ実現している．

　年間来訪者数は約8千人で，その大半がソウルとその周辺の都市住民である．ツーリズム活動による宿泊料，イベント参加料，農産物売上額等を合計した経済効果は，2006年時点で年間約20万ドルであった[3]．また，経済効果の一部は来訪者らへの農産物販売額で占められているが，その内訳は7割が現地での販売，3割がネットまたは宅配便によるダイレクト販売であるという．韓国ではインターネットが家庭レベルでも普及しているうえ，宅配便のような小荷物物流システムも整備されている．そのため一度マウルを訪れた都市住民が，その後も継続して当マウルの産品を発注することが多いという．

(2)　ウネンナムマウル

　このマウルはソウルから南へ約40kmの平野部にある．周辺の都市化が進み，相対的に就業機会に恵まれているため兼業農家が多い．かつては酪農と韓牛の飼育が盛んな地域であったが，現在では酪農を継続する農家は4戸にまで減少している．

　ウネンとは韓国語でイチョウを意味する．マウル内には樹齢500年の大きなイチョウの木があり，この木をシンボルとして，近隣の都市住民に昔のままの農村文化を体験してもらうために伝統テーマ・マウルの指定を受けた．助成額はピョッカリマウルと同じく2億ウォン（2年間の合計）であるが，伝統テーマ・マウルの指定を受けたことにより社会的にも認知されたため，金銭的にも技術・サービスの面でも各種サポートを自治体等から受けやすくなったという．

　来訪者はソウルおよびその周辺の都市住民がほとんどで，年間来訪者数は約4千人である．主な提供メニューは周辺散策，収穫体験（トウガラシ等），伝統民芸品づくり（稲ワラ工芸品等），酪農体験である．酪農家が古くからいるため，助成金で整備した加工施設にて地元の牛乳を使ったチーズ加工体験を行っており，人気体験メニューとなっている．ただし都市近郊に立地しているためか，宿泊利用者は少なく，ほとんどが日帰り客である．

　来訪者によりもたらされた経済的効果の実際は不明であるが，体験料金はマウルの高齢農家にとって重要な収入源になっているという．またツーリズム活動に取り組んだことによる社会的効果として，チーズ・酪農体験をする子ども

が多く訪れるようになったため，高齢者の動機づけが高まり，マウルに活気が戻ったことと，環境整備が進みゴミや放置された空間が減ってマウル内がきれいになったことが指摘されている．

5. 一社一村運動

韓国でスタートしたユニークな都市農村交流の取り組みが，一社一村運動である．字のとおり，ある会社と何らかのゆかりのある村（マウル）が姉妹協定を結び，様々なレベルで交流・連携する活動の総称である．運動自体は1990年代から散発的に展開していたが，その後韓国農協中央会と経済団体の全経連が連携して全国的に推進している「農村愛運動」の一環として，一社一村運動を積極的に取り上げるようになり，2004年からは認定事業も行われている．2006年時点で確認できた事例は14,500件である[4]．協定先の主体・組織は民間企業が過半を占めるが，他に消費者団体，宗教団体，政府機関なども関与しており，緩やかな取り組みも含めれば全土で2万近い取り組みがあると言われている．反面，形骸化した取り組みも多く，実際に継続しているのはもっと少ないという指摘もある．

取り組みが急激に増加した背景には，韓国の企業経営者の多くが現時点では農村出身者であることがあげられる．韓国の急激な経済成長は概ね1970年代から始まったといえるが，当時農村部を離れ都市部の企業に就職した労働者が，現在企業の幹部クラスとして働いているのである．こうした経営者層は一社一村運動に取り組む場合，提携先として自身の郷里の村を選ぶことが多いという．また，日本と同じくCSR（企業の社会的責任）の考え方が認知されはじめ，地域社会への貢献として取り組もうとする企業も多い．

実際の取り組み内容は千差万別であるが，よく見られる取り組みは，社員が休日に村を訪れ，散策や体験を楽しみつつ，地場の農産物・食品を土産として購入するという，保養の場としての利用である．ここから発展して，社員に継続的に提携村の産品を通販で購入させる取り組みや，社員食堂の食材として提携村の産品を利用する取り組みも多く実践されている．例えば一社一村運動の先駆的事例としてよく紹介される江原道土雇米（トゴミ）マウルでは，大手メ

ーカーのサムソンが合鴨農法用のひな6千羽を寄進している．収穫された米の一部はマウルより同社に寄進され，その米は社員食堂で供せられている[5]．これらは農村側が会社の受け入れ先となっている取り組みであるが，逆に会社が農村側の受け入れ先となる取り組みとして，村民を優先的に雇用する例や，農村の青少年に奨学金を支給して就学を支援する例も散見される．

韓国の取り組みに刺激され，他の東アジア諸国でも類似した取り組みが試みられている．日本では静岡県が2006年より「一社一村しずおか運動」をスタートさせており，2009年現在，12組が認定を受けている．棚田保全や森林管理活動の支援，集落の環境整備，特産品の開発・販売での連携等が実践されている[6]．他にも秋田県や島根県で同様の取り組みがみられる．中国でも同様の運動がスタートしている．

6. おわりに

本章では韓国における都市・農村交流の展開状況およびその背景について，農村ツーリズムの取り組みを中心に概説した．韓国では農村ツーリズムの取り組みを通じた都市・農村交流が発展しつつある．取り組み内容も，特定・個別の観光農園中心の取り組みから，地域（マウル）全体で取り組みながら都市住民を受け入れ，その波及効果も地域全体に及ぶことを目指している．また，日本よりも体系化された各種支援プログラムが用意され，それらを現地の条件に合わせて適用し，交流活動を下支えするためのソフト・ハード両面の整備を進めている．ただし，やや政策主導の側面があることに加え，支援期間が短期間であるため，プログラム終了後の交流・ツーリズム活動の持続性が憂慮される．

なお，韓国では省庁再編が進み，2008年より農林部も関連組織の統合再編を経て農林水産食品部となった．また同年，大統領がイ・ミョンバク氏に交替し，政策の転換も進みつつある．組織再編と政策転換のただ中で，これまで複数の省庁により別々に用意されていた支援プログラムも見直しを迫られている．今後の都市・農村交流支援政策のゆくえとその現地への影響が注目されるところである．

注

1) 宮崎猛(編)『これからのグリーン・ツーリズム』家の光協会,2002年,柳承宇・朴時炫・宮崎猛「韓国のグリーン・ツーリズム政策と農村マウル総合開発事業」宮崎猛(編)『日本とアジアの農業・農村とグリーン・ツーリズム』昭和堂,2006年,98-127頁.
2) 宮崎猛「韓国の観光農園」『農業と経済』67巻7号,2001年,48-54頁.
3) Jo, Lock-Hwan, Lee, Han-Ki and Duk-Byeong Park, New Trends of Rural Development and Policy Challenges in South Korea, Paper Presented at the Global Forum of Leaders for Art, Science and Technology, Beijing, 2007.
4) National Agricultural Cooperative Federation (NACF), Annual Report 2006, 2007.
5) 劉鶴烈「韓国農村の内発的発展への新たな動き」原剛(編)『グローバリゼーション下の東アジアの農業と農村』藤原書店,2008年,289-309頁.
6) 平井文博「「一社一村静岡運動」展開中」『AFC Forum』59巻6号,2008年,31-34頁.

第17章　タイのアグロツーリズム

細野賢治

1. はじめに

　タイでは1997年のアジア通貨危機により大きな影響を受けた農村経済を再建するために，タイ国政府が2000年に農村経済の自立支援政策を策定し，農村コミュニティ開発政策を推進している．その柱の1つである「アグロツーリズム」は，農業と観光を融合させることにより農村経済を活性化させることをねらいとしている[1]．

　タイにおけるアグロツーリズムの政策目的は，2007年11月に策定された第10次農業開発計画（2007-11年）において，「農家及び農民グループの強化」の主要戦略のなかに「アグロツーリズムやヘルスツーリズム等の促進により農業以外での収入源を確保する」として位置づけられており[2]，農村地域における農外収入源の確保である．また，観光部門との連携では，タイ観光庁がタイの観光地「7 Amazing Wonders」のうち，アグロツーリズムをThainess（タイらしさ）に位置づけ，広報活動を行っている．

　本章は，農業国でもあり観光産業が重要な産業部門の1つとされているタイにおけるアグロツーリズムの現状と課題について検討することを目的とする．以下，第2節ではタイにおけるアグロツーリズム政策の目的と内容を概観する．第3節では，タイにおけるアグロツーリズムの実施状況について運営主体別に把握し，具体事例として公的施設におけるアグロツーリズムの導入状況を検討する．第4節では以上を総括し，タイにおけるアグロツーリズム政策の成果と課題を考察したい[3]．

表 17-1　タイの農業人口および農地の推移

	1990 年	1995 年	2000 年	2005 年
総人口（万人）	5,464	5,834	6,144	6,423
経済活動人口	3,131	3,417	3,677	3,847
うち農業	2,006	2,061	2,076	2,020
（経済活動人口に占める農業の割合）	(64.1 %)	(60.3 %)	(56.5 %)	(52.5 %)
土地面積（万ha）	5,109	5,109	5,109	5,109
農用地面積	2,138	2,121	2,005	1,860
（土地面積に占める農地の割合）	(41.9 %)	(41.5 %)	(39.2 %)	(36.4 %)
耕地	1,749	1,684	1,587	1,420
永年作物地	311	357	338	360
永年牧草地	78	80	80	80

資料：FAO「FAOSTAT」．
注：「永年作物地」には，主に天然ゴム，果樹などが含まれる．

2. アグロツーリズム政策の現状

(1) タイ農業の概要とアグロツーリズム政策の背景

　タイは，インドシナ半島の中央部に位置し，カンボジア，ラオス，ミャンマー，マレーシアと接する．国土面積は，51.3 万 km^2 であり，南北約 2,500km，東西 1,250km となっている．タイは熱帯モンスーン気候（Am―Aw）であり，中央部をチャオプラヤ川，東部ラオス国境付近をメコン川が流れる．タイは行政区分上，北部・東北部・中央部・南部の 4 つの地方に区分している．北部は山岳地帯にあり，ミャンマー，ラオスの影響を受け独自の文化を形成している．中央部は，チャオプラヤ川の肥沃なデルタを形成し，アジア有数の稲作地帯である．東北部は，痩せた台地のうえ，洪水・干ばつの影響を受けやすい．南部は，アンダマン海とタイ湾に囲まれたマレー半島であり，有名なビーチリゾートが多く立地し，マレーシアと南部で接する[4]．

　表 17-1 は，タイの農業概要について示している．タイにおける 2005 年の総人口は 6423 万人である．経済活動人口は 3847 万人であり，うち農業部門は 2020 万人（52.5％）となっている．また，土地面積に占める農地面積の割合は 36.4％（日本は 12.6％）であり，タイは現在においても農業が基幹産業として

位置づけられている．2005年におけるタイの主な農産物の生産量（FAOSTAT）は，サトウキビが4957万t（世界第4位），コメ（もみ）が2700万t（6位），キャッサバ1694万t（4位），天然ゴム302万t（1位），バナナ200万t（9位），パーム油67万t（4位）となっている．

タイにおけるアグロツーリズム政策の背景であるが，これまで農業国と位置づけられていたタイでは，農村風景や農業体験などは国民にとって日常のありふれた存在として観光資源にはなり得なかった．しかしながら，首都バンコクではタイ全人口の約10％（2005年の住民登録人口664万人）が国土のわずか0.3％の面積のなかに暮らしており，人口密度は1km^{2}当たり4,200人を超え，バンコク都以外の地域（113人/km^2）の40倍近くとなっている．また，近年ではバンコク都民が増加するとともに，バンコク都市部でしか生活したことがない住民も増えてきている．このようななか，農業国としての原点回帰や，自然にふれあう貴重な機会としてアグロツーリズム需要が徐々にではあるが拡大している．

タイ政府は，バーツ危機以降厳しい状況に置かれている農村経済において，このような状況を農外収入確保の格好の機会であると捉え，2000年に農村経済の自立支援策の1つの柱としてアグロツーリズムを位置づけた．

(2) アグロツーリズム政策の概要

タイ政府におけるアグロツーリズムの組織体制については，農業・協同組合省と観光スポーツ省が共同で政策立案を行っている．農業・協同組合省内におけるアグロツーリズムに関する各部局の役割分担は，土地開発局がアグロツーリズム・スポットの開発，農業局が各種研究所でのアグロツーリズム導入，農業普及局が各県農業事務所におけるアグロツーリズム事務の統括をそれぞれ担当している．また，アグロツーリズムの広報活動は，主にタイ観光庁[5]が担当している．

タイ観光庁によると，タイのアグロツーリズムは2005年時点で406か所存在するが，その運営主体によって次の3つに区分している．すなわち，①王室によるプロジェクト，②農業局所管の公的施設，③民間・地域組織によるファーム，である．2005年における運営主体別のアグロツーリズム施設は，王室

表17-2 タイ観光業アワード・アグロツーリズム部門の受賞リスト

		受賞施設・団体	運営形態	所在県
第4回 (2002年)	最優秀賞 優秀賞 〃 〃	フアイサイ王室開発教育センター チャンクラン・アグロツーリズム・プロモーション・センター カオヒンソン王室開発教育センター チョクチャイ農園	王室 民間・地域 王室 民間・地域	ペッチャブリ ナコンシータマラート チャチューンサオ ナコンラチャシマー
第5回 (2004年)	最優秀賞 優秀賞	カオヒンソン王室開発教育センター ドイ・アンカーン王室開発教育センター	王室 王室	チャチューンサオ チェンマイ
第6回 (2006年)	最優秀賞 優秀賞	チョクチャイ農園 (該当なし)	民間・地域	ナコンラチャシマー
第7回 (2008年)	最優秀賞 優秀賞 〃 〃 〃 〃	チョクチャイ農園 メーチャン・バレー チャイパッタナ財団 スパットラ・ランド グランモント・スマート・ヴィンヤード PBバレー・カオヤイ・ワイナリー	民間・地域 民間・地域 民間・地域 民間・地域 民間・地域 民間・地域	ナコンラチャシマー チェンラーイ ペッチャブリ ラヨーン ナコンラチャシマー ナコンラチャシマー

資料：タイ国観光庁
注：「アグロツーリズム部門」は，第4回（2002年）から設置されている．

によるプロジェクトが42か所，公的施設が100か所，民間・地域組織によるファームが274か所である．2005年にはこれらの施設に120万人が訪れている．タイ観光庁では，タイにおける観光業の普及や先進事例の情報共有を目的として，1998年から2年ごとにタイ観光業アワードを選出しているが，2002年の第4回よりアグロツーリズム部門を新設した．表17-2は，タイ観光業アワード・アグロツーリズム部門の受賞者リストを示している．

なお，タイ農村地域においてアグロツーリズムに選定されるメリットは，当該組織がアグロツーリズム活動を行うにあたって，国からの資金援助を受けることができるところにある[6]．農業・協同組合省および観光スポーツ省が設定したアグロツーリズムの選定条件として，①グループ，コミュニティが協力したアグロツーリズム経営，②アグロツーリズムの観光地化の可能性，③特徴がある農業活動，④駐車場，事務所など住民の共同管理地の存在，⑤安全性の高い場所，⑥他の観光地に近い場所，の6つが挙げられている[7]．

(3) アグロツーリズム政策の予算執行状況

図17-1は，農業・協同組合省における2001年以降のアグロツーリズム関連予算額の推移について示している．2001年に同政策が開始され，次年度には開発費に5000万バーツの予算が確保されたがその後縮小し，2008年は750万バーツにとどまっている．また，同省の総予算に占める割合も2002年から2004年までは小さいながらも0.06%～0.08%の水準であったが，2005年以降は0.01%を下回っている．

図17-2は，同省におけるアグロツーリズム関連予算の執行状況について示している．アグロツーリズム導入初年はアグロツーリズム・スポットの開発に対する28件の予算執行があり，1件当たりの予算配分額は50万バーツであった．翌年は45件のスポット開発に対して1件当たり110万バーツ，2003年と2004年はそれぞれ25件，27件のスポット開発に対して1件当たり120万バーツの予算が執行されている．しかし，2005年以降は1件当たりの予算配分額が減少し，アグロツーリズム・スポットの開発への投資が見送られているという状況がみえる．一方で，2007年から新たに農村コミュニティ開発に関する予算が計上されており，農村地域における既在の農業資源をアグロツーリズムに活用するために，その運営主体を構築しようとする意図がうかがえる．

しかしながら，これらの予算はアグロツーリズム事業導入のための初期費用として利用されており，その後の継続的な運営にかかる通常経費や施設改善のための再投資にかかる資金等は勘案されていない．

このように，タイにおけるアグロツーリズム施策は，「アグロツーリズム組織を選定し，それらの導入に対して国が支援を施す」ことのみがクローズアップされ，都市農村交流に関する啓発活動を行政が積極的に推進したり，農業とツーリズムを効果的に融合させるための組織連携を模索するなどの状況はあまり見えてこない．また，この施策は対象地域に対するスポット的な資金援助であるため，後述するように国から一度支援を受けてアグロツーリズムに関する取組を開始した組織が持続的にその取り組みを発展させることが可能かどうかは，多少の疑問が残る．

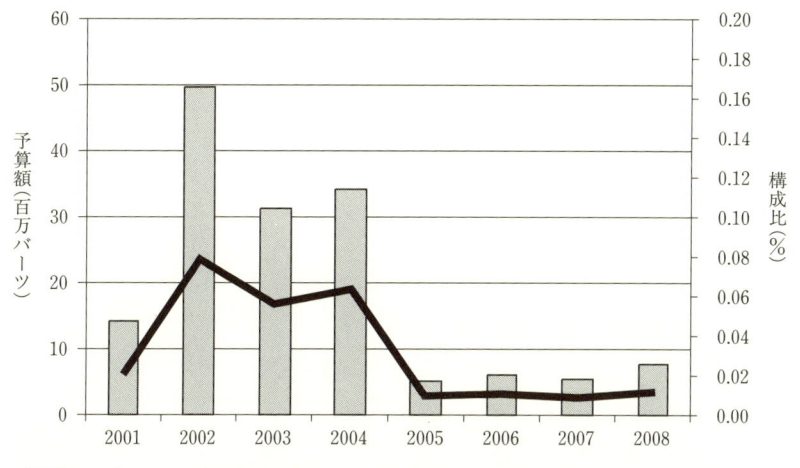

□ アグロツーリズム関連予算額　━━ 農業・協同組合省総予算に占める割合
資料：農業・協同組合省農業普及局調べ．
注：1バーツ＝2.82円（2009年6月2日現在）

図17-1 タイ農業・協同組合省におけるアグロツーリズム関連予算額の推移

□ アグロツーリズム・スポット開発　□ 農村コミュニティ開発　━━ 1件当たりの予算額
資料：農業・協同組合省農業普及局調べ．

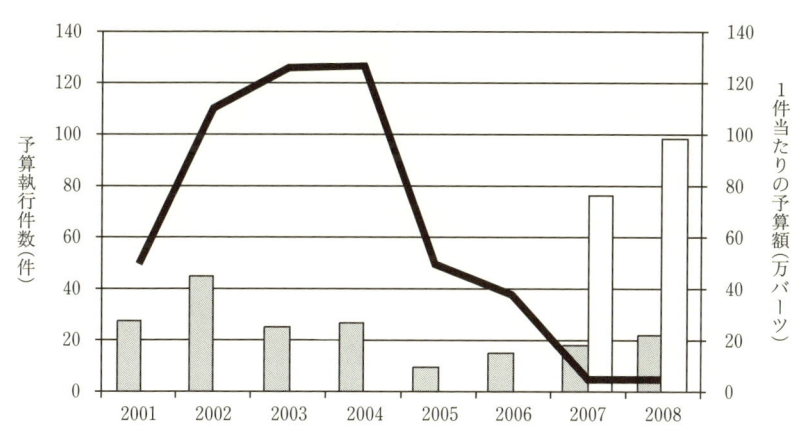

図17-2 タイ農業・協同組合省におけるアグロツーリズム関連予算の執行状況

3. アグロツーリズムの実施状況

(1) 運営主体別アグロツーリズムの実施状況
①王室によるプロジェクト

王室によるプロジェクトはロイヤルプロジェクト,王室開発教育センターなどがあり,主に貧困地域の農業・農村振興を目的として実施されている.

ロイヤルプロジェクトは,特にタイ北部に住む（少数）山岳民族が違法にケシの栽培を行うのを防ぐために,国王の資金を投入して果樹園や植物園などを建設し,そこに彼らを雇用して経済的に自立させることを目的として1969年に開始された.観光農園としての位置づけとともに,そこで生産された青果物や花きを都市部に設置されたロイヤルプロジェクト直販店で販売しており,国王を尊敬するタイの国民性などから観光事業,農産物販売事業とも安定した需要があるという.2005年時点で36のセンターが存在しており,年間40〜60万人の観光客が訪れている.

また,王室開発教育センターは,国王が提唱した「充足経済」[8]の理念の下に貧困地域の農業技術向上を目的として全国6か所に設立されている.当センターの事業は主に,①農業技術開発・研究,②研究者や農業技術者,農業労働者間の交流,コミュニケーションの促進,③開発した農業技術の試験,モデル農場,④政府機関に対する計画・管理のコーディネート,⑤「生きている自然の博物館」として地域住民に対するサービス提供,の5点である[9].

チャチューンサオ県にあるカオヒンソン王室開発教育センターは,降水量が少ない地域において稲作農業を導入するために,貯水池等の灌漑設備の技術向上・普及を目的として設立されたセンターである.また,近年タイにおいて需要が拡大しているコメの無農薬栽培技術の向上・普及も担っている.具体的には,灌漑技術として治山治水システムの開発と土壌保全,無農薬栽培に必要な堆肥・有機質肥料の開発,および周辺農業者のための組織的トレーニングを行っており,面積は23.2haである.当センターは農業技術の向上と普及,および農業者に対する組織的なトレーニングシステムが評価され,タイ観光業アワード・アグロツーリズム部門で2002年に優秀賞,2004年に最優秀賞をそれぞ

第 17 章　タイのアグロツーリズム

れ受賞した（前掲表 17-2）.

②農業局所管の公的施設

　農業局所管の公的施設は，農業・協同組合省農業局が管轄する農業試験研究機関のうち，施設内でアグロツーリズム事業を行っている機関を指す．米，畑作，園芸作物，ゴムなどの研究所が全国に存在するが，アグロツーリズム事業が行われている機関は 100 か所（2005 年）である．

　なお，農業局は所管する上述の機関のうち，周辺に主要な観光地が存在する，教育的価値が高い，などを基準にアグロツーリズム施設として利用価値の高い 17 の施設について，2004 年にタイ語および英語のガイドブックを作成して広報活動を行っている．また，農業・協同組合省内のサーバにこのガイドブックと全く同じ内容のウェブサイトを設置し[10]，インターネットを活用した広報も行っている．これら 17 の施設には，チェンマイ，チェンラーイなどの北部観光地が立地する県や，プーケット，クラビ，スラータニーなどの南部のビーチリゾートが立地する県の施設のほかに，稲作の先進地であるスリン県や，後述する熱帯果樹の大産地であるチャンタブリ県の施設も含まれている．

③民間・地域組織によるファーム

　民間・地域組織によるファームは，民間企業による観光農園施設と，農家グループによる観光農業の取組・施設運営が含まれる．両者を合わせると全国に 274 か所（2005 年）存在する．

　民間によるファームの典型は，ナコンラチャシマー県にあるチョクチャイ農場や，ラヨーン県にあるスパットラ・ランドなどである．

　ナコンラチャシマー県にあるチョクチャイ農園は，畜産業および酪農業を営む民間の農園である[11]．当農園の主力商品は牛肉と牛乳・乳製品であり，直営のステーキハウスを敷地内に出店し，バンコクにも支店を出店している．そして，広大な土地を利用したアグロツーリズムを行っており，牛の乳搾り体験，アイスクリーム製造体験，カウボーイショー，犬の羊追いデモンストレーションなどのアトラクションが体験でき，園内はトロッコ列車を模倣した専用自動車で移動する．入園料は大人 300 バーツ，子ども 75 バーツ（外国人の子ども

は150バーツ）となっている．また，地元観光協会などと連携し，各種観光ツアーに当農園を組み込んでもらうようプロモートしたり，タイ語・英語のウェブサイトを構築して詳細な情報をインターネットで提供するなどの広報活動を行っている．当農園は，これらの活動が評価され，タイ観光業アワード・アグロツーリズム部門において2002年に優秀賞，2006年および2008年には最優秀賞を受賞している（前掲表17-2）．

また，ラヨーン県にあるスパットラ・ランドは，ドリアンやマンゴスチンなどの熱帯果実と花き・観葉植物をテーマとする民間のレクリエーション農場である．景観を観賞するためのアグロツーリズム園内道が整備され，ゴルフカートを利用して移動する．また，熱帯果実の収穫体験や，その場で新鮮な果実や果汁を購入して飲食できるスペースなどがある．当農場は，2008年のタイ観光業アワード・アグロツーリズム部門において優秀賞を受賞している．

地域組織の典型は，ピンスントン，中村らが紹介したナコンパトム県プッタモントン郡やアントン県ポートン郡などの例がある．これらは，アグロツーリズム指定をきっかけに地域組織において農産加工や宿泊，食事提供など機能別にグループ組織が形成され，メンバーシップが血縁から地縁へと拡大するという農村における内発的発展を生み出している[12]．

(2) チャンタブリ園芸研究センターの実践事例

チャンタブリ園芸研究センターは，チャンタブリ県政府農業部の試験研究機関として存在している．チャンタブリ県は，タイ東部地域のタイランド湾に面した海岸線に位置し，モンスーンの影響などから果樹農業に適した気候条件にあるため，国内有数の果樹園芸地帯を形成している．チャンタブリ県における熱帯果実主要3品目の収穫量全国シェア（2002年，重量ベース）は，ドリアンが53.5％，ランブータンが49.4％，マンゴスチンが52.6％である．当センターではこれら熱帯果樹3品目をはじめ，多品目にわたる熱帯果樹の品種開発・改良を担当しており，全国的に注目される試験研究機関の1つであるといえる．また，チャンタブリ園芸研究センターに対しては2001年度予算にアグロツーリズム関連費用が計上されており，タイ政府としても政策策定当初から当センターにおけるアグロツーリズム導入を検討していたということがわかる．

表17-3 チャンタブリ園芸研究センターにおけるアグロツーリズムの概要

項目	内容
設立経緯	2001年:アグロツーリズムの予算(700万バーツ)が国から下りる 2002年:アグロツーリズム業務を開始
アグロツーリズムのコンセプト	①食用植物に関する教育素材の提供 ②ゲストにリラックスと感動を与える ③果樹作物の研究促進(先進地として視察受け入れ)
アグロツーリズム施設	・アグロツーリズム空間(7.2 ha) ・アグロツーリズム用の園内道(1 km)と展望設備 ・アグロツーリズム棟(研修,食事,お土産,リラックス) ・コテージ(6棟)
利用料金	・園内散策・研修=無料 ・コテージ=1棟当たり1泊600バーツ(4人まで宿泊可) ・会議室利用=有料
利用者数の推移(人)		タイ人	外国人	利用者の内訳
	2002年	6,459	45	■他県の試験場職員・行政官:60%
	2003年	49,373	150	■大学生・中高校生等 :30%
	2004年	…	…	■その他 :10%
	2005年	33,248	…	

資料:チャンタブリ園芸研究センターに対するヒアリング調査をもとに筆者が作成.
注:利用者数の「…」は不明を示す.

表17-3は,チャンタブリ園芸研究センターにおけるアグロツーリズムの概要について示している.当センターは前述のとおり,チャンタブリ県の基幹的作物である熱帯果樹作物を中心に品種開発および改良を主目的とした公設の農業試験研究機関である.総面積は33.0haである.

2000年のタイ政府によるアグロツーリズム支援施策の開始に伴い,当センターには2001年に施設整備や組織体制の整備に関する700万バーツの予算が国から与えられた.当センターはこの予算をもとに,アグロツーリズム関連施設として,ツーリズム用園内道および展望設備の設置,アグロツーリズム研修棟の建築,園内における景観の改良などを行った.

当センターにおけるアグロツーリズムのコンセプトは,①(果樹を中心とした)農作物に関する教育素材の提供,②ゲストにリラックスと感動を与える,③果樹作物の研究促進(先進地としての視察受け入れ),の大きく3点である.このコンセプトは,当センターに対して国の補助が決定された際に,チャンタ

ブリ県に所在する園芸研究センターとしてどのようなサービスを観光客に提供できるかということを検討した結果であるという．

アグロツーリズム関連施設については，①アグロツーリズム空間（7.2ha），②アグロツーリズム用園内道（総延長1km）および展望設備，③アグロツーリズム研修棟，④宿泊用コテージ（6棟）である．このうち，前三者は2000年に受けた前述の700万バーツの予算で整備された．そして，宿泊用コテージについては政府職員用に既に建設されていたものを流用している．

当施設の利用料金は，園内散策および研修目的での使用の場合，基本的に無料となっている．これは，当施設が公的施設によるものであることと，コンセプトが教育や果樹作物の研究促進といったように公共性が高いものであることに起因している．また，コテージの利用料金は，1棟当たり1泊600バーツ（食事なし）であり，1棟当たり最大4人まで宿泊が可能となっている．そして，アグロツーリズム研修棟の会議室を研修以外の目的で使用する場合は，別途，料金が発生する．アグロツーリズム関連の年間売上額は，コテージの宿泊料と会議室使用料および売店の売上をあわせて，2万～3万バーツほどである．これらのうち，コテージの宿泊費と会議室使用料は経常費にあてられるが，売店での売上については，その全てが後述する地域組織へ精算される．

アグロツーリズムの利用者数は，2003年のタイ人利用者数が49,373人と前年の7.6倍にまで増加している．アグロツーリズム導入当初は，国主導による導入であったため認知度が低く，利用者はほとんどいなかったが，2003年にタイ政府農業・協同組合省とチャンタブリ県政府の共催によるアグロツーリズムの展覧会が当地で開催され，大会関係者や見学者等が多く当施設を利用したために利用者数が増加したようである．

利用者の内訳は，その60%が他県の試験研究機関の職員や行政官であり，ついで30%が大学生・中高生等の教育目的による利用となっている．熱帯果樹農業の先進地であるチャンタブリ県において，当センターが果樹作物の試験研究機関としての役割を担っていることから，他県の農業・農政関係者が先進地視察目的で利用するケースが多くなっている．

当センターにおけるアグロツーリズム業務は，①研修の際の講義，②園内散策の際のガイド，③宿泊の予約受付および会計等フロント業務，④会議室使

の管理・利用料金の徴収，⑤ミーティングやパーティの際の食事提供，である．当センターでは，これまで農業に関する試験研究を行っていた職員がこのようなアグロツーリズム業務に兼任であたっている．アグロツーリズム兼任職員は，アグロツーリズム業務長（研究と兼任）が1人，そして各業務について10人が分担して兼任しており，あわせて11人である．このなかには，本来，職員用の食事を作っており，兼任でアグロツーリズム用の食事を作っている料理人（正職員）1人も含まれている．

アグロツーリズム研修棟にある売店で販売するお土産品の調達については，センターが位置するクルン郡内の地域組織（2グループ）に製造も含めて依頼している．販売品目は，当地の名産品にもなっている熱帯果実のチップスや乾燥果実，そのほかに民芸品等も販売している．これらの売上は，前述のように手数料を徴収せず100%が地域組織に精算されている．これは，アグロツーリズムの政策目的が「農村における農業以外での収入源を確保する」ことにあるためであり，売店の人件費を当センターが負担していることや，アグロツーリズム研修棟での地場産品販売による宣伝効果などは，農村振興・農外収入確保に向けての公的施設による間接的支援であると考えられている．

なお，当センターが国から支援を受けたのは2001年に700万バーツが交付された1回だけである．その後のアグロツーリズム活動に伴う費用（施設・設備の拡充，人件費など）については，当センターの経常費から捻出しているようである．このため，アグロツーリズムに関する大規模な施設・設備の更新は，国に新たな支援をスポット的に要請するか，長期にわたる計画に基づいて資金を積み立て，しかるべき時期に更新を行うなどの方法を採らざるを得ない．このため，当センターのアグロツーリズムに関する取り組みが持続的に発展するかどうかは，多少の疑問が残る．

4. アグロツーリズムの成果と課題

これまで，タイにおけるアグロツーリズム政策を概観し，アグロツーリズムの実施状況を運営主体別に整理して検討してきた．

タイにおけるアグロツーリズム政策は，政府によるアグロツーリズム地域の

選定と，それらに対するスポット的な資金援助が柱となっている．その目的は，農外収入源の確保による農村経済の活性化であり，農業と観光産業を融合させ，都市住民や外国人観光客を農村地域に引き込むことによる経済効果を期待しているといえる．

アグロツーリズムの運営主体（王室によるプロジェクト，公的施設，民間および地域組織）のうち，中村ほかが検討した地域組織によるアグロツーリズムは，スポット的な国からの資金援助とはいえ，このことが起爆剤となって農村において地域コミュニティによる内発的発展が期待できる状況にあることが報告されており，現状のアグロツーリズム施策でも農村振興において一定の成果を残している．

また，公的施設による事例として本稿で取り上げたチャンタブリ園芸研究センターのアグロツーリズムにおいても，地場産品の販売機会提供や新規業務開始による地元への労働需要創出といったように農村振興に一部寄与しているが，「農村経済における農外収入の確保」という面では大きな成果を得るには至っていない．当センターにおいてアグロツーリズムを導入したことによる最大の効果は，他県の試験研究機関の職員や行政官が当地で農業研修を受けることによって，高度な農業技術情報の普及機会を拡大させたことと，周辺地域の大学生・中高生が体験型教育を受けることによる教育効果の拡大にある．そういう点で，当センターがアグロツーリズムを導入したことの意義は大きい．またこの点では，稲作の灌漑設備や無農薬栽培の技術向上・普及を目的とした，カオヒンソン王室開発教育センターなどの事例も同様である．

しかし，チャンタブリ園芸研究センターにおけるアグロツーリズムはタイにおけるプロトタイプ的な導入であり，公的施設においては普及の途上であるうえ，国からの資金がアグロツーリズム開発時にスポット的にしか与えられないことから，当センターは継続的な資金調達に苦労している．また，アグロツーリズム業務を行っている正職員はすべて本来業務と兼任であるといったように，推進体制に脆弱性がみられ，このことは，専門的な計画立案を困難にし，アグロツーリズム・コンテンツの開発や更新，プロモーション活動が不十分であるなど，アグロツーリズムの持続的な発展を困難にしている．

一方，詳細は紹介できなかったが，チョクチャイ農園やスパットラ・ランド

など民間の取り組みは，アグロツーリズムのコンセプト設定，設定されたコンセプトに合致したコンテンツの提供，顧客を意識した演出，効果的な宣伝広報などが実現されており，持続的な運営を可能にしている．これらの取り組みを優良事例としてアグロツーリズム組織間で詳細に情報共有できるようになれば，他のアグロツーリズムに与える潜在的影響力は大きい．

　以上の総括をもとに，タイにおいてアグロツーリズム政策を進めるための今後の課題を検討したい．

　タイのアグロツーリズム政策は，前述のような農村地域における内発的発展を生み出すきっかけを作っていることは事実である．しかしながら，スポット的な資金援助のみがクローズアップされた施策内容や，農業・協同組合省において当該施策の重要度があまり高くないという状況など，政策面に脆弱性が存在することは否めない．今後は，スポット的な資金援助だけではなく，アグロツーリズム推進による食や農に関する啓発効果をねらったプロモーション活動，都市と農村との交流拠点の構築に向けた方法論の確立と情報共有など，ソフト面での政策の充実が期待される．

　そして，アグロツーリズムの取り組みを効果的・効率的に推進するためには，チョクチャイ農園やスパットラ・ランドのような民間によるアグロツーリズムの優良事例と連携し，運営手法やプロモーション等に関する情報の共有によってアグロツーリズムの運営手法を確立することで，地域組織や公的施設などが進めているアグロツーリズムの運営面での質向上をめざすことが肝要である．

注
1) タイ農業・協同組合省農業普及局アグロツーリズム課によるアグロツーリズムの定義は，「農村のコミュニティ（習慣，生活）や農園（森林，ハーブ園，放牧地，飼育場），または農業に関する政府の公的機関（学院，研究所）で，農業の美術的要素（景観）を楽しみ，農園見学や体験学習などさまざまな農業活動を通じ，環境保全を考えたモラルをもって新しい知識や経験を得ること」である．ムティター・ピンスントン，中西宏彰，中村貴子「タイのアグロツーリズムに関する支援制度」『農業と経済』71巻8号，2005年，114-115頁．なお，タイのアグロツーリズムに関する既存研究は，当該文献を含む中村，ピンスントン，中西，宮崎の研究グループによる成果（上記文献の他，中村貴子，ムティター・ピンスントン，中西宏彰「タイのアグロツーリズムと地域経営」宮崎猛編著『日本とアジアの農業・農村とグリーン・ツーリズ

ム』昭和堂，2006年およびムティター・ピンスントン，宮崎猛，中西宏彰「アグロツーリズム組織の形成原理—屋敷地共住集団を母体とするタイ農村の開発組織—」地域農林経済学会『農林業問題研究』42巻1号，2006年）以外，ほとんど見当たらない．

2) 日本貿易推進機構 輸出促進・農水産部「タイの農業政策，農業の現状と周辺国を巡る動き」『平成19年度 食品規制実態調査』，2008年，18頁．
3) 本稿は，細野賢治，八島雄士，トーヴォン・ラッパイサン「タイにおけるアグロツーリズムに関する一考察—チャンタブリ県の公的施設とチョンブリ県の民間施設を事例に—」九州共立大学経済学部『九州共立大学経済学部紀要』115号，2009年に加筆・修正を加えたものである．加筆・修正に当たっては，JEC Agri-Report の安田亮輔氏より貴重な情報提供を頂いた．
4) 前掲，日本貿易振興機構，1-2頁．
5) タイ観光庁は，タイ政府観光スポーツ省の外郭団体であり，タイ国内外における観光産業に関するマーケティングや広報活動を行っている．観光スポーツ省は，タイ国における観光に関する法整備や観光スポットの基準策定，観光産業に対する支援・助成事業などを行っている．
6) アグロツーリズムに指定された組織には，農業普及局より125万5000バーツの補助を受けることができ，そのうち70%をハード事業（休憩所・道路整備など）に，30%をソフト事業（英語などサービス指導等）に利用することができる．前掲，中村ほか「タイのアグロツーリズムと地域経営」，173頁．
7) 前掲，ピンスントンほか「タイのアグロツーリズムに関する支援制度」，157頁．
8) 「充足経済」とは，現国王ラーマ9世が1969年の演説で触れた言葉「足るを知る」について，1997年の経済危機を契機に国家社会経済委員会において理論化したものである．資本主義経済において，透明性，公正，節約，効率の4つの道徳原則を意識的かつ自主的に導入することであるとされている．前掲，日本貿易振興機構，7頁．
9) Office of the Royal Development Projects Board "The Royal Development Study Centres and the Philosophy of Sufficiency Economy", 2004を参照．
10) タイ政府農業・協同組合省サイト（http://www.moac.go.th/eng/）を参照のこと．
11) チョクチャイ農園サイト（http://www.farmchokchai.com/en/chokchai_main.asp）を参照のこと．
12) 前掲，中村ほか「タイのアグロツーリズムと地域経営」，173-188頁．

執筆者紹介 （章順．編者を除く）

安部新一（第5章）　　宮城学院女子大学学芸学部教授

宇田篤弘（第6章）　　紀ノ川農業協同組合組合長

内藤重之（第7章）　　琉球大学農学部准教授

辻 和良（第8章）　　和歌山県農林水産総合技術センター農業試験場総括研究員

岸上光克（第8, 10章）　田辺広域市町村圏健康・観光産業クラスター推進協議会地域連携コーディネーター

熊本昌平（第8章）　　和歌山県農林水産総合技術センター果樹試験場かき・もも研究所副主査研究員

片岡美喜（第9章）　　高崎経済大学地域政策学部准教授

大浦由美（第12章）　　和歌山大学観光学部准教授

湯崎真梨子（第13章）　和歌山大学地域創造支援機構特任教授

楊 丹妮（第15章）　　中国南開大学経済学院講師

櫻井清一（第16章）　　千葉大学大学院園芸学研究科教授

細野賢治（第17章）　　広島大学大学院生物圏科学研究科准教授

編者紹介

橋本 卓爾(はしもと たくじ)（はしがき，第1, 14章）
松山大学経済学部教授（和歌山大学名誉教授）．1943年広島県生まれ．大阪市立大学大学院・経済学研究科博士課程単位取得退学，農学博士．著書に『都市農業の理論と政策』法律文化社，1995年，『地域産業複合体の形成と展開』（編著）農林統計協会，2005年，『地域再生への挑戦』（編著）日本経済評論社，2008年ほか．

山田 良治(やまだ よしはる)（第2章）
和歌山大学観光学部教授．1951年大阪府生まれ．京都大学大学院・農学研究科博士課程中退，農学博士・経済学博士．著書に『開発利益の経済学』日本経済評論社，1992年，『土地・持家コンプレックス』日本経済評論社，1996年，『私的空間と公共性』日本経済評論社，2010年ほか．

藤田 武弘(ふじた たけひろ)（第3, 11, 15章）
和歌山大学観光学部教授．1962年大阪府生まれ．大阪府立大学大学院・農学研究科博士後期課程単位取得退学，博士（農学）．著書に『地場流通と卸売市場』農林統計協会，2000年，『中国大都市にみる青果物供給システムの新展開』（編著）筑波書房，2002年，『食と農の経済学』（編著）ミネルヴァ書房，2004年ほか．

大西 敏夫(おおにし としお)（第4章）
和歌山大学経済学部教授．1952年大阪府生まれ．大阪府立大学大学院・農学研究科修士課程修了，博士（農学）．著書に『農地動態からみた農地所有と利用構造の変容』筑波書房，2000年，『園芸産地の展開と再編』（編著）農林統計協会，2001年，『農学から地域環境を考える』（共著）大阪公立大学共同出版会，2003年ほか．

都市と農村
交流から協働へ

2011年3月20日 第1刷発行

定価(本体3400円+税)

編者 　橋　本　卓　爾
　　　山　田　良　治
　　　藤　田　武　弘
　　　大　西　敏　夫

発行者　栗　原　哲　也

発行所　株式会社 日本経済評論社
〒101-0051 東京都千代田区神田神保町3-2
電話 03-3230-1661　FAX 03-3265-2993
E-mail: info8188@nikkeihyo.co.jp
振替 00130-3-157198

装丁＊渡辺美知子　　印刷・製本／中央精版印刷

落丁本・乱丁本はお取替えいたします　Printed in Japan
© T. Hashimoto, Y. Yamada, T. Fujita
and T. Onishi 2011
ISBN978-4-8188-2155-2

・本書の複製権・翻訳権・上映権・譲渡権・公衆送信権(送信可能化権を含む)は、㈳日本経済評論社が保有します。
・ JCOPY 〈㈳出版者著作権管理機構　委託出版物〉
本書の無断複写は著作権法上での例外を除き禁じられています。複写される場合は、そのつど事前に、㈳出版者著作権管理機構(電話 03-3513-6969、FAX 03-3513-6979、e-mail: info@jcopy.or.jp)の許諾を得てください。

地域再生　あなたが主役だ
――農商工連携と雇用創出
橘川武郎・篠崎恵美子　本体 2200 円

地域再生のヒント
本間・檜槇・加藤・木下・牧瀬　本体 2400 円

世界のエコビレッジ
――持続可能性の新しいフロンティア
J. ドーソン／緒方・松谷・古橋訳　本体 1500 円

私的空間と公共性
――『資本論』から現代をみる
山田良治　本体 2400 円

環境・自然エネルギー革命
――食料・エネルギー・水の地域自給
中村太和　本体 2400 円

まちづくりの個性と価値
――センチメンタル価値とオプション価値
足立基浩　本体 3400 円

市民的地域社会の展開
檜槇貢　本体 3400 円

農村サードセクター論
田渕直子　本体 4200 円

地域再生への挑戦
――地方都市と農山村の新しい展望
橋本卓爾・大泉英次編著　本体 2400 円

日本経済評論社